AF454578

EXPOSÉ

DES

APPLICATIONS

DE L'ÉLECTRICITÉ,

PAR

M. Th. du MONCEL.

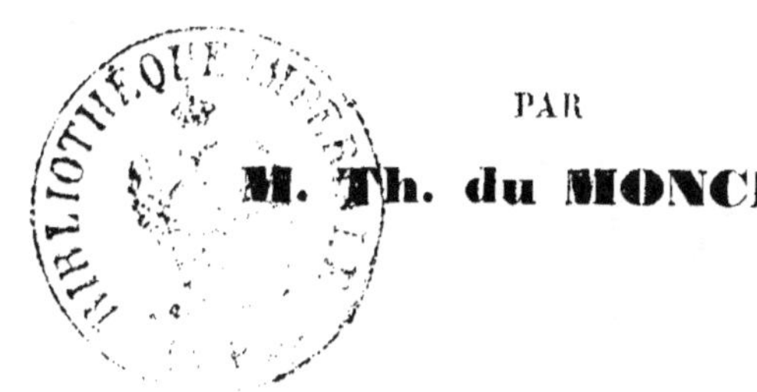

Deuxième Volume.

PARIS,

Librairie de L. HACHETTE et Cie.,

RUE PIERRE-SARRASIN, 14.

(Près de l'École-de-Médecine.)

1854.

APPLICATIONS

De l'Électricité.

Quatrième Partie.

APPLICATIONS PHYSIQUES ET MÉCANIQUES DIVERSÈS.

Le premier volume de cet ouvrage a été consacré à la description d'appareils que nous pouvons en quelque sorte considérer comme *classiques*, puisqu'ils sont pour la plupart la base ou le point de départ d'une foule d'autres applications plus ou moins complexes qui se rapportent aux arts et à l'industrie, et que nous n'avons pu, en raison de leur diversité, faire figurer dans les premières catégories. Nous allons maintenant nous occuper de ces dernières applications, et nous profiterons de leur titre d'*applications diverses* pour mentionner quelques appareils d'invention toute récente, qui par leur nature auraient dû trouver place dans notre 1er volume. Mais auparavant, et comme introduction à cette deuxième partie des applications physiques et mécaniques de l'électricité, nous entrerons dans quelques détails sur la disposition et la construction des électro-aimants. C'est une question qui intéresse au plus haut point tous les constructeurs, et sur laquelle ils appellent depuis longtemps l'attention des physiciens.

I.

Considérations sur les dispositions diverses des électro-aimants usitées dans les applications de l'électricité.

La force des électro-aimants suivant la masse de leurs armatures, suivant la force de la pile qui les met en action, enfin suivant la grosseur et la longueur du fer enveloppé par l'hélice magnétisante, a été l'objet de nombreuses expériences de la part de MM. Jacobi, Weber, Muller, Poggendorff, Nicklès, Sir Snow Harris; j'ai moi-même publié trois mémoires qui se rapportent à ces questions dans le 1er volume des Mémoires de la Société des Sciences naturelles de Cherbourg. Mais je ne sache pas qu'aucun travail ait été fait jusqu'à ce jour sur les différentes formes qu'il convient de donner aux électro-aimants suivant les diverses applications auxquelles on veut les soumettre. C'est cette question que je vais traiter aujourd'hui.

D'abord, afin que ce travail soit complet et puisse servir aux constructeurs peu versés dans les formules mathématiques, je vais commencer par rappeler en quelques mots les résultats des expériences faites jusqu'ici dans le but d'apprécier les différentes conditions de force de ces organes électriques.

CONDITIONS DE FORCE DÉS ÉLECTRO-AIMANTS.

Elles peuvent se résumer ainsi qu'il suit :

1° Plus le fer d'un électro-aimant est gros, plus pour une même quantité de fil il acquiert de force. Cependant cet accroissement atteint une certaine limite et cette limite dépend de la grosseur du fil et du nombre de spires de l'hélice magnétisante.

2° La masse du fer est moins nécessaire au développement de l'électricité que la surface sur laquelle est enroulée l'hélice magnétisante. Ainsi on peut faire les électro-aimants creux, quand leur diamètre est assez considérable pour qu'il y ait dans cette construction économie et avantage de légèreté. Toutefois l'épaisseur du fer doit toujours être assez considérable et ne jamais être moindre que le quart du rayon du cylindre; elle doit du reste varier suivant la force électrique qui doit agir sur l'électro-aimant. (1)

3° La longueur du fer d'un électro-aimant pour une même quantité de fil n'a d'influence sensible que pour les électro-aimants droits. Ceux à deux branches ont leur force indépendante de cette longueur du moins pour les dimensions ordinaires; s'ils sont d'une longueur et d'une brièveté démesurées il y a diminution dans la force. Ceci s'applique

(1) Voir le mémoire de M. Liais à ce sujet, 2ᵉ vol. de la Société des Sciences naturelles de Cherbourg, page 201, et mon mémoire sur le Magnétisme statique et dynamique, page 51.

principalement à la force portante, car pour la force aspirante il paraîtrait que les électro-aimants à branches un peu longues auraient l'avantage (1).

4° L'accroissement de la force électrique n'a pas, eu égard à la force magnétique développée, une action proportionnelle au nombre d'éléments dont la pile est augmentée. Cet accroissement de force magnétique pour chaque élément ajouté à la pile diminue progressivement et il arrive un moment où il est à peu près insignifiant (2). Les lois de cet accroissement varient suivant la résistance et la longueur du circuit. Quand l'hélice est courte et composée de gros fil, la limite est atteinte promptement. Quand au contraire l'hélice est très longue et composée de fil fin, cette limite est considérablement reculée.

5° La grosseur du fil de l'hélice magnétisante, pour donner à l'électro-aimant le plus de force dont il est susceptible, doit varier, non seulement comme nous venons de le dire, mais encore suivant la nature de cette pile et la composition du circuit. (Voir mon mémoire sur cette question, page 168, Mémoires de la Société impériale des Sciences naturelles de Cherbourg, 1er volume). Si la pile est faible ou donne une petite quantité d'électricité comme la pile à sable, la pile de Daniell, la pile Bagration, etc, il faut employer du fil fin. (Le n° 16 du commerce recouvert de soie est celui qui en général convient le mieux). Si au contraire la pile fournit beaucoup d'électricité comme celles de Bunsen, de Grove, Wolaston, etc, il faut du gros fil. Il en est de même par rapport aux dérivations qui peuvent être faites sur le même circuit. Ainsi en admettant que l'on veuille faire agir deux

---

(1) Voir le mémoire de M. Nicklès, Comptes-rendus de l'Institut, année 1852.

(2) Voir le mémoire de M. Poggendorff. Institut p. 126, année 1852, et le mien, déjà cité.

électro-aimants à la fois avec une même énergie, et que ces électro-aimants greffés sur le même circuit soient placés à une grande distance l'un de l'autre, l'un près de la pile, l'autre à 20 kilomètres je suppose; il faudra évidemment que la longueur et la finesse du fil du 1er électro-aimant soient plus grandes que celles du second, sans quoi le courant prenant le chemin le plus court qui lui offrirait le moins de résistance passerait presqu'entièrement par celui des électro-aimants le plus rapproché de la pile.

6° Celles des réactions statiques des aimants qui sont indépendantes des effets d'attraction que l'on veut produire, étant nuisibles à ces effets puisqu'elles paralysent, comme je l'ai démontré, la circulation du courant magnétique, devront être soigneusement évitées. Par conséquent le fil qu'on devra employer pour l'hélice devra toujours être de métal non magnétique, ainsi que les bobines sur lesquelles ce fil est enroulé. Les corps magnétiques étrangers aux effets que l'on veut produire devront, par la même raison, être éloignés le plus possible de l'électro-aimant, si on ne peut les éviter dans la construction des appareils (1).

7° La circulation du courant dans l'hélice d'un électro-aimant faisant subir aux molécules du fer une espèce de trempe magnétique qui provoque entre elles une série de réactions statiques, il arrive qu'un électro-aimant qui a été excité par une force électrique supérieure à celle qui doit être employée à l'état normal perd de la force qu'il aurait eue sans cet essai préalable. C'est par la même raison qu'un électro-aimant qui n'a pas encore servi est plus énergique la première fois qu'on le fait agir que les autres fois, quoique la force employée ait été toujours la même (2). La conclusion

(1) Voir mon mémoire sur les Effets statiques et dynamiques des aimants. Mémoire de la Société impériale des Sciences naturelles de Cherbourg, 1er vol. page 152.

(2) Voir mon mémoire sur ce sujet. Même ouvrage, page 121.

de ce principe est donc qu'il ne faut jamais essayer un électro-aimant avec une force électrique supérieure à celle qui doit être employée.

8° Le magnétisme *remanent*, c'est-à-dire l'aimantation qui subsiste dans le fer après la cessation d'action du courant, peut être en partie évité : 1° par l'écrouissage du fer de l'électro-aimant, ou mieux encore en le fabriquant de toutes pièces avec des fils de fer fortement et longuement martelés à la température du rouge blanc et refroidis à une température très douce (1) ; 2° par l'introduction sur les pôles de l'électro-aimant d'une petite cheville de cuivre, ou bien encore par une petite vis de rappel adaptée à l'armature de cet électro-aimant qui empêche le contact des deux métaux magnétiques. Ce dernier moyen est préférable, car le magnétisme remanent croissant avec la force électrique dans un rapport plus grand que cette force, il est important de pouvoir régler l'écartement des armatures, comme on règle la force du ressort antagoniste quand on veut profiter de toute l'énergie des électro-aimants (2).

9° En outre des conditions précédentes, la force des électro-aimants varie avec la masse de leur armature et la manière dont celle-ci est exposée à l'action inductive (3). Dans le premier cas, elle croît avec la masse de l'armature jusqu'à une certaine limite qui est au-dessous de celle du fer de l'électro-aimant. Dans le second, elle se trouve sensiblement augmentée quand l'armature est posée de champ. M. Liais, à qui j'avais communiqué ces résultats, a fait des recherches pour apprécier mathématiquement les

---

(1) M. Froment a construit des fers réellement excellents dans ce but.

(2) M. Paul Garnier a fait à ce sujet des expériences très curieuses.

(3) Voir mes expériences à ce sujet dans mon mémoire sur les électro-moteurs.

lois de cet accroissement de force et il est arrivé à conclure que pour des armatures de même longueur les poids supportés croissent comme la racine cubique de la surface exposée à l'induction (la troisième dimension de l'armature restant constante), tandis qu'ils croissent comme la racine carrée de cette troisième dimension, si on la fait varier en rendant constante la surface exposée à l'induction.

10° L'action des électro-aimants sur le fer ne se manifeste pas seulement au contact, elle s'exerce encore à distance à travers même les corps les plus durs. Mais leur énergie diminue dans un rapport considérable avec cette distance. On avait supposé que cette décroissance était dans le rapport du carré de la distance, mais c'est une erreur. Dans le premier instant de la séparation du fer de son point de contact avec l'aimant, cette décroissance dépasse peut-être la troisième puissance de la distance, puis peu à peu cette progression s'affaiblit, et le rapport finit par être proportionnel à la simple distance.

11° L'action attractive d'un électro-aimant a toujours pour effet de faire coïncider la ligne médiane de l'armature avec sa ligne axiale propre. Il en résulte qu'en présentant de côté une armature à un électro-aimant, cette armature se trouve non seulement attirée de la quantité dont on l'aura éloignée des bords de l'électro-aimant, mais qu'elle continue encore d'être attirée jusqu'à ce que sa ligne médiane vienne coïncider avec la ligne axiale de l'électro-aimant. On gagne à cette disposition une course considérable pour l'armature, course qu'on peut rendre aussi grande que l'on veut en augmentant la surface des pôles de l'électro-aimant et la largeur des armatures.

DIFFÉRENTES FORMES DES ÉLECTRO-AIMANTS.

Les électro-aimants peuvent se diviser en deux grandes

catégories : les électro-aimants *droits* et les électro-aimants *recourbés*.

La forme la plus simple des premiers est un cylindre de fer sur lequel on a enroulé le fil métallique isolé à travers lequel doit circuler le courant et qui constitue ce que l'on a appelé *l'hélice magnétisante*.

Les seconds réduits à leur plus simple expression ne sont autre chose que les premiers que l'on a recourbés en fer à cheval, et qui présentent par conséquent leurs deux pôles d'un même côté.

Si l'on se pénètre de cette simple origine de tous les électro-aimants quelqu'ils soient, on pourra comprendre que les dénominations *lignes axiales des électro-aimants*, *lignes équatoriales*, appropriées, la première à la ligne des deux pôles, la seconde à celle qui lui est perpendiculaire (par analogie avec le globe terrestre considéré comme aimant), pourront être appliquées à tous les électro-aimants pour désigner une direction par rapport à eux.

ÉLECTRO-AIMANTS DROITS.

Les électro-aimants droits dans leur forme primitive peuvent, comme on le comprend aisément, être cylindriques carrés, plats, ellipsoïdiques, etc., etc., et avoir toujours les mêmes propriétés. Ils pourront encore être revêtus d'une bobine de cuivre ou de bois sur laquelle sera enroulée l'hélice ou porter deux virolles à leurs extrémités afin de maintenir les spires de cette hélice qui sera directement enroulée sur eux, sans que les conditions que nous avons énumérées soient changées. De plus leurs pôles se reportant toujours aux deux extrémités du plus grand diamètre du fer, les bouts de celui-ci pourront excéder ou affleurer les extrémités de l'hélice ou bien encore rentrer au-dedans de cette hélice;

ils pourront être taillées rectangulairement ou en biseau, en creux ou en pointe, etc. ; enfin ils pourront être déviés de la ligne axiale et contournés sans que les conditions magnétiques changent.

La forme en biseau est particulièrement affectée aux électro-aimants employés pour l'aimantation des barreaux aimantés par le procédé de la double touche. La manipulation en est beaucoup facile. (Voir fig. 2.)

La forme en pointe est destinée aux électro-aimants d'expérimentation qui doivent produire une action polaire concentrée. (Voir fig. 5.)

Au contraire, la forme creuse disperse l'action polaire et l'étend sur une plus grande surface. Il en est de même des électro-aimants dont les extrémités sont garnies de rondelles de fer. (Voir fig. 3 et 4.)

Il va sans dire que toutes ces formes peuvent également se prêter à la disposition des électro-aimants sur les appareils. Ainsi dans les électro-moteurs à mouvement direct où plusieurs électro-aimants sont étagés parallèlement les uns au-dessus des autres aux deux extrémités diamétrales de la roue portant les armatures, les extrémités polaires de ces électro-aimants devront être taillées de manière à correspondre à la circonférence de la roue.

La fig. 6 est la forme qui a été adoptée par M. Bonelli, pour ses métiers à la Jacquart électro-magnétiques. Elle a l'avantage que l'armature entrant dans la bobine devient elle même un aimant et se trouve attirée avec plus de force. D'un autre côté, il s'ajoute à cette action celle des courants parallèles qui est déjà par elle-même très efficace, puisque j'ai pu faire fonctionner un moteur en l'employant uniquement. Dans une attraction ordinaire à effet simple, c'est donc la disposition la plus avantageuse. Il va sans dire qu'on peut l'appliquer avec autant d'avantages aux électro-aimants doubles. (Voir fig. 23.)

La fig. 7 représente un électro-aimant dont les extrémités sont taillées en palette et ressortent considérablement de l'hélice magnétisante. Il peut servir d'armature dans les appareils à électro-aimants recourbés dont l'armature doit être *fortement aimantée*. Employé dans ce but, il offre des avantages incontestables sur les électro-aimants à deux branches, car il est beaucoup plus léger et occupe beaucoup moins de place.

Souvent, dans les électro-aimants droits qui servent au développement de l'électricité d'induction, on emploie à la place du cylindre de fer un faisceau de fils du même métal réunis à leurs extrémités par des viroles de fer doux. Sans doute la force magnétique de pareils électro-aimants est moins grande que celle des cylindres d'une seule pièce, mais ils ont l'avantage de réagir beaucoup plus énergiquement par induction. La machine de Rumkorff offre un exemple de l'emploi de ces sortes d'électro-aimants. Pour la même raison on emploie des cylindres de fer blanc dans les appareils à commotions.

ÉLECTRO-AIMANTS RECOURBÉS.

L'hélice que porte l'électro-aimant droit peut être divisée en deux, sans que son action magnétisante en soit altérée. Il en résulte donc qu'en recourbant préalablement un cylindre de fer et en adaptant à ses deux extrémités deux hélices *enroulées dans le même sens,* l'une par rapport à l'autre, on aura un électro-aimant à deux branches qui ne sera pourtant qu'un électro-aimant semblable aux précédents, mais qui aura été recourbé. (Voir fig. 8.)

On conçoit qu'en remplaçant le cylindre de fer recourbé par deux cylindres de fer réunis rectangulairement par une traverse du même métal, on doit obtenir le même effet, puisque

l'ensemble de ces pièces unies par le contact présente les
les mêmes conditions magnétiques que si le fer était d'un
seul morceau. Pourtant l'expérience prouve que ce genre
d'électro-aimants est moins fort que les électro-aimants en
fer à cheval d'une seule pièce. Ils ont en revanche l'avantage
d'être d'un ajustement plus facile et d'une disposition plus
commode dans les différents appareils où ils doivent entrer.
Aussi sont-ils toujours préférés et n'emploie-t-on les électro-
aimants en fer à cheval que dans les expériences qui nécessitent une force considérable.

La fig. 9 représente un électro-aimant de ce genre dont
les deux branches portent des bobines de cuivre sur lesquelles
sont enroulées les hélices magnétisantes. Ces bobines se terminent par deux rondelles destinées à arrêter le fil; mais
du côté de la traverse de fer, le canon de la bobine dépasse la
rondelle de manière à laisser vide un petit espace par lequel
sortent les deux extrémités du fil de l'hélice. C'est par deux
trous pratiqués dans la rondelle inférieure que passent ces
deux bouts du fil; mais il faut avoir soin de recouvrir le
fil en ces endroits de matière isolante soit de gutta-percha
chauffée, soit de toile cirée, etc., afin qu'il n'y ait point contact entre lui et le cuivre de la bobine, ce qui entraînerait
une déperdition considérable du courant.

La communication des deux hélices peut se faire soit directement de l'une à l'autre par les deux extrémités correspondantes de chaque hélice, soit par le fer de l'électro-aimant
lui-même. Dans ce dernier cas une des extrémités de chaque
hélice est soudée ou rivée sur le canon de la bobine, tandis
que les deux autres bouts sont en rapport avec le circuit;
mais ce genre de communication exige une plus grande perfection dans l'isolement du fil, de sorte qu'en général
l'autre moyen est préférable.

Les bobines de cuivre, disposées comme nous venons de le

dire sur les électro-aimants, ont cela d'agréable qu'il suffit de les assujettir sur un rouet pour les enrouler, tandis que, quand le fil doit être enroulé directement sur le fer avec deux rondelles de retien, il faut que les branches de fer de l'électro-aimant puissent être dévissées à volonté de dessus leur traverse commune, ce qui est une difficulté dans la pratique. Pourtant l'électro-aimant gagne de la force à cette disposition. Quelques constructeurs, pour obtenir avec les bobines les avantages fournis par ce dernier système, fendent leur canon de grandes rainures longitudinales.

Du reste, qu'on se serve ou nom de bobines, il est bon que les pôles de l'électro-aimant ressortent un peu des rondelles supérieures.

La fig. 10 montre un électro-aimant dont l'hélice est enroulée directement sur le fer sans rondelles de retien; alors les différents rangs des spires se superposent en retrogradant de manière à former deux cônes tronqués opposés par leur base. Ces sortes d'électro-aimants sont particulièrement employés dans les machines de Clarke pour favoriser les effets de l'induction.

La fig. 12 est la coupe longitudinale d'un électro-aimant à branches creuses et à rondelles de fer. Le fil est enroulé entre la traverse commune et la rondelle qui forme l'épanouissement des pôles. Ces électro-aimants présentant un large diamètre de pôles sont surtout favorables à l'attraction équatoriale, lorsque celle-ci doit s'exercer sur des armatures larges dont la ligne médiane peut coïncider avec la ligne axiale de l'électro-aimant. Je les ai employés pour un électro-moteur construit sur ce principe, et, comme leurs pôles avaient 16 centimètres de diamètre et que les armatures en avaient 10, j'obtenais une course attractive de 14 centimètres.

Il arrive souvent (dans certains genres de compteurs par

exemple) qu'on est dans la nécessité d'employer comme support d'un mécanisme sur lequel l'électro-aimant doit réagir, l'une des deux branches de cet électro-aimant. Celui-ci ne possède alors qu'une seule bobine : eh bien! chose assez extraordinaire en apparence, la déperdition de force qu'il subit est peu sensible. Sans doute l'action du pôle sans bobine est moins énergique que celle de l'autre, en la prenant isolément; mais, par rapport à l'armature qui leur est commune, l'effet attractif ne perd pas beaucoup, surtout quand le fil est fin. J'ai fait construire des électro-aimants de ce genre dans mon anémographe électrique; la fig. 11 en est la représentation.

En rapprochant très près l'une de l'autre les deux branches d'un pareil électro-aimant, et en recourbant la branche libre, comme l'indique la fig. 13, on peut obtenir l'un à côté de l'autre les deux pôles de l'électro-aimant et faire réagir par conséquent ces deux pôles à la fois sur une armature prise en bout et de très minime étendue. Ce moyen a été employé par M. Bonelli dans ses métiers de tissage électro-magnétiques.

Une disposition analogue et prise dans le même but a été adoptée par M. Morse pour les électro-aimants à deux bobines de son télégraphe, seulement les branches de cet électro-aimant sont toutes les deux recourbées. (Voir la fig. 17.)

Si l'on suppose soudée à la rondelle de fer d'un électro-aimant droit une chemise cylindrique de fer doux, qui enveloppera la bobine, on concevra que ce cylindre partageant le magnétisme de la rondelle présentera un pôle de même nom à son extrémité libre; on aura donc ainsi à l'une des extrémités de l'électro-aimant un pôle circulaire au centre duquel se trouvera l'autre pôle. Un pareil système peut donc être employé concurremment avec les deux précédents pour l'attraction des armatures se présentant en bout. (Voir fig. 15.) Il en sera de même de l'électro-aimant à trois pôles, représenté, fig. 14, et qui peut être considéré comme une fraction du précédent.

Si l'on adapte à un électro-aimant droit qui sera creux et à rondelles de fer, comme celui de la fig. 4, deux chemises cylindriques de fer doux, laissant entre elles vers le milieu de l'électro-aimant, une petite rainure vide; on obtiendra un électro-aimant circulaire ayant un pôle différent sur chacune des deux chemises de fer qui le recouvrent, et agissant par conséquent par ses deux pôles à la fois sur une armature longitudinale ou circulaire sur laquelle il sera appuyé. De plus, en faisant traverser l'axe creux de cet électro-aimant par un axe quelconque non magnétique, on obtient une véritable roue parfaitement aimantée, et qui pourrait exercer une grande force d'adhérence sur une barre de fer ou un rail sur laquelle on la ferait rouler. Ce système avait été proposé par M. Nicklès pour l'aimantation des roues des locomotives sur les chemins de fer, et comme électro-transmetteur de mouvement pour suppléer les engrenages. (Voir fig. 16 et 24.)

En recourbant à angle droit la traverse sur laquelle sont fixées les deux branches d'un électro-aimant recourbé, on peut faire en sorte de placer l'un vis à vis de l'autre, comme dans la fig. 18, les deux pôles contraires. De plus en coupant cette traverse en deux, et faisant glisser les deux parties libres dans une coulisse pratiquée sur une planche de fer doux, on peut régler à volonté l'écart de ces deux pôles. Tel est l'appareil de Faradey, à l'aide duquel on peut étudier les phénomènes du diamagnétisme et de la polarisation de la lumière sous l'inflence du magnétisme.

Quand on veut faire osciller une armature entre les deux pôles d'un électro-aimant, ce qui suppose généralement l'emploi d'armatures aimantées, trois moyens peuvent être employées : ou les pôles de l'électro-aimant ressortant des bobines se recourbent parallèlement à la ligne axiale et se présentent l'un vis à vis de l'autre à une distance aussi petite qu'on le veut; ou les deux branches sont suffisamment rapprochées pour que l'oscillation puisse se faire dans le sens équatorial entre ces branches; ou enfin les branches de l'électro-aimant sont elles-mêmes inclinées pour que les pôles soient plus rapprochés l'un de l'autre. Ce dernier système a été employé par M. Breguet dans ses télégraphes silencieux; il a l'avantage sur les autres de ne pas exiger un trop grand allongement des branches, ce qui nuit toujours un peu à la force développée, et d'exercer sur l'armature une attraction directe qui est toujours plus puissante que l'attraction latérale. La fig. 20 représente ce système. Nous parlerons prochainement d'une autre combinaison pour des attractions de ce genre qui doivent s'effectuer à une distance plus grande, et sans qu'il y ait d'effet mécanique à produire.

M. Siemens, de Berlin, cherchant à détruire autant que possible le magnétisme rémanant dans ses fers d'électro-aimant, a construit leurs branches de forme ovoïde, et a pratiqué, dans chacune d'elles, des fentes longitudinales destinées, suivant lui, à couper le courant magnétique. Je ne sais jusqu'à quel point ce moyen lui a réussi; mais ce qui est certain, c'est que les électro-aimants simples, de M. Froment, sont infiniment meilleurs, puisque ces appareils marchent avec une précision et une vitesse que jamais n'ont eues les appareils de M. Siemens.

Les électro-aimants à pôles multiples, représentés fig. 19, ont été employés souvent par M. Froment dans ses grands électro-moteurs; ils consistent dans une barre de fer portant 8, 10, 12, etc. cylindres de fer sur lesquels sont adaptées les hélices magnétisantes. La distribution du magnétisme se fait d'une manière particulière : toutes les branches pairs ont toutes le même pôle et les branches impairs possèdent l'autre pôle; il en résulte qu'un quelconque de ces pôles se trouve toujours entre deux pôles de même nom, comme dans les électro-aimants à trois pôles dont nous avons parlé. Ces sortes d'électro-aimants ont une grande force et ont l'avantage de réagir sur une très grande longueur d'armature. Ils sont donc précieux pour les électro-moteurs.

DES ARMATURES

1° *Disposition des armatures.*

Les armatures des électro-aimants, soit barreaux aimantés soit aimants temporaires ou simplement palettes de fer doux, peuvent être disposées par rapport aux électro-aimants qui doivent avoir action sur elles de plusieurs manières : articulées sur les deux bobines des électro-aimants ou dans leur voisinage, comme dans la fig. 26, le mouvement décrit par elles s'effectue parallèlement à la ligne axiale des électro-aimants mais perpendiculairement à la ligne équatoriale, par conséquent l'action des deux pôles sur le fer est égale de part et d'autre; articulées par l'une de leurs extrémités, comme dans la fig. 25, le mouvement s'effectue angulairement par rapport à la ligne axiale et, par conséquent, l'action des deux pôles sur le fer est inégale, mais très efficace puisque l'un des pôles agit presqu'au contact; enfin, articulées entre les pôles de l'électro-aimant par l'intermédiaire d'un pivot parallèle aux branches de celui-ci, comme dans la fig. 29, leur mouvement est basculant dans le sens équatorial; par conséquent, l'action attractive est latérale. Ce système a été employé par M. Siemens dans son télégraphe électrique à mouvement syncronique.

Ces différents systèmes de disposition de l'armature que nous venons de passer en revue s'appliquent seulement à l'action directe, soit normale, soit latérale des électro-aimants;

mais quand on veut exercer la force de ceux-ci à l'égard de leurs armatures par les réactions réciproques des résultantes magnétiques, la disposition des armatures est un peu différente et peut être modifiée de trois manières. 1° On peut les disposer à plat par rapport aux pôles des électro-aimants en les fixant à l'extrémité d'un levier articulé en dehors de l'électro-aimant et se mouvant dans le sens de la ligne équatoriale perpendiculairement à la ligne axiale. L'armature étant alors placée à un millimètre environ des bords polaires de l'électro-aimant se trouve entraînée au-dessus des pôles de celui-ci jusqu'à ce que sa ligne médiane coïncide avec la ligne axiale de l'électro-aimant. C'est, comme je l'ai déjà dit, le moyen d'obtenir une très grande course de la part des armatures, mais quand on emploie une grande force électrique on court risque de faire ployer les supports, car cette action attractive s'opère sous l'influence même de l'attraction normale qui est la plus forte. La fig. 30 représente cette disposition. La seconde manière de disposer les armatures pour obtenir la même réaction magnétique est de les faire basculer dans le plan de la ligne axiale au-dessus des pôles de l'électro-aimant dont on a épanoui les bords au moyen d'une rondelle de fer doux, comme on le voit dans la fig. 29. Enfin le troisième système de disposition des armatures dans le cas qui nous occupe est de faire basculer l'armature entre les pôles de l'électro-aimant dont les bords auront été également épanouis et qu'on aura échancrés de manière à ce que l'armature puisse pivoter librement tout en subissant l'action magnétique sur l'étendue de près d'une demi-circonférence. (Voir la fig. 31). Ce dernier système est évidemment le meilleur, car la force normale des pôles de l'électro-aimant qui est en dehors de l'action que l'on cherche à obtenir, réagit dans ce cas aux deux extrémités de l'armature et dans un sens contraire. Elle n'exerce donc pas d'effet nuisible ni sur le système du pivotage ni sur la flexion de l'armature ou des pièces qui la supportent, comme cela arrive dans les deux systèmes qui précèdent.

Un avantage immense qui résulte de l'emploi de ce mode d'action électro-magnétique, en outre de la plus grande course que l'on obtient, c'est que l'armature étant placée à une très petite distance des bords polaires de l'électro-aimant, l'action magnétique directe qui est la plus forte (1) réagit dès le premier moment de la course de l'armature. Or, c'est précisément le cas inverse des autres systèmes d'attraction et l'on peut comprendre dès lors, combien dans beaucoup de cas, cette propriété est précieuse.

Dans ces différents systèmes d'articulation des armatures, il faut autant que possible que le pivotage s'effectue sur pointes, ce qui est facile à obtenir puisqu'il suffit pour cela d'adapter aux paliers des supports, des vis de pression à pointe. Quelquefois cependant on peut substituer avec avantage aux articulations des lames de ressort, et ces lames remplissent en même temps la fonction du ressort antagoniste comme on peut en juger par la fig. 27. Ce système est surtout préférable quand il s'agit d'une vibration à produire de la part de l'armature comme dans l'interrupteur de De Larive que M. Mirand a utilisé avec bonheur aux sonneries électriques et aux appareils électro-médicaux. On conçoit en effet que l'élasticité de la lame amplifie encore l'effet de la vibration.

2° Ressorts antagonistes.

Quand on ne veut employer que l'action seule d'un électro-

---

(1) L'expérience prouve en effet que la force électro-magnétique est plus forte sur les bords des pôles de l'électro-aimant qu'au centre. Il suffit pour s'en convaincre de suspendre à un fil un morceau de fer, et de l'exposer normalement au-dessus des centres polaires. On voit alors le fer dévier de la verticale et se porter vers les bords

aimant sur une armature de fer doux, on comprend qu'il est nécessaire d'avoir une force antagoniste à opposer à celle de l'aimant, pour que l'armature après avoir été attirée puisse se relever et revenir à sa position primitive. Cette force peut être produite de différentes manières, soit par des ressorts, soit par le simple effet de la pesanteur, mais quelque soit le moyen employé, le point important est de pouvoir régler la tension ainsi exercée.

Le moyen le plus ordinaire est l'emploi de ressorts à boudin en cuivre jaune, que l'on attache d'un côté à l'armature et que l'on fixe du côté opposé à un fil qui s'enroule sur un petit treuil. En tournant ce petit treuil, soit d'un côté soit de l'autre, on tend ou on détend le ressort. Ce moyen peut être employé dans presque tous les cas ; cependant, comme le ressort présente une grande élasticité, il vaut mieux, quand l'appareil doit éprouver une certaine trépidation, avoir recours aux effets de la pesanteur qui ne présentent jamais cet inconvénient. (Les fig. 25, 29 et 30 offrent un exemple de ce genre de ressorts.)

Pour obtenir que la pesanteur agisse comme force antagoniste, rien de plus facile. Vous prolongez l'armature au-delà des points de son articulation, ou bien vous y adaptez un bras de levier plus ou moins long, et vous faites courir sur ce bras de levier un contrepoids assez fort pour équilibrer le poids de l'armature. Que l'électro-aimant agisse de bas en haut ou de haut en bas, ce moyen peut toujours convenir, et l'on règle, en avançant ou en reculant le contrepoids qui est muni à cet effet d'une vis de pression, la force antagoniste que l'on juge nécessaire.

La fig. 28 représente un système de ce genre, et de plus une combinaison à l'aide de laquelle l'effet antagoniste ne réagit sur l'armature que par l'intermédiaire d'un levier. Cette combinaison a deux grands avantages, d'abord celui d'économiser la place dans les appareils, et en second lieu de fournir une action considérable avec un très petit contrepoids; ce qui est facile à comprendre puisque le bras de levier de la bascule qui réagit sur l'armature peut être très court. M. Paul Garnier emploie toujours ce système dans ses horloges électriques.

Enfin, comme troisième moyen, on peut employer les lames de ressort, que l'on place sous l'armature au point où elle doit être soulevée; mais comme ils ne peuvent être réglés facilement, on ne les emploie que dans les cas assez rares, où l'on veut seulement détacher l'armature de l'électro-aimant; par exemple, dans les appareils où l'armature n'intervient que pour maintenir une détente.

Il est pourtant certaines occasions où ces lames employées comme ressorts antagonistes sont d'une grande ressource et peuvent être réglées comme les ressorts-boudin. C'est quand il s'agit de produire un effet antagoniste à un mouvement circulaire, par exemple, quand on veut rappeler à sa position primitive une armature qui aura décrit un arc de cercle. Alors on emploie les spirales de l'horlogerie, c'est-à-dire de petites lames de ressort roulées en spirale que l'on fixe d'un côté à l'armature ou sur son pivot, et de l'autre, sur une partie rigide; il devient ensuite facile avec les boutons à raquettes de régler la force de ce ressort comme on le fait, du reste, pour le spirale des balanciers de montre. Ce genre de ressorts a été employé par M. Wheare pour ses horloges électriques à balancier circulaire marchant sous l'influence de piles sèches, par M. Bain, dans ses cadres galvanométriques à inflexion, et par moi, dans mon système d'électro-aimants, représentés fig. 31, etc.

Une armature aimantée ayant deux pôles permanents, peut, suivant que l'électro-aimant qui lui correspond est aimanté dans un sens ou dans l'autre, être attirée ou repoussée. Pour cela, il suffit d'un changement dans le sens du courant à travers le fil de l'électro-aimant, ce que l'on fait au moyen d'un commutateur à renversement de pôles. D'après cela, on peut, comme il est facile de le comprendre, éviter par ce moyen l'emploi du ressort antagoniste, et obtenir de la part de l'armature, si elle est disposée verticalement de haut en bas, trois positions différentes : une par attraction, une autre par son propre poids qui correspond à la cessation du courant, enfin, une autre par répulsion. On peut même faire en sorte que l'une ou l'autre des trois positions soit maintenue après la cessation de la circulation du courant, soit par l'adhérence magnétique de l'aimant contre le fer où le magnétisme rémanent de celui-ci, soit par l'addition d'une pièce de fer dans le voisinage des deux autres positions. Le moyen qui a le mieux réussi à M. Mirand, qui a construit un appareil dans ce système, a été de faire butter l'armature aimant contre le fil de l'électro-aimant et de la placer entre les deux branches de celui-ci. Le magnétisme rémanent seul suffisait alors pour la maintenir inclinée dans un sens ou dans l'autre après la cessation d'action du courant, mais ne l'empêchait pas, comme cela arrive dans un contact plus direct, de se trouver sollicitée à agir dans un sens opposé quand l'électro-aimant devenait actif.

Avec ce système qui convient surtout aux appareils qui demandent une grande course, mais n'exigent pas de force sensible, l'action est double puisque les deux fils de l'électro-aimant agissent dans le même sens sur le barreau aimant; mais on conçoit qu'avec un électro-aimant droit ou à une seule branche, le même effet peut être produit aussi bien encore qu'en employant deux électro-aimants placés l'un vis-à-vis l'autre par leurs pôles opposés.

3° *Buttoirs d'arrêt.*

Pour limiter l'écart de l'armature d'un électro-aimant on

est obligé de placer en arrière un buttoir d'arrêt, c'est-à-dire une cheville métallique contre laquelle cette armature vient appuyer quand elle est sous la seule influence du ressort antagoniste. Mais comme cet écart doit être réglé, on préfère employer comme buttoir une vis de rappel qu'il suffit de tourner plus ou moins pour rendre l'écart plus ou moins grand.

Dans les appareils à vibration ordinaire comme l'interrupteur de De Larive et les appareils à détente, ces buttoirs rigides peuvent être remplacés avantageusement par des lames de ressorts dont l'élasticité contribue à entretenir la vibration et à atténuer le choc. C'est un buttoir de ce genre que M. Mirand a adapté à ses sonneries électriques.

Les buttoirs jouent un grand rôle dans les relais puisque ce sont eux qui établissent par leur contact métallique avec l'armature les communications électriques qui sont nécessaires.

4° *Forme des armatures.*

Nous avons vu que les armatures posées de champ sur les pôles de l'électro-aimant étaient attirées avec plus de force que posées dans l'autre sens. Il faut donc dans les différentes dispositions qu'on donne aux armatures combiner leur forme pour satisfaire à ce principe. Dans les cas ordinaires rien n'est plus facile, mais quand on veut employer d'autres armatures montées dans le système de la fig. 26, il faut qu'elles soient formées de deux pièces, d'un support en cuivre qui est articulé comme il a été dit et d'une armature fixée en croix à l'extrémité de ce support; celle-ci alors peut se présenter de champ et réunir les conditions avantageuses que nous avons signalées.

Pourtant dans certains cas la disposition sur champ des

armatures devient si dispendieuse de main d'œuvre qu'il vaut mieux employer les palettes de fer ordinaires.

Nous avons donné au commencement de ce travail les lois de l'attraction des électro-aimants par rapport aux dimensions des armatures, mais pour parler un langage plus pratique, je dirai que ces armatures atteignent en général leur maximum de force quand leur épaisseur (qui est exposée à l'action de l'électro-aimant) est environ le tiers de leur largeur.

Les armatures peuvent être longues, carrées, rondes, oblongues, etc., sans qu'il y ait une différence bien sensible dans leur effet d'attraction, pourvu toutefois que leur masse soit suffisante pour correspondre à l'électro-aimant. Mais comme il arrive souvent que cette masse est nuisible, en raison de sa force d'inertie, à l'effet mécanique que l'on se propose, il en résulte qu'on doit quelquefois sacrifier les bénéfices de la force à l'action plus vive et plus prompte de l'appareil. C'est pourquoi dans les télégraphes de Morse les armatures consistent uniquement dans un petit disque de fer doux. C'est pourquoi encore dans les appareils à commotions on emploie ordinairement un petit morceau de fer carré soudé à l'extrémité d'un ressort.

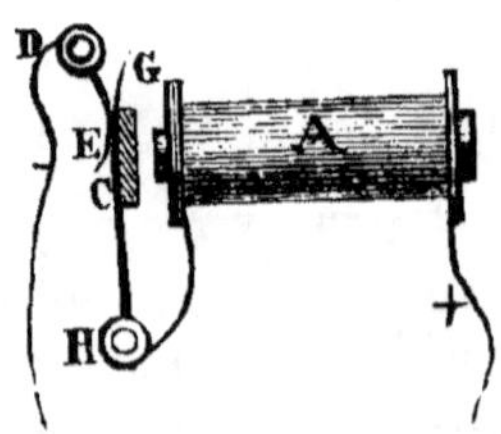

Il faut donc avant tout, dans le choix que l'on fait de la forme des armatures, considérer le but qu'on se propose; si c'est la force qu'on recherche, employez des armatures lourdes; si c'est la vitesse d'action, employez des armatures légères.

Quant par la disposition adaptée fig. 29 l'armature doit s'enfoncer dans les bobines même de l'électro-aimant, elle constitue un véritable fer d'électro-aimant qui se meut à la manière des pistons des machines à vapeur. Dans ce cas, elle se compose donc de deux cylindres de fer (du calibre des bobines) réunis par une traverse de même métal et forment elles-mêmes un électro-aimant double (1). D'autres fois les armatures sont constituées par des électro-aimants droits ou recourbés, armés de toutes pièces (fig. 7). D'autres fois encore elles sont remplacées par des cylindres de fer qui se présentent à l'action de l'électro-aimant par le bout; nous avons vu (fig. 13) quelle forme il convenait alors de donner aux électro-aimants. Enfin il arrive qu'elles sont formées elles-mêmes par un cylindre de fer, quand on les emploie comme électro-transmetteurs de mouvement, comme dans la fig. 24.

AUTRES MOYENS D'OBTENIR DES EFFETS
D'ATTRACTION TEMPORAIRE.

Toutes les réactions magnétiques des courants peuvent être utilisées dans un but mécanique ayant pour cause un mouvement d'attraction temporaire. Ainsi les réactions réciproques des courants parallèles ou angulaires, les réactions des courants sur les aimants pourraient au besoin être substituées à celles des électro-aimants. Mais comme elles nécessitent une force électrique considérable, comme leur effet est moins énergique, c'est toujours aux électro-aimants qu'on donne la préférence.

(1) La machine électro-motrice de Bourbouze offre un exemple de ce système d'électro-aimants.

Pourtant dans certaines circonstances on emploie avec
avantages les réactions réciproques des courants parallèles
dans les bobines magnétiques et la réaction des courants sur
les aimants persistants dans les cadres galvanométriques
infléchis ou rigides. Nous ne nous occuperons que de ces
deux systèmes qui, jusqu'à présent, sont les seuls qui aient
été employés dans les applications de l'électricité.

Bobines magnétiques. — Si on fait entrer environ au
tiers d'une hélice magnétisante ou d'une bobine de cuivre
recouverte de cette hélice un cylindre de fer, celui-ci devient
un aimant et par conséquent se trouve sillonné par un courant magnétique qui est parallèle au courant électrique et qui
de plus est dirigé dans le même sens, comme le prouve la
similitude des pôles de l'hélice et du fer introduit. Ces deux
courants étant parallèles et leur action étant multipliée par
la quantité considérable de spires de l'hélice magnétisante, il
s'opère entre les deux courants une attraction qui a pour
effet de faire entrer le cylindre de fer doux dans la bobine
jusqu'à ce que ses deux extrémités soient symétriquement
placées par rapport à celles de la bobine. C'est cette action
qui, dans quelques machines, entr'autres dans un de mes
moteurs électriques, a été utilisée comme force attractive ;
elle a l'avantage de fournir une grande course à la pièce
mobile et de ne pas la soumettre aux caprices du magnétisme rémanent.

C'est quand le cylindre de fer est arrivé au milieu de
l'hélice magnétisante que la force est la plus grande, mais
on peut l'augmenter aux deux extrémités en y adaptant des
rondelles de fer que l'on fixe sur les rondelles de cuivre de
la bobine. De cette manière il se joint à la réaction dynamique des courants celle du cylindre mobile devenu électro-
aimant sur les rondelles de fer à l'état neutre vers lesquelles
il se dirige. En terminant le cylindre du côté opposé à celui

où il doit s'enfoncer dans la bobine magnétique par un épaulement, on a l'avantage de le faire agir par attraction normale sur la rondelle de fer de ce côté de la bobine, ce qui est un avantage; la fig. 21 représente la bobine magnétique que j'ai ainsi perfectionnée.

C'est dans ces sortes d'appareils d'attraction que les réactions statiques dont nous avons parlé au commencement de ce mémoire doivent être évitées avec le plus de soin, car elles suffiraient à elles seules pour détruire complètement l'effet dynamique exercé. Ainsi, avec une bobine de fer ou même avec une bobine de cuivre enroulée de fil de fer, la seule réaction statique échangée entre le cylindre mobile et le fer du canon ou du fil suffit pour paralyser complètement le courant magnétique créé dans le cylindre, et, par suite, le mouvement de celui-ci.

Pour augmenter la puissance d'attraction de l'hélice magnétisante, MM. Antinori et Palmieri ont proposé de la recouvrir d'une chemise de fer doux. Aucun effet magnétisant n'est à la vérité produit sur cette chemise par l'hélice, mais il s'opère une réaction dynamique entre elle et le cylindre de fer qui contribue puissamment à augmenter la force d'impulsion par laquelle celui-ci se trouve entraîné dans la bobine.

Puisque c'est aux réactions réciproques du courant électrique et du courant magnétique créé dans le fer mobile à l'intérieur de l'hélice magnétisante, qu'est due l'impulsion qui entraîne ce fer, il doit s'ensuivre qu'en remplaçant le fer par une seconde hélice dans laquelle le courant électrique circulera dans le même sens, on devra obtenir de la part de cette dernière un mouvement analogue. C'est en effet ce qui a lieu, et c'est sur ce principe que M. Siemens a construit un électro-moteur à une seule bobine qui a pu fonctionner parfaitement; seulement, afin de rendre les frottements moins durs et éviter l'usure de la matière isolante qui recouvre le fil de l'hélice mobile, il lui a fallu envelopper celle-ci dans un cylindre métallique très mince. (Voir fig. 22.)

Cadres galvanométriques. — Les télégraphes anglais marchent sous l'influence des réactions d'un multiplicateur ou cadre galvanométrique sur un barreau aimanté, disposé comme l'aiguille astatique d'un galvanomètre; ce système n'est donc autre chose que le galvanomètre réduit à sa plus simple expression; seulement comme il ne s'agit pas alors de constater une quantité excessivement faible d'électricité, mais bien de pouvoir obtenir une indication certaine avec une force électrique très appréciable, toutes les conditions du problème se sont trouvées réduites à des conditions de force de la part du multiplicateur, c'est pourquoi on a donné à celui-ci des dimensions considérables et on l'a fait réagir sur un barreau aimanté au lieu d'une aiguille. De plus, afin que ces réactions fussent nettes et précises, on a fait pivoter le barreau entre deux supports fixés à l'intérieur du cadre galvanométrique. Ordinairement ces appareils galvanométriques sont disposés verticalement pour éviter l'action du magnétisme terrestre dans le sens de la déclinaison, laquelle action serait nuisible au fonctionnement de l'appareil.

Dans plusieurs appareils qu'il a fait construire, M. Bain a donné aux cadres galvanométriques employés comme détente une position précisément inverse. Ainsi le barreau aimanté au lieu d'être mobile, est fixe et c'est le cadre galvanométrique qui s'incline dans un sens ou dans l'autre suivant le sens du courant qui le traverse. A cet effet, il pivote sur deux pointes fixées sur l'aimant fixe.

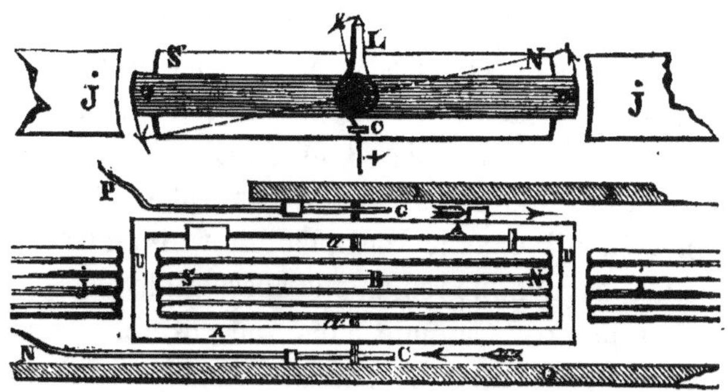

Pour augmenter la force de ce système, **M. Bain** a substitué au simple barreau aimanté des cadres galvanométriques ordinaires un faisceau d'aimants dont il a pu renforcer l'action par l'addition de deux autres faisceaux placés dans leur prolongement en dehors du cadre galvanométrique.

On conçoit que disposé de cette manière le cadre galvanométrique est moins lourd à se mouvoir que le système magnétique, et c'est pourquoi M. Bain a ainsi renversé le système galvanométrique ordinaire. Remarquons toutefois, qu'en raison de sa masse, ce système ne peut convenir à des mouvements prompts. Aussi l'inventeur en l'employant n'a-t-il voulu, comme je le disais en commençant, qu'obtenir de la force.

TRANSMISSIONS MAGNÉTIQUES.

Si le magnétisme rémanent est nuisible dans le jeu des électro-aimants, il est souvent des cas où il peut être utilisé. Nous en avons vu un exemple au sujet des armatures aimantées. D'un autre côté la présence d'un pôle de nom contraire à celui sur lequel on doit opérer, rend la réaction infiniment plus énergique, quelque minime que soit d'ailleurs la force de ce pôle et quelle que soit la distance qui le sépare de l'hélice magnétisante. Il devient donc urgent dans ces cas particuliers d'avoir à sa disposition des moyens de transmission magnétique analogues à ceux des transmissions électriques. Ces moyens sont tout aussi faciles dans un cas que dans l'autre, si l'on se rappelle la manière dont le magnétisme se distribue dans les électro-aimants à pôles multiples. Veut-on, par exemple, établir dans le voisinage d'un aimant permanent une action magnétique rémanente susceptible d'être graduée et de maintenir cet aimant dans une position déterminée, même après la cessation de l'action électrique qui aura agi sur lui? Il suffira de faire partir de ce point un fil de fer que l'on introduira au-dessous de celle des deux branches de l'électro-aimant qui devra fournir le pôle dont on a besoin et de rapprocher plus ou moins l'extrémité de ce fil du point de repos de l'aimant. On pourra graduer de cette manière l'énergie de son action magnétique. Veut-on faire réagir plus énergiquement un électro-aimant droit sur son armature? Unissez par un fil de fer le point d'articulation de cette armature avec celui des deux pôles de l'électro-aimant qui n'agit pas et vous aurez immédiatement un accroissement de force. Ces transmissions magnétiques peuvent être d'un très grand secours et elles sont déjà venues en aide à M. Rumkorff pour stimuler l'action de l'interrupteur de son appareil d'induction. Je les ai moi-même employées dans mon appareil à signaux des chemins de fer pour renforcer, suivant que besoin en est, le magnétisme rémanent de l'électro-aimant à travers le fil. Il va sans dire que des morceaux de fer placés convenablement dans le voisinage des aimants pourraient remplir la même fonction, mais ils ne peuvent s'appliquer que dans un petit nombre de cas.

CONSTRUCTION DES ÉLECTRO-AIMANTS.

Après avoir exposé, comme je l'ai fait, les conditions de

force des électro-aimants et leur différentes dispositions, il me reste à faire, en quelque sorte, le catéchisme du constructeur, c'est-à-dire, à lui faire connaître, par demandes et par réponses, les différentes considérations qui doivent le guider dans le choix et la construction des électro-aimants. Souvent des questions m'ont été faites à ce sujet; et je crois, en les prévenant dans ce travail, rendre un véritable service aux praticiens.

D. Quelles sont les meilleures dimensions à donner aux fers des électro-aimants ?

R. Ces dimensions doivent être, d'après le principe formulé N° 1, proportionnées à la force que l'on désire obtenir. Plus leur force devra être grande, plus leurs dimensions devront être considérables. Quant à la longueur de leurs branches, on a vu, N° 3, qu'elle n'influait que fort peu sur leur force. On pourra donc leur donner les dimensions le plus en rapport avec la disposition de l'électro-aimant dans l'appareil. Cependant, afin que le fil inducteur ne soit pas trop éloigné du fer, on fera bien, en général, de donner à ces branches une longueur égale à trois ou quatre fois leur diamètre, le premier chiffre se rapportant principalement aux diamètres au-dessus de trois centimètres, et le second, aux diamètres au-dessous.

D. La traverse qui unit les deux branches d'un électro-aimant doit-elle avoir une dimension en rapport avec ses branches ?

R. Les dimensions de cette traverse n'influent aucunement sur la force des électro-aimants, puisqu'elle ne sert que pour la transmission magnétique. Pourtant, il faut, autant que possible, qu'elle soit forte ; car il vaut mieux pécher dans ce sens que dans le sens contraire.

D. Quelle est la longueur et la grosseur du fil qu'il convient d'employer pour obtenir le plus de force possible d'un fer d'électro-aimant donné ?

R. Cette grosseur et cette longueur dépendent comme on l'a vu, N° 5, de la pile qui doit être employée, des dérivations du circuit et de la grosseur du fer de l'électro-aimant. Ces trois éléments pouvant varier indéfiniment, il est impossible de fournir des chiffres exacts à cet égard. C'est au constructeur à expérimenter lui-même dans les conditions qu'il aura déterminées.

D. Comment le constructeur devra-t-il s'y prendre pour cette expérimentation ?

R. Il aura d'abord une pile exactement semblable à celle qui doit faire marcher les appareils qu'il va construire ; puis, sachant la distance à laquelle ces appareils doivent fonctionner et la grosseur du fil du circuit, il représentera cette distance par une résistance équivalente, fournie par une certaine longueur de fil enroulé. Cette résistance pourra facilement être calculée d'après les lois connues des courants électriques, ou à l'aide du Rhéostat de M. Wheatstone. Il examinera alors la position de l'électro-aimant qu'il va construire par rapport aux dérivations. Si cet électro-aimant doit être plus rapproché de la source électrique que les autres, il prendra du fil très fin, le N° 20 du commerce, je suppose, puis il l'enroulera sur les bobines de son électro-aimant avec un rouet muni d'un compteur. Il fera divers essais avec la pile, et quand il arrivera au point de la plus grande force, il verra, par le compteur de son rouet, combien de tours ont été enroulés. Ce nombre sera une quantité constante pour tous les appareils placés dans les mêmes conditions, et il ne pourra être modifié que par les dérivations. Dans ce cas, on prendra autant d'électro-aimants ainsi préparés (et munis du fil en rapport avec leurs positions respectives) qu'il y a d'appareils à établir sur les dérivations du circuit principal, on les disposera sur le fil de résistance qui représente ce circuit, aux points correspondants des dérivations et on répétera de nouveau les expériences sur chacun de ces électro-aimants, jusqu'à ce qu'on soit arrivé à leur maximum de force, non-seulement par rapport à eux pris isolément, mais encore par rapport à eux pris dans leur ensemble; car il arrive souvent que, pour augmenter la force de l'un, il faut augmenter ou diminuer la résistance de l'autre.

D. Quelle est la meilleure manière de mesurer la force d'un électro-aimant?

R. Le poids supporté est un des moyens les plus simples et les plus généralement employés; mais le meilleur moyen, suivant moi, serait une armature, articulée dans une position fixe et ayant un ressort antagoniste et un buttoir d'arrêt susceptible d'être réglés. On apprécierait alors, par le degré de tension du ressort et l'écartement du buttoir, les variations de la force magnétique que l'on expérimente.

D. N'y a-t-il pas quelques chiffres qui puissent donner une idée de la force qu'on peut obtenir d'électro-aimants placés dans des conditions différentes?

R. Ces chiffres existent en effet, mais chaque constructeur a les siens. Voici ceux que j'ai obtenus dans mes expériences:

1° Un électro-aimant, du modèle de la fig. 12, ayant pour dimensions 30 centimètres de hauteur de branches, 10 centimètres de diamètre de branches (ces branches étaient des cylindres creux) et enroulé de 14 kilogrammes de fil de 4 millimètres de section, a porté, avec un seul élément de Bunzen (moyen modèle), 160 kilogrammes au contact ;

2° Un électro-aimant, du modèle de la fig. 9, ayant 15 centimètres de hauteur de branches, 4 centimètres de diamètre de branches et enroulé de 4 kilogrammes de fil de 2 millimètres de section, a porté, avec un seul élément de pile semblable au précédent, 60 kilogrammes ;

3° Un électro-aimant, du même modèle, ayant 8 centimètres de hauteur de branches, 1 centimètre 1/2 de diamètre de branches et enroulé de 2 kilogrammes de fil de 2 millimètres de section, a porté, toujours avec le même élément, 15 kilogrammes ;

4° Un électro-aimant, du même modèle, ayant 10 centimètres de hauteur de branches, 1 1/2 centimètre de diamètre de branches et enroulé de 1 kilogramme 1/4 de fil de cuivre recouvert de soie, du N° 16 du commerce, a porté, avec une pile de Daniell de 8 éléments, 8 kilogrammes.

D. Quelle pile doit-on employer de préférence ?

R. Quand il s'agit d'une très petite force à produire et quand on veut que l'action électrique soit constante et continue, comme dans la télégraphie électrique, l'horlogerie électrique, etc., la pile qui doit être choisie est la pile de Daniell ou la pile à sable. Les électro-aimants doivent être alors enroulés de fil fin. Quand, au contraire, on veut obtenir une force énergique de peu de durée, les piles de Bunzen ou de Grove doivent avoir la préférence. Alors, le fil des électro-aimants doit être le plus gros possible, du moins quand on ne veut agir qu'avec un seul élément.

D. Quelle est la meilleure forme à donner aux électro-aimants ?

R. Nous avons, dans les chapitres précédents, énuméré les différentes dispositions à donner aux électro-aimants. Elles doivent varier suivant le but qu'on se propose d'en obtenir et la manière dont ils doivent exercer leurs fonctions. Mais, dans les cas ordinaires, la meilleure forme à leur donner est celle représentée fig. 12 ou fig. 23. Sans doute, la construction en est moins aisée que celle représentée fig. 9, mais la force en est plus énergique.

LÉGENDE DE LA PLANCHE.

Fig. 1. — Électro-aimant droit, ordinaire, avec bobine de cuivre ou de bois.

Fig. 2. — Électro-aimant droit, sans bobine et à pôles bisotés.

Fig. 3. — Coupe d'un électro-aimant droit, sans bobine, avec rondelles de fer aux extrémités pour épanouir les pôles.

Fig. 4. — Coupe d'un électro-aimant semblable au précédent à cette différence près que l'axe de fer est creux et que l'un des pôles est concave pour la dispersion du magnétisme.

Fig. 5. Électro-aimant droit, ordinaire, avec bobine de cuivre, dont les pôles sont en pointe, afin de servir à la concentration du magnétisme.

Fig. 6. — Coupe d'un électro-aimant droit, dont le fer est entré seulement aux deux tiers de la bobine, afin que l'armature en plongeant au-dedans soit soumise à une action magnétique plus énergique.

Fig. 7. — Électro-aimant droit, sans bobine, dont les deux extrémités sont vissées à deux palettes de fer, afin qu'il puisse servir d'armature.

Fig. 8. — Électro-aimant recourbé, en fer à cheval, avec bobines de cuivre.

Fig. 9. — Électro-aimant ordinaire, à deux branches, avec bobines de cuivre.

Fig. 10. — Électro-aimant à deux branches, sans bobibines, propre aux machines d'induction.

Fig. 11. — Électro-aimant de M. Th. du Moncel, dont une des deux branches seulement est munie d'une bobine (propre à beaucoup d'applications mécaniques).

Fig. 12. — Électro-aimant dont les branches sont constituées par des cylindres de fer creux et dont les pôles sont épanouis.

Fig. 13. — Électro-aimant de M. Th. du Moncel, dont une des branches possède seule la bobine ou l'hélice magnétisante, mais dont l'autre branche se replie de manière à présenter *l'un à côté de l'autre* des pôles de nom contraire.

Fig. 14. — Électro-aimant à trois branches, dont une seule, celle du milieu, possède la bobine magnétisante.

Fig. 15. — Coupe d'un électro-aimant à deux pôles, dont l'un est constitué par le rebord d'un cylindre de fer qui enveloppe la bobine et qui est en communication magnétique avec la branche magnétisée.

Fig. 16. — Coupe d'un électro-aimant circulaire, de M. Nicklès, qui n'est autre chose que la reproduction en double du précédent, à cette différence près que la branche centrale est creuse et se trouve traversée par un axe en métal non magnétique. Dans cette figure, l'axe creux avec ses deux rondelles et leur cylindre-enveloppe, sont figurés par un grisé-foncé. La coupure blanche est la ligne de séparation des deux cylindres-enveloppes, et le grisé-clair représente la couche de fil de l'hélice magnétisante. Enfin, une coupe de rail de chemin de fer est figurée au-dessous de l'électro-aimant, pour montrer comment doit être placée l'armature de ces sortes d'électro-aimants pour qu'ils agissent par leurs deux pôles à la fois.

Fig. 17. — Électro-aimant dont les deux branches sont recourbées pour que les pôles se trouvent rapprochés l'un de l'autre. (Système de M. Morse.)

Fig. 18. — Électro-aimant de M. Faraday, dans lequel les deux branches sont placées l'une en face de l'autre, et peuvent être rapprochées ou reculées à volonté.

Fig. 19. — Électro-aimant de M. Froment, à plusieurs branches.

Fig. 20. — Électro-aimant de M. Breguet, dont les branches se présentent angulairement à petite distance, l'une devant l'autre, afin qu'elles puissent réagir à la fois sur une armature aimantée.

Fig. 21. — Coupe de la bobine magnétique de M. Th. du Moncel, portant à ses extrémités deux disques de fer, et dont l'armature-piston se termine elle-même extérieurement par une rondelle de fer.

Fig. 22. — Coupe de la bobine magnétique de **M. Siemens**, dont l'armature est constituée par un cylindre de cuivre dans lequel est renfermée une hélice magnétisante.

Fig. 23. — Coupe de l'électro-aimant à deux branches de **M. Bourbouze**, dont l'armature est constituée par un fer d'électro-aimant mobile dans les bobines de l'électro-aimant fixe.

Fig. 24. — Électro-aimant circulaire, à trois pôles, de **M. Nicklès**, dont l'armature est constituée par un cylindre de fer.

Fig. 25. — Disposition de l'armature d'un électro-aimant dans laquelle le mouvement s'opère suivant la ligne axiale (articulation à pivot, — ressort antagoniste à boudin, — buttoir rigide).

Fig. 26. — Disposition de l'armature d'un électro-aimant dans laquelle le mouvement s'opère suivant la ligne équatoriale (articulation à charnière, — pesanteur comme ressort antagoniste, — buttoir à vis de rappel).

Fig. 27. — Disposition de l'armature d'un électro-aimant, dont le ressort antagoniste et l'articulation sont remplacés par une lame de ressort, et dont le buttoir d'arrêt est lui-même constitué par une lame flexible.

Fig. 28. — Disposition de l'armature d'un électro-aimant dans laquelle le ressort antagoniste est le poids de l'armature elle-même, modifié par un contre-poids agissant à l'extrémité d'un bras de levier en rapport direct ou indirect avec l'armature. Ce système est employé par **M. Paul Garnier** dans ses horloges électriques.

Fig. 29. — Disposition de l'armature d'un électro-aimant, adoptée par **M. Siemens**. Dans cette disposition, l'armature opère son mouvement perpendiculairement au plan de l'électro-aimant et bascule entre ses pôles.

Fig. 30. — Disposition de l'armature d'un électro-aimant, adoptée par M. Th. du Moncel, dans laquelle le mouvement s'opère sous l'influence de la résultante axiale des pôles de l'électro-aimant et dans le sens équatorial.

Fig. 31. — Disposition d'un électro-aimant et de son armature par laquelle celle-ci bascule entre les deux pôles épanouis de cet électro-aimant sous l'influence de leur résultante axiale. (Ressort antagoniste en spirale.)

II.

Application de l'Électricité à la mécanique industrielle.

MÉTIERS DE TISSAGE ÉLECTRIQUE.

Si l'on devait juger de l'importance d'une découverte par le bruit qu'en font les journaux, les métiers de tissage électro-magnétiques de M. Bonelli, devraient être rangés en première ligne parmi les inventions modernes, car il ne s'agirait rien moins que du renversement du mécanisme si ingénieux du célèbre Jacquart, au profit de cette nouvelle invention, qui, au dire de l'inventeur, procurerait aux fabricants une immense économie de main-d'œuvre ; mais doit-on admettre qu'une découverte *très réalisable,* il est vrai, mais qui n'est encore qu'à l'état de théorie, au point de vue industriel puisse être jugée de prime abord susceptible de renverser un système admirable mis en pratique depuis nombre d'années? Évidemment non.

Personne plus que moi n'est amateur des applications de l'électricité, et ne croit plus fermement aux services immenses que cet agent extraordinaire est appelé à rendre. Mais tout convaincu que je sois, je ne puis m'empêcher de rester incrédule devant les assertions que je vois étalées avec tant d'emphase dans certains journaux, et malgré mon incompétence dans l'industrie du tissage, je me demande toujours, si appliqué de cette manière, l'agent électro-magnétique reste bien dans les conditions qui sont en rapport avec sa nature, et avantageuses pour son emploi. Quels sont en effet les cas où *l'action mécanique* de l'électricité doive être préférée aux effets beaucoup plus économiques de la mécanique matérielle? C'est: 1° quand il s'agit de produire *à distance* un mouvement, une force très minime, ou une indication; 2° Quand avec une force excessivement faible, on veut réagir très énergiquement; par exemple quand on veut faire réagir sur une détente très dure, un mouvement très faible d'horlogerie; 3° Quand on veut soumettre des mécanismes à un mouvement synchronique, ou réagir sur des mécanismes différents, à des intervalles de temps infiniment courts. Ces applications, qui sont en rapport avec la conductibilité et la vitesse de l'électricité, sont évidemment les seules qui correspondent à la nature propre de cet agent physique. L'employer pour remplacer une fonction mécanique, c'est vouloir dépenser en pure perte l'alimentation d'une pile plus ou moins énergique. Tels sont les raisonnements, qui, en dehors de la difficulté et des inconvénients matériels de l'application, doivent rendre incrédule sur l'avenir *industriel* d'une découverte, qui, à proprement parler, n'est qu'une permutation de mécanisme dans les métiers à la Jacquart, puisqu'elle n'intervient que pour suppléer les cartons percés en usage dans ceux-ci. Il paraît du reste, d'après plusieurs articles insérés dans le *Moniteur industriel*, que les hommes compétents de Lyon, ne regardent pas cette invention comme viable. Quant à nous qui n'avons jamais douté de la possibilité de résoudre électriquement le problème du tissage, nous ferons seulement cette question à M. Bonelli : l'échantillon qu'il a envoyé à l'académie des sciences, dernièrement, est-il revenu plus cher ou moins cher avec son procédé qu'il ne serait revenu avec le mécanisme à la Jacquart, et dans quelle proportion est la différence? C'est là toute la question. Du reste plusieurs perfectionnements ont déjà été apportés à cette invention par MM. Maumené, Mathieu et Pascal, de Lyon, et Ed. Gand.

Système Bonelli. — Pour mieux comprendre la disposition du mécanisme Bonelli il faudrait se rendre compte du principe des métiers à la Jacquart; or, c'est une question assez difficile à expliquer, surtout sans figures. Je vais néanmoins tâcher d'en donner une légère idée.

Un tissu ordinaire comme la toile se compose, ainsi que tout le monde le sait, de fils croisés alternativement les uns sur les autres. Or, pour que ce croisement s'effectue d'une manière prompte et exacte, il faut que par un moyen mécanique les fils qui sont tendus sur toute la longueur de l'étoffe et que l'on appelle *fils de la chaîne* se trouvent séparés deux à deux, de manière que moitié soit en haut et moitié en bas, afin qu'on puisse en faire passer un en travers. Il faut de plus qu'à chaque *duite* ou à chaque passage de ce dernier fil appelé *fil de la trame,* les fils soulevés se croisent pour être séparés de nouveau, mais dans un ordre inverse, car alors le fil de la trame, en se repliant et en repassant en travers des fils de la chaîne, forme une nouvelle duite qu'il devient facile de serrer contre sa voisine à l'aide d'un peigne à bascule qu'on manœuvre à chaque révolution de la navette.

Tel est l'objet et le principe des métiers de tissage quand ils ne doivent être employés que pour la confection d'étoffes à tissu croisé, mais quand il s'agit d'étoffes façonnées et particulièrement d'étoffes à couleurs variées, la question n'est plus aussi simple; il faut non seulement que des crochets saisissent en temps opportun ceux des fils de la chaîne qui se rapportent par leur couleur et leur position au dessin, mais encore que les navettes changent elles-mêmes et qu'une trame qu'on pourrait peut-être appeler trame de résistance vienne réunir tous ces fils entre eux après qu'ils ont été tissés suivant le dessin. C'est dans le but de résoudre mécaniquement ce problème que le célèbre Jacquart a imaginé le mécanisme si ingénieux qui porte son nom, et qui a précisément pour organe régulateur les cartons percés que M. Bonelli veut remplacer par un mécanisme électro-magnétique dont nous allons donner la description.

Dans le système Bonelli, la partie inférieure du métier Jacquart subsiste, seulement les crochets se terminent par une tête de fer doux reposant sur une tringle en bois correspondant à la pédale. Cette tringle, ou ces tringles, car il peut y en avoir plusieurs, se trouve, par le mouvement communiqué à cette pédale, élevée à la hauteur d'une ou de plusieurs séries d'électro-aimants droits, rangés les uns à côté des autres et en nombre égal à celui des crochets. C'est alors que se fait le triage de ceux de ces crochets qui doivent rester élevés et de ceux qui doivent se trouver abaissés. Voici comment :

Un cylindre métallique ou une toile sans fin métallique enroulée sur deux cylindres, est fixé derrière le métier, de manière à participer par l'intermédiaire d'engrenages au mouvement des tringles précédentes. Cette participation à ce mouvement a pour but de faire tourner le cylindre d'une quantité constante, un millimètre environ, pour chaque mouvement, et peut s'obtenir, comme on le comprend aisément, à l'aide d'une roue à rochet et d'un encliquetage. Ce cylindre joue le rôle d'interrupteur ou de distributeur du courant. A cet effet, il porte, appuyées contre sa surface, une série de pointes métalliques à contre-poids, qui communiquent chacune avec un des électro-aimants dont nous avons parlé. Ces pointes étant rangées sur une seule et même ligne droite faciliteraient l'exécution de l'interrupteur; mais, comme en raison de leur nombre, elles pourraient exiger du cylindre une trop grande longueur, on peut les disposer par étages. C'est une complication pour le dessinateur, il est vrai, mais cet inconvénient est largement compensé par les avantages qu'on obtient. Les électro-aimants du métier communiquent d'autre part avec l'un des pôles de la pile, tandis que l'autre pôle est en rapport avec un frotteur qui appuie sur le cylindre ou la toile sans fin métallique servant de commutateur.

Sur ce cylindre ou sur cette toile se trouve le dessin composé en langage de tissage, c'est-à-dire en parties isolantes et en parties conductrices disposées d'après l'ordre des fils et des *duites*. Il y a donc, pour chacune des lignes ou génératrices du cylindre, éloignées l'une de l'autre de un millimètre, des parties conductrices alternées de parties non conductrices qui, venant à passer sous les pointes en rapport avec les électro-aimants du métier, peuvent rendre ceux-ci actifs ou inertes, suivant que c'est une partie conductrice ou une partie isolante qui se présente. Ces électro-aimants représentent donc en force magnétique ce que représente en conductibilité chaque ligne du cylindre, et, par conséquent, maintiennent soulevés dans l'ordre voulu les crochets qui leur correspondent.

Pour obtenir ces espaces isolants du transmetteur, M. Bonelli emploie le vernis Copale, de sorte qu'il suffit de les peindre avec le pinceau en façon canelée pour que les caprices de leurs formes soient reproduites par le tissage. Quand le dessin n'a que deux couleurs, ce travail est extrêmement facile, puisqu'il ne s'agit que de peindre au vernis les parties qui sont occupées par une couleur, et de laisser à leur brillant métallique celles qui doivent être occupées par l'autre couleur. Mais, dans les dessins plus chargés, comme les dessins de cachemires, le travail est plus compliqué ; et, pour le ramener à une mise en train facile, M. Bonelli a adapté à l'appareil un transmetteur particulier que nous allons décrire et qui se dispose comme une forme d'imprimerie.

Cette partie de l'appareil se compose de deux appareils indépendants l'un de l'autre d'une *grille-composteur* et d'un *peigne à dents mobiles* Il y a de plus, un casier où sont rangés, suivant les différentes nuances des couleurs et les espaces qu'elles doivent occuper, de petits morceaux de métal de différentes longueurs (variant suivant l'ordre des couleurs), et de différentes largeurs (variant suivant l'espace qu'elles doivent occuper sur le dessin). Ces petits morceaux de métal ont une tête qui leur permet d'entrer dans les vides de la grille sans qu'ils puissent tomber et comme ils sont tous de même épaisseur ils peuvent être assemblés les uns à côté des autres, bien qu'ils représentent des couleurs différentes et occupent en largeur des espaces différents. Quand on a ainsi traduit le dessin et composé les différentes lignes présentées par les vides de la grille, on fixe sur cette grille une planche qui maintient au même niveau toutes les têtes de ces parties métalliques, de telle sorte que du côté opposé on se trouve avoir une surface inégale, sur laquelle il suffit d'appliquer successivement ligne par ligne les dents mobiles du peigne pour obtenir une nouvelle traduction susceptible d'être appropriée à l'interrupteur.

A cet effet, les dents mobiles du peigne qui ne sont autre chose que de petites lames métalliques maintenues par des coulisses entre deux pièces de bois parallèles, sont vernies sur leur surface supérieure, à l'exception d'un seul point qui est le même pour toutes. Quand toutes ces dents sont à la même hauteur, les parties conductrices forment sur toute

la longueur du peigne une ligne droite, mais si on les applique sur la grille-composteur après qu'elle a été composée,
elles sont refoulées plus ou moins et les parties conductrices
se trouvent alors distribuées par échelons, suivant les couleurs, quoique appartenant à la même duite.

Comme les différentes dents de ce peigne sont chacune en
rapport avec l'un des électro-aimants du métier, et qu'un
frotteur en rapport avec la pile se trouve à chaque coup
donné à la pédale appliqué transversalement sur toutes ces
dents, il arrive que tous les électro-aimants qui doivent soulever les crochets en rapport avec chaque couleur sont
soulevés en même temps, et que l'on peut, par conséquent,
faire circuler successivement les navettes correspondant à
ces différentes couleurs pour une même duite.

Pour les fils de la trame supplémentàire qui, comme nous
l'avons déjà dit, sont destinés à relier tous les fils, après
qu'ils ont satisfait aux exigeances du dessin, et à lustrer
l'étoffe; comme ils n'exigent que douze cartons avec les
Jaquart ordinaires, on peut, dit M. Bonelli, laisser subsister
ce mécanisme. Cependant, dans des métiers nouveaux, on
pourrait le disposer comme les autres ; seulement il faudrait
que les électro-aimants fussent beaucoup plus puissants.
C'est cette partie du mécanisme des métiers Jaquart à laquelle
on a donné le nom d'armures.

Après avoir ainsi exposé la disposition du métier Bonnelli,
il ne sera pas sans intérêt de savoir comment l'ont envisagé au point de vue industriel les hommes compétents de
l'art; nous en ferons autant pour les autres systèmes, con-
vaincus, que nous sommes, que c'est d'une discussion bien
entendue que peut naître la vérité. Auparavant, laissons
parler M. Bonelli, et voyons ses espérances.

Toute personne, écrit M. Bonelli, à la *Gazette de
Savoie,* qui a quelque idée du tissage sait qu'il con-

siste essentiellement en un simple entrelacement de fils,
que l'apparence des tissus varie selon l'ordre dans lequel
ces fils sont disposés, et qu'en réglant cet ordre on reproduit
les dessins les plus compliqués que puisse enfanter la fan-
taisie de l'artiste. Cet effet merveilleux par lequel le tisseur,
exécutant machinalement la même manœuvre, comme s'il
s'agissait de la toile la plus simple, voit naître sous sa main les
étoffes les plus riches, cet effet qu'obtenaient autrefois des
enfants accroupis au-dessous du métier et en tirant des
cordes, se produit aujourd'hui, grâce au génie de Jacquart,
par le mouvement que le tisseur donne lui-même à une
pedale.

Cette invention, cependant, toute admirable qu'elle est, ne
laisse pas que d'avoir des difficultés et quelques défauts
auxquels on serait heûreux de pouvoir se soustraire. A chaque
passage d'un fil de trame ou *duite,* il faut un carton d'une
certaine longueur percé de trous disposés d'après un ordre
correspondant au dessin. Si l'on réfléchit que pour certains
dessins l'on a dû employer jusqu'à 60,000 cartons, et que
d'ordinaire on en emploie 1,500 pour un dessin à couleurs peu
compliquées, et si l'on calcule qu'ils coûtent environ 15 fr.
le cent, on pourra aisément comprendre que ces cartons
doivent être la cause d'une très forte dépense et d'un grand
embarras.

Cette forte dépense est le principal inconvénient des
métiers à la Jacquart : ce n'est pas le seul. Il s'en trouve
d'autres qui ne manquent pas d'une certaine importance.
D'abord le bruit que produit le battant qui doit donner un
coup d'une certaine force pour repousser les baguettes, rend
son voisinage incommode et ne permet pas d'établir des
métiers là où l'on veut ; au contraire, il les fait exiler dans
les parties les plus écartées et les plus solitaires des villes.
L'échafaudage et la place qu'ils occupent pour les cartons

demandent aussi beaucoup d'espace et des ateliers dont le plafond soit très élevé. La grande quantité des ressorts nécessaires est ensuite une source de dérangements continuels, soit pour ceux qui se rompent, soit pour ceux qui fléchissent et qui ne conservent plus assez de force pour repousser les baguettes.

Tous ces inconvénients vont disparaître par l'introduction de l'électricité dont l'action est si puissante, si facile à produire, si docile à se laisser diriger, si prompte à agir ou à s'arrêter tout-à-fait. Plus de mécanisme compliqué, plus de cartons, plus rien : la pédale du tisseur élève les lisses comme elle le fait à présent, met leur tête en contact avec autant de morceaux de fer doux, entourés de fil de cuivre qu'un courant électrique aimante ou désaimante à volonté, et voilà que, sans aucun bruit, quelques lisses restent suspendues et quelques autres descendent, selon que vous dirigez votre courant plutôt dans un sens que dans un autre. Il en résulte une grande simplicité pour le métier qui ne tiendra plus que la place d'un métier commun à toile.

Pour diriger l'électricité, il n'est pas non plus besoin de mécanisme, de traduction ou de lisage du dessin. Vous avez une série de pointes disposées sur une même ligne comme les dents d'un peigne dont chaque pointe communique avec un électro-aimant. Vous n'aurez qu'à passer au-dessous de ces pointes votre dessin fait avec un vernis sur un cylindre ou sur une feuille métallique en communication avec la pile. Le courant passera là seulement où manquera le vernis, et ce seront les lisses correspondantes qui resteront seules soulevées et qui par là reproduiront votre dessin tel qu'il est sorti des mains de l'artiste avec une exactitude surprenante.

Au lieu de dépenses de dessin sur papier carrelé, du forage des cartons et de leur commettage, vous n'aurez que celles du dessin et de la manutention de la pile. L'expérience des télégraphes fait connaître combien sera faible cette dernière; vous épargnerez pour les dessins les plus compliqués presque les trois-quarts des dépenses ; pour les autres, certainement plus que la moitié; vous pourrez de plus corriger et varier vos dessins par quelques coups de pinceau, et le peu de frais qu'ils vous coûteront vous permettra de les renouveler plus souvent, sauf à vous en servir plusieurs fois, s'il y a intérêt à le faire.

Aussitôt que tous les brevets d'invention qu'on a demandés dans toute l'Europe et en Amérique seront délivrés et parvenus, l'on exposera à Turin, dans un local que l'on fera connaître plus tard, un *métier électrique* qui fonctionnera côte à côte avec un *métier à la Jacquart*, produisant la même étoffe et le même dessin. Le public, qui sera librement admis à les visiter, pourra juger par lui-même de quelle énorme importance est l'application de l'électricité au tissage.

Voici maintenant ce que pensent MM. Jouve, de Lyon et Edouard Gand, d'Amiens, de cette découverte :

Jusqu'à ce jour nous nous sommes bornés, dit M. Jouve, au rôle de rapporteur, en ce qui concerne la merveilleuse invention de M. le chevalier Bonelli et les éloges que lui ont prodigués à l'envi les journaux piémontais et français. Nous ne nous départirons pas de cette attitude, en transcrivant ici les objections que nous avons entendu faire par des hommes d'une compétence incontestable, relativement à l'application pratique de ce procédé, et à la supériorité que conserverait encore la mécanique à la Jacquart.

Voici le résumé de ces observations qui, nous le répétons, ne nous appartiennent point en propre, mais qui ont un cachet de précision et de spécialité telles, qu'il semble difficile de ne pas y avoir égard :

« Par le procédé Bonelli, disent les incrédules auxquels nous faisons allusion, le travail de la mise en carte est maintenu. Mais la transmission de la mise en carte sur la planche de cuivre qui remplace les cartons sera, sans exagération, huit fois plus lente que le travail du lisage.

» Les chances d'erreur seront en outre plus nombreuses, et les fautes plus difficiles à corriger.

» Quant à l'exécution du dessin, la difficulté de présenter la plaque de cuivre aux aiguilles, de manière à ce que celles-ci correspondent parfaitement aux parties dénudées du métal, rend le résultat problématique.

» L'économie du montage est nulle, ou plutôt c'est l'inverse qui est la vérité, la plaque de cuivre préparée devant d'après toutes les apparences, coûter sept à huit fois plus que les tons mis en place.

» Dans le procédé ordinaire, le dessin une fois créé, se reproduit facilement à l'aide d'un repiquage peu coûteux et sans aucun frais de lisage. Dans le procédé Bonelli, au contraire, chaque métier nécessite le même travail de transmission et les mêmes frais que le premier.

» Enfin, ce qui n'est pas indifférent, le coût du métier considéré en lui-même, abstraction faite des inconvénients précités, sera le double de celui du métier ordinaire. »

D'après ce qui précède, on voit que l'invention de M. Bonelli en elle-même n'est pas mise en question. Ce qui est contesté, c'est son utilité pratique et sa supériorité sur le métier Jacquart. En supposant que ces objections soient fondées, et nous penchons fort pour l'affirmative, ce procédé n'en a pas moins le mérite d'être fort ingénieux, et de présenter une application nouvelle et inattendue de l'électricité.

Ce procédé, d'ailleurs, n'en est qu'à son début : il est fort possible que, par des perfectionnements successifs, l'inventeur vienne à bout d'en faire disparaître les inconvénients et de lui assurer une supériorité réelle sur le mécanisme actuellement en usage.

Dans tout cela, nous ne voyons donc pas une raison de repousser d'une manière absolue l'invention de M. Bonelli et de désespérer de son avenir ; mais nous y trouvons un motif suffisant d'accueillir avec réserve les éloges absolus dont elle a tout d'abord été l'objet. Quant à présent, nous y voyons surtout une belle et intéressante expérience qu'il importe de poursuivre, et dont ressortiront peut-être des résultats imprévus, pratiques et féconds.

A. JOUVE.

Depuis quelques mois, dit maintenant M. Ed. Gand, le monde industriel se préoccupe d'une découverte qui doit faire une révolution complète dans l'art de fabriquer les étoffes façonnées. On prétend que la mécanique Jacquart a fait son temps. Désormais les cartons seront inutiles ; l'électro-magnétisme permettra de rendre tous les dessins, de quelque dimension qu'ils soient. Immense économie pour le fabricant, grands avantages pour l'ouvrier, perte de temps presque insignifiante: tous ces problêmes sont résolus. Une batterie électrique monstre donnera un mouvement intelligent à des appareils reproduisant sur le tissu toutes sortes de compositions artistiques. Mais comment ces appareils seront-ils construits ? C'est ce que M. Bonelli, l'auteur de la découverte, n'a pas cru devoir exposer au public. Il est probable que le système nouveau est basé sur la fermeture et la rupture d'un circuit électrique. Des espèces de tiges soulevées ou non par l'interposition calculée de corps non-isolants ou isolants, prennent ou laissent, sans doute, les fils de chaîne, et jouent le rôle des cartons et des crochets soulevés par une griffe dans la Jacquart ordinaire.

Qu'on nous permette de faire quelques objections au tissage électrique proposé par M. Bonelli.

D'abord, est-il bien vrai qu'il soit possible de se passer de la Jacquart? Serait-ce s'en passer que de substituer à cette ingénieuse machine, une machine équivalente et dont le principe serait identiquement le même, quoique d'un aspect différent? Pour obtenir une étoffe façonnée, il faut que chaque fil soit levé ou laissé individuellement, suivant le caprice du dessin : là est toute la difficulté; difficulté immense puisqu'il a fallu à l'illustre Jacquart bien des années de labeurs et un vaste génie pour la résoudre.

Or, que ce soit un carton, dont un plein ou un trou agisse sur un crochet vertical, par l'intermédiaire d'une aiguille horizontale, de manière à ce que ce crochet ne lève pas ou lève le fil de chaîne, ou bien que ce soit une tige, influencée ou non par un courant électrique qui produise ce résultat, toujours est-il qu'il faudra remplacer la quantité de crochets de la Jacquart par une quantité équivalente de tiges électro-magnétiques. Où sera la différence comme principe? où sera l'économie comme dépense? où sera la simplicité comme perfectionnement? Il n'y aura nul avantage sous aucun de ces trois points de vue. Cela est tellement vrai, que M. Bonelli, prétextant qu'il faudrait occasionner aux fabricants de Lyon une dépense de 10 ou 12,000,000 pour substituer la machine nouvelle aux anciens métiers qu'ils possèdent, vient, dit-on, d'appliquer l'électro-magnétisme à la Jacquart même, C'est ce que nous apprend la *Gazette piémontaise*, du 12 novembre dernier.

Voici donc encore la Jacquart réhabilitée. Combien de fois d'insensés rêveurs ont voulu détrôner cet admirable chef-d'œuvre! N'avons-nous pas vu, à l'exposition de Londres, une foule de monstruosités destinées à transformer le tissage? La grande découverte, le but à atteindre, ce serait d'éviter les cartons, cet épouvantail des fabricants. Nous demanderons si M. Bonelli a trouvé le moyen de les remplacer avec avantage, et cela dans les circonstances suivantes :

Supposons qu'on veuille faire un tapis *moquette*. On sait que pour fabriquer cette étoffe, il faut diviser les cartons et la quantité de crochets que l'on désire employer, en autant de séries qu'il y a de chaînes de couleur dans la composition du tissu. Si le dessin est fait avec une palette de quatre tons, par exemple, et que la mécanique soit de 400 crochets, il y a quatre divisions de cent trous dans le carton, et quatre divisions de cent crochets correspondants dans la mécanique. Enfin les fils de chaîne mis en jeu par ces trous isolés mathématiquement dans le carton, viennent à leur tour se réunir en faisceau de quatre couleurs dans chaque dent du peigne (1) et reconstituent localement, par leur juxtà-position et leurs levées alternatives, les accidents et les caprices du dessin de la mise en carte (2). Ainsi, répétons-le, ce qui est sous forme de dessin à couleurs juxtà-combinés sur la carte, se fractionne par groupes de couleurs sur le carton. Or, on prétend que, dans le système Bonelli, tout se borne au travail artistique. Quand un fabricant aura choisi une esquisse, il suffira, devons-nous supposer, d'en faire la mise en carte. Mais il est évident que cette carte sera insuffisante, car elle représente un dessin entier, c'est-à-dire des nuances arbitrairement confondues; et puisque chaque tige a une action sur chaque fil correspondant, et que celle qui lève *rouge*, par exemple, ne doit jamais lever *écarlate, rose* ou *blanc*, il devient donc indispensable de *translater* (3) le dessin sur

---

(1) Châssis long et étroit, composé de petites broches métalliques plates, dans l'intervalle desquelles on passe les fils de chaîne.

(2) Papier réglé à petits carreaux, dans le genre du papier-canevas, sur lequel on établit le dessin.

(3) Reproduire séparément, par une série de cartes *ad hoc*, toutes les couleurs confondues dans une première.

quatre autres cartes, contenant chacune les configurations capricieuses de sa nuance spéciale, afin que chaque couleur ait à son tour une action électrique sur la tige correspondante. Qu'on nous dise si ce travail, aussi long que difficile, ne sera pas plus coûteux que des cartons, car il ne peut être fait que par des artistes et non par des ouvriers ordinaires.

Mais ce *translatage*, tout dispendieux qu'il soit, n'offre pas les difficultés de celui dont nous allons parler. Dans les châles, dans les cachemires pour gilets, ce ne sont plus les chaînes qui se multiplient, ce sont les trames, et, par conséquent, les navettes. Si une mise en carte contient cent divisions en hauteur, et qu'il y ait cinq couleurs dans la composition du dessin, il faut *lire* cette carte cinq fois et avoir cinq cents cartons; car chaque *duite totale* (1) étant la résultante de cinq fractions de duite de couleurs différentes, il faut évidemment un carton pour chaque fraction, afin de localiser chaque couleur. Ainsi, la mise en carte, si simple à décomposer, si facile à *lire* ou à traduire sur un carton, au moyen du grand métier nommé *lisage*, aura aussi un translatage à subir pour être appliquée au métier électro-magnétique. En effet, puisque chaque partie de la chaîne doit successivement et à cinq reprises consécutives se lever pour permettre à chacune des cinq couleurs de se loger dans la chaîne à la place qui lui est assignée dans le canevas-type, il serait indispensable de translater chaque couleur sur une division spéciale du canevas électro-magnétique, ce qui revient à faire cinq autres nouvelles mises en carte. Se figure-t-on le temps et la patience qu'il faudra pour exécuter cet immense travail, surtout si le dessin exige 10 à 12,000 combinaisons, représentant 2,000 à 2,400 duites, composées de cinq couleurs chaque.

1 Fil que la navette conduit depuis une lisière jusqu'à l'autre.

Et puis, quand un dessin sera en vogue, comment en reproduira-t-on des exemplaires électro-magnétiques applicables à d'autres métiers ? Dans le système Jacquart, on copie un jeu de cartons, au moyen d'une machine spéciale qu'on appelle *repiquage*. Ce travail simple, rapide, peu coûteux et purement mécanique, n'exige nullement le concours ultérieur de l'artiste. En sera-t-il de même dans le système Bonelli ? Et s'il faut recommencer, pour chaque métier, la série d'opérations artistiques dont nous avons parlé plus haut, encore une fois, où sera l'économie, où sera le temps gagné ? où sera la difficulté vaincue ?

Loin de nous la pensée de vouloir discréditer une découverte qui, certes, nous séduirait, si les promesses que fait l'auteur devaient se réaliser ! Quand on nous aura, par des chiffres et des faits, prouvé que nous avons tort de douter, et que nos objections ont été prévues, nous serons les premiers à applaudir et à entrer avec empressement dans la voie nouvelle. Mais, jusqu'à ce qu'on nous ait démontré mathématiquement tous les avantages du nouveau système, nous conserverons nos sympathies à la merveilleuse machine de l'immortel Jacquart.

Bien que la valeur de ces dernières objections ait été un peu amoindrie par l'ivention du commutateur à *composteur* dont nous avons parlé, cette critique n'en est pas moins quant au fond parfaitement juste.

Système Maumené. — Dans son système, M. Maumené, au lieu de faire réagir les électro-aimants sur les crochets des fils de la chaîne, les fait réagir sur les aiguilles qui, dans la Jacquart ordinaire, soutiennent ces crochets. Par cette disposition, la machine ordinaire est conservée presqu'intacte. Elle nécessite seulement l'espacement plus grand des aiguilles, l'agrandissement de leur étui et le changement de la structure des élastiques. Ainsi, les aiguilles seraient d'inégale longueur pour être à portée des différentes rangées des électro-aimants, et les élastiques, au lieu d'agir par extension et pour repousser les aiguilles, seraient disposées de manière à les ramener par contraction. Les mouvements s'exécuteraient ainsi qu'il suit :

En partant du point de repos, c'est-à-dire, du moment où les crochets sont descendus, le châssis des électro-aimants se trouverait en contact avec les têtes d'aiguilles ; le coup de pédale du tisseur ferait, comme à l'ordinaire, monter la griffe ; mais le ressort extérieur, guide du battant dans la machine ordinaire, agirait sur le châssis des électro-aimants pour l'éloigner dès le premier moment et le porter à la distance où les crochets ne peuvent plus être saisis par la griffe. Tous les électro-aimants à travers lesquels passera le courant, entraîneront leurs aiguilles, malgré les élastiques, et la griffe, en montant, ne saisira que les crochets dont les aiguilles ne se trouveront pas déplacées. Le tisseur, ayant donné son coup, abandonnera le pédale, la griffe et les crochets redescendront, et le ressort permettra au châssis de revenir en son point de repos. A ce moment, le cylindre commutateur, par l'intermédiaire d'un encliquetage, tournera d'une dent et offrira de nouvelles issues au courant pour pénétrer dans les électro-aimants. De cette manière, un nouveau coup de pédale amènera le déplacement d'autres aiguilles, etc., etc. « Les avantages de ce système, dit M. Maumené, sont faciles à saisir, moins de fatigue pour l'ouvrier, qui n'aura plus à soulever, comme dans le métier à la Jacquart, qu'une certaine quantité de plombs, moins de dépense pour l'appareil électro-magnétique, les électro-aimants devant être plus petits que ceux du métier Bonelli, puisqu'ils ont moins de force à exercer. »

Quant au cylindre commutateur, M. Maumené le dispose de la manière suivante :

Au lieu de présenter à sa surface un carrelé ou canevas gravé, sur lequel on doit distribuer le vernis, d'après les exigences du dessin, comme dans le système-Bonelli, ce cylindre est percé de trous correspondant aux différentes mailles du carrelé; et c'est en introduisant dans ces trous des goupilles saillantes qu'il fixe avec de l'alliage fusible de Darcet, que M. Maumené compose son dessin de tissage. Ces goupilles jouent donc le même rôle que les espaces non vernis dans le système-Bonelli. Elles ont l'avantage d'être pour le compositeur du dessin d'une manipulation facile, d'une grande sûreté pour l'action électrique, et d'une correction aisée et prompte. Sous ces différents rapports, ce commutateur est préférable à celui de M. Bonelli; pourtant, M. Maumené en a préféré un autre dont l'installation serait beaucoup plus difficile et plus compliquée. Il s'agirait, en effet, de remplacer le cylindre troué par une planche de cuivre également trouée qui serait fixée au plafond et qui serait mise en mouvement par une crémaillère commandée par un engrenage. Ce serait alors sur une roue à rochet faisant partie de cet engrenage que réagirait le châssis aux électro-aimants à chaque mouvement qu'il opèrerait. Il va sans dire que le dessin serait composé avec des goupilles sur cette planche métallique, comme il l'aurait été sur le cylindre, et que les ressorts-frotteurs du commutateur se trouveraient à portée de cette planche.

Ce système a été l'objet de réclamations de la part de M. Bonelli; et, il faut l'avouer, ce dernier était dans son droit; car le châssis aux électro-aimants, se mouvant latéralement, est indiqué dans le brevet de M. Bonelli comme une des dispositions à donner à son appareil. Les commutateurs précédents, qui ne sont, d'ailleurs, que la répétition de ceux qui ont été décrits dans notre premier volume, pages 61 et 170, au sujet du télégraphe de M. Froment et des appareils électro musicaux, avaient été également indiqués, du moins quant au principe, par M. Bonelli. En définitive, il n'y a donc que l'idée de la réaction des électro-aimants sur les aiguilles des crochets qui appartienne à M. Maumené. Est-ce un progrès ou un perfectionnement? C'est très contestable. C'est ce qui résulte de l'article suivant, inséré dans le *Moniteur industriel,* du 26 mars 1854 :

Le jour où M. Bonelli a fait connaître son système, le monde scientifique et industriel s'est profondément ému. Les savants ont vu dans cette découverte un nouveau mode d'application de l'électro-magnétisme. Les industriels ont cru à une révolution dans le tissage, et ils attendent avec anxiété les perfectionnements promis ultérieurement par M. Bonelli, ainsi que le résultat des essais auxquels d'autres hommes compétents se livrent de leur côté.

Réussira-t-on à substituer l'électricité aux procédés actuellement en usage dans la fabrication des étoffes? Là est toute la question. On sait que le but des recherches à ce sujet est de dispenser les fabricants de l'emploi des cartons-Jacquart. Y parviendra-t-on? Peut-être; mais rien de sérieux, ainsi que je vais le prouver, n'a encore été proposé, jusqu'à présent, pour la solution de ce problème. Cependant, l'application de l'électricité aux métiers à tisser est une chose incontestable, comme découverte scientifique. C'est un fait acquis; je ne le discuterai pas; seulement je crois pouvoir hardiment lui refuser le titre de découverte industrielle.

Pour qu'une découverte soit profitable à l'industrie, il faut avant tout, — c'est la condition *sine quâ non* — qu'elle apporte des améliorations économiques et pratiques.

Ainsi, dans le tissage, par exemple, il faudrait qu'on pût obtenir :

1° Un perfectionnement dans le système de fabrication ;

2° Une simplification dans le mécanisme ;

3° Une économie dans la main-d'œuvre ;

4° Une accélération dans la production.

M. Bonelli a-t-il jusqu'alors apporté un de ces change-ments? Non.

M. Maumené a-t-il obtenu un seul de ces avantages? Encore une fois non.

Ces messieurs sont parvenus, il est vrai, à supprimer les cartons; mais, franchement, est-ce les supprimer que de les remplacer par des ustensiles sinon plus coûteux, du moins aussi dispendieux; et puis, non-seulement ils n'ont pas substitué au métier Jacquart une machine plus parfaite, mais ils n'ont pas même simplifié ce métier; ils le gardent tout entier, et qui plus est, ils le compliquent de tout un immense attirail électro-magnétique.

Ainsi donc, au point de vue industriel, je crois pouvoir affirmer que la question de l'électro-magnétisme appliqué au tissage, est loin d'être résolue. Pour justifier ma conviction à cet égard, je vais aborder quelques détails techniques. Toutefois, comme il importe, avant de juger définitivement le métier de M. Bonelli, d'attendre que l'inventeur lui ait fait subir les modifications dont il dit se préoccuper en ce moment, je ne parlerai que des perfectionnements apportés par M. Maumené à l'appareil de son devancier.

Vous avez dû lire, Monsieur, les détails pleins d'intérêt que contient le n° 573 de l'*Illustration,* du 18 février dernier. Je vous avouerai que je suis plus que jamais convaincu de l'insuffisance des moyens qu'on propose et de l'impossibilité d'en faire l'application pratique.

En effet, par quoi M. Maumené remplace-t-il les cartons ?

1° Par l'addition d'une deuxième machine *latérale* au métier Jacquart ;

2° Par une batterie électrique ;

3° Par une planche à goupilles mobiles. Ces goupilles

sont en métal. Le conduit électrique est *fermé* partout où il y a une goupille; il est *rompu* partout où il n'y en a pas.

La deuxième machine, qui rappelle, sauf le procédé, la petite mécanique *auxiliaire* (à papier) de M. Acklin, est aussi compliquée que la Jacquart même. Elle aura 600 électro, si la Jacquart contient 600 aiguilles, ce qui doublera évidemment les chances d'avaries dans le matériel, les imperfections dans le tissu, les causes de dérangement, d'embarras et de perte de temps pour l'ouvrier. Cette deuxième machine coûtera 3000 francs, à raison de 5 francs par électro, au dire de M. Arthur Baligot de Beyne, auteur du remarquable article sur les métiers électriques, inséré dans le n° 573 de l'*Illustration.*

La pile électrique occasionnera une dépense continue, et son entretien nécessitera plusieurs ouvriers *ad hoc.*

Le jeu des planches suspendues au plafond et marchant sur roulettes, exigera un emplacement immense. En effet, supposons qu'on ait à exécuter un dessin de 20,000 *duites* sur une mécanique de 600 crochets, comment la planche d'un semblable dessin pourra-t-elle fonctionner dans un atelier contenant un grand nombre de métiers? Comment ces métiers devront-ils être enchevêtrés pour permettre aux planches de faire leurs longues évolutions? Quel sera le poids de ces planches dans un dessin de 30 ou 40,000 duites? Par quel procédé rapide ces planches, arrivées au bout de leur course, seront-elles ramenées à leur point de départ, c'est-à-dire à l'arête initiale? Comment fera-t-on mouler les *planches-copies*? On aura donc un atelier spécial pour cela, des ouvriers mouleurs et fondeurs spéciaux?

Ce n'est pas tout : comment fera-t-on *la mise en trou conique* des goupilles? Sera-ce d'après une mise en carte translucide? Ce travail purement mécanique sera donc ultérieur au travail artistique, puisqu'il aura fallu préalablement *écrire* une mise en carte sur le papier quadrillé ? Qu'aura-t-on alors changé aux procédés en usage, c'est-à-dire à la série d'opérations successives par lesquelles il faut passer pour exécuter les cartons ordinaires ? Où sera le perfectionnement ? Où sera la simplicité ? Où sera l'économie ?

Passons à la lecture. Que gagnera-t-on à substituer le travail de la mise en trou conique à celui si simple et si rapide de la lecture sur *semple* dans le lisage de la Jacquart ordinaire ? Reprenons notre exemple d'un dessin de 20,000 duites sur 600 crochets. On peut admettre raisonnablement que la *moitié* de la chaîne *lève* dans chaque ouverture combinée, destinée au passage de la navette. Alors il y aura 300 goupilles à poser, d'après la lecture, sur chaque longueur d'*arête* contenant 600 trous, et il restera par conséquent 300 trous vides sur chacune de ces arêtes. Eh bien ! si l'on multiplie 300 par 20,000 on aura SIX MILLIONS de goupilles à poser *une à une*. Cet immmense travail demandera au liseur le plus assidu et le plus expéditif un temps incalculable, tandis que, dans la lecture au *semple* ordinaire, l'ouvrier acquiert une dextérité comparable au doigté d'un instrumentiste habile.

Enfin, dans la lecture au semple, il est très rare qu'on ait à pointer l'armure du tissu sur la partie blanche de la mise en carte représentant le fond de l'étoffe. On obtient le perçage du tissu dans le caton, par des combinaisons d'*encroix* spéciaux exécutées dans les cordes du semple, antérieurement à la lecture. Il faudra, au contraire, toujours pointer l'armure du tissu sur les feuilles translucides destinées aux planches horizontales, afin de guider le liseur et de lui faire poser une goupille sur chaque point *écrit*. Où sera, encore une fois, l'économie en temps, en frais et en main-d'œuvre ?

Je me résume et je soutiens que la découverte de M. Bonelli, ainsi que les perfectionnements proposés par M.

Maumené tout intéressants qu'ils soient, ne sont pas encore suffisamment étudiés et simplifiés pour rendre des services à l'industrie. Je pense que MM. Bonelli et Maumené n'arriveront sérieusement à ce résultat qu'autant qu'ils pourront trouver un système qui METTE L'ÉLECTRICITÉ EN RAPPORT DIRECT AVEC LES FILS DE CHAINE OU TOUT AU MOINS, AVEC LES ARCADES QUI SERVENT A LEVER CES FILS.

S'ils gardent la Jacquart, s'ils y ajoutent une deuxième machine, s'ils conservent l'équivalent des cartons sous forme planches horizontales à goupilles, de cylindres à vernis isolant, ou autres intermédiaires analogues, ils n'auront fait que compliquer le système en adjoignant très inutilement un *second moteur* : LE FLUIDE ÉLECTRIQUE, à un premier moteur intelligent et très suffisant : L'OUVRIER. Cette superfluité n'existe pas, on en conviendra, dans l'emploi du carton Jacquart ordinaire, carton si simple, si ingénieux, si peu embarrassant pour l'ouvrier, carton qu'on peut confier à des apprentis encore enfants, et qu'on peut manier sans une précaution minutieuse.

Je le répète, la découverte de l'application de l'électricité au tissage, n'a produit, quant à présent du moins, ni amélioration ni bénéfice pour l'industrie.

ÉDOUARD GAND.

Système de MM. Pascal et Mathieu. — Dans une de ses dernières séances, la Société d'agriculture de Lyon a eu l'occasion d'étudier une tentative nouvelle de l'application de la force électro-motrice au métier à tisser la soie. Cette tentative est due à deux jeunes Lyonnais, MM. Pascal et Mathieu.

On n'a pas oublié sans doute, dit M. Tisserant, la description que les journaux ont donnée récemment d'une mécanique à la Jacquart *marchant* par l'électricité. L'idée fondamentale qui caractérise l'invention de M. Bonelli consiste dans la substitution aux cartons ordinaires d'une lame métallique dont la surface est divisée, par le burin, en petits carrés d'un millimètre de côté, et où le dessin qui doit être reproduit sur l'étoffe, se trouve tracé avec un vernis non conducteur de l'électricité. Cette lame métallique est placée au-dessus d'une série transversale d'aiguilles qui, par l'intermédiaire d'électro-aimants, peuvent réagir ou non sur les fils ou lisses, suivant que la lame de l'ouvrier mise en mouvement à chaque coup de pédale leur présente des parties conductrices ou non conductrices.

Le système de M. Bonelli exige, pour fonctionner, une assez grande dépense d'électricité. Cet inconvénient n'existe pas dans l'appareil que MM. Pascal et Mathieu ont mis sous les yeux de la Société d'agriculture. Au point de vue de l'utilisation de la force électro-motrice, leur idée paraît très heureuse. En effet, dans l'établissement d'une machine quelconque, économiser la puissance est l'un des problèmes les plus importants à résoudre. Cette condition essentielle nous paraît avoir été bien remplie dans le métier modèle que ces jeunes gens ont fait fonctionner devant nous.

La lame de cuivre qui a reçu le dessin est placée dans une situation verticale, et latéralement par rapport aux crochets qui soutiennent les fils. Elle tourne sur un cylindre, sans déplacement total. Le *dégriffement* a lieu, sous l'influence du courant électrique, par un petit mouvement de rotation des crochets sur leur axe, mouvement qui les fait échapper de la boucle du collet par laquelle ils sont retenus dans l'état de repos. Les fils dont les crochets sont restés en place se trouvent alors enlevés par les pédales. Les électro-aimants n'ont d'autre office ici que de faire exécuter, à chaque coup de pédale, aux crochets correspondant aux divisions de la plaque qui ne sont pas recouvertes par le vernis, un léger mouvement de bascule, ce qui n'exige qu'une puissance minime. On ne saurait disconvenir que ce soit là une appli-

cation très ingénieuse de la force électrique, dans un appareil
où il s'agit de réunir la simplicité et la régularité à l'économie.

Les jeunes inventeurs espèrent pouvoir exécuter, avec une
mécanique construite d'après ces principes, tout ce que fait
aujourd'hui le métier Jacquart. Nous faisons des vœux pour
qu'ils réussissent. Les difficultés à vaincre nous paraissent
nombreuses et graves ; MM. Mathieu et Pascal n'en méritent
pas moins les encouragements de leurs concitoyens pour les
résultats auxquels ils sont déjà parvenus. La société ne pouvait, en quelques instants, apprécier la valeur de leur invention ; elle a confié à une commission prise dans son sein , et
composée de fabricants et d'hommes s'occupant de sciences
physiques et mécaniques, la mission de l'examiner avec plus
de détails. Elle se féliciterait doublement d'avoir à signaler
un nouveau progrès dans l'une des plus belles industries de
la France et de pouvoir le rapporter à deux enfants de Lyon.

Le secrétaire général, TISSERANT.

Système de M. E. Gand. — Ni M. Bonelli ni M. Maumené, dit M. Solié, n'ont résolu un seul des problèmes qui
auraient pu fournir un perfectionnement aux métiers à la
Jacquart. Leurs systèmes ont été théoriquement ingéneux ;
ils restent pratiquement impossibles. Après avoir, sans nécessité, adjoint à un premier moteur intelligent et très suffisant: l'ouvrier, un second moteur : le fluide électrique, ils
ont compliqué ce qui était simple et rendu difficile ce qui
était facile. L'espace nous manque pour le prouver, mais
ceux qui ont un intérêt à se tenir au courant des expériences
faites par ces inventeurs, savent suffisamment à quoi s'en
tenir sur le mérite industriel de ces prétendus perfectionnements.

Pour que l'électricité soit applicable, avec profit, à la
fabrication des tissus, il faut que le fluide soit mis en rapport

direct avec les fils de chaîne, ou tout au moins avec chacune des arcades qui servent à faire lever ces fils. C'est l'idée qu'à émise un troisième inventeur, M. Edouard Gand, et à laquelle il vient certainement de faire faire un grand pas à l'aide d'une machine où l'appareil électrique et la machine Jacquart sont combinés et réunis d'une façon vraiment pratique.

M. E. Gand est à la fois un industriel, un savant et un artiste dessinateur distingué pour étoffes, il s'applique à suivre toutes les découvertes de la science moderne, et il est de ceux qui y cherchent un but constant d'utilité. Les théories purement spéculatives ne sont le fait aujourd'hui que du très petit nombre. Notre siècle s'éloigne de ce dilettantisme d'un autre âge, et la science ne marche à la conquête du progrès qu'en donnant la main à l'industrie.

Tout en rendant justice à l'intelligente découverte de M. Bonelli, M. E. Gand ne s'est dissimulé aucune des imperfections qui la laissent sans utilité, et il a essayé de les faire complétement disparaître.

Nous avons dit qu'en supprimant les cartons, M. Bonelli leur a substitué une mise en carte sur plaque de métal, d'un emploi plus coûteux et plus difficile que les cartons eux-mêmes.

M. E. Gand a essayé de remplacer les cartons avec économie et de diminuer le nombre des ouvriers en rendant la tâche plus simple et moins fatigante. Il s'est souvenu que, depuis un an, M. Acklin se servait de papier au lieu de carton, pour régler dans la Jacquart les mouvements d'élévation et d'abaissement des fils de chaîne. Seulement l'application du procédé de M. Acklin nécessitait une machine latérale aussi compliquée et d'un maniement encore plus difficile que la Jacquart.

Ainsi, en posant son papier sur une plaque percée de 400

ou de 600 trous, et formant une espèce de crible, M. Acklin multipliait les chances d'avaries dans le matériel, et par suite, d'imperfection dans le tissu. L'humidité atmosphérique dilatait le papier, il se gauffrait sur les trous de la plaque, il ne se présentait plus régulièrement aux aiguilles, ou bien celles-ci venaient augmenter par leur action les dégats produits par l'humidité.

Dans le nouveau système de M. E. Gand, qu'il appelle système mixte, les avantages de l'électro-magnétisme et ceux du papier Acklin se trouvent combinés sans avoir aucun des inconvénients que nous venons de leur reprocher.

Une seule machine réunit l'ensemble des éléments nécessaires à l'exécution complète du tissu. Les électros sont placés dans l'intérieur de cette machine et agissent directement sur des tiges appelées *crochets-griffes*. Des fils conducteurs fixes, passant par ces électros, sont substitués aux aiguilles mobiles de la Jacquart qui, comme on le sait, sont sujettes à de continuels dérangements. Enfin, l'étui à élastiques est disposé du côté du cylindre. Il représente, sauf quelques modifications, le diminutif de celui qui se trouve sur le derrière d'une Jacquart ordinaire.

Quant au papier, il est appuyé sur une surface plane et polie, de sorte que son épaisseur qui, isolément, ne présenterait qu'une résistance insuffisante, devient, par suite de son application sur cette surface inflexible, capable de repousser une aiguille métallique très mobile et dont la pointe est émoussée.

Il ne convient pas de faire entrer, dans le cadre de cet article, une description exacte de la machine de M. E. Gand. Sans dessin d'ailleurs et sans légende explicative, notre description serait difficilement comprise, Voici cependant quelques-uns des éléments qui composent la nouvelle machine mixte : Ils serviront à donner une idée approximative des remarquables perfectionnements que M. E. Gand a apportés aux inventions de MM. Bonelli et Acklin.

Un papier continu ou une étoffe convenable, telle que la soie, est, d'après la mise en carte, percé de trous à certains endroits et conserve des pleins à certains autres. Chaque trou, placé en regard d'une petite pointe métallique, excédant d'un millimètre au plus la planche qui la contient, permet le contact de cette aiguille avec le métal d'un cylindre à plusieurs pans, pièce mise en mouvement par un battant. Le fluide électrique conduit d'une manière aussi simple que commode sur le cylindre, passe par tous les trous correspondants du papier, et par suite par toutes les pointes qui le touchent, tandis que les pleins du papier, interceptant la communication entre les deux métaux, s'opposent à l'établissement du courant. La substance même du papier joue donc ici le rôle de corps isolant.

Les pointes conductrices du fluide sont disposées de telle sorte qu'en l'absence du papier, elles touchent toutes le cylindre, lorsque celui-ci vient s'appliquer sur la planche qui les porte ; mais dès que le papier est interposé entre elles et le cylindre, celles qui correspondent aux trous du papier restent en contact avec le pan métallique, et celles qui rencontrent les pleins sont repoussées par le papier; leur jeu est suffisant pour céder à cette faible répulsion qui, à son tour, s'effectue sans fatigue pour le papier, les aiguilles n'offrant qu'une résistance très faible, et les parties de papier qui auront à les repousser ne cessant pas de s'appuyer sur la surface plane d'un des pans du cylindre.

Aussi modeste qu'intelligent. M. E. Gand n'affiche pas la prétention d'avoir fait une grande découverte. Mais les fabricants d'étoffes façonnées auxquels s'adresse spécialement ce travail, comprendront la distance immense qui sépare l'invention purement théorique du perfectionnement utilement applicable. Cette distance, M. E. Gand nous semble l'avoir victorieusement franchie, sinon au profit de la science, du moins dans l'intérêt d'une fabrication économique.

Avec la machine perfectionnée de M. E. Gand, on peut exécuter tous les articles possibles, qu'ils soient composés de chaînes multiples ou de plusieurs navettes *juxtà-lancées*. Donc point de *translatage* comme chez M. Bonelli.

Les opérations préalables, par lesquelles il faut passer pour l'exécution d'un dessin continu, sont analogues, il est vrai, à celles que nécessite la fabrication des cartons-Jacquart ordinaires ; mais la main-d'œuvre est très simplifiée, attendu qu'elle supprime tout un nombreux personnel d'ouvriers robustes. Un petit *lisage* et une petite *presse* suffisent entre les mains d'un enfant intelligent. On se passera des lourdes et embarrassantes machines actuellement en usage.

Pour le lisage et le piquage des cartons, aussi bien que pour la mise en fabrication du tissu, il y aura donc économie :

1° De matériel, puisque de petits appareils sont employés ;

2° De personnel, puisque le liseur, le tireur, le metteur en plaque, le piqueur et l'enlaceur sont remplacés par un unique ouvrier, le *liseur-piqueur* ;

3° De locale, puisque le lisage devient plutôt un meuble d'appartement qu'un matériel d'atelier ;

4° De cartons enfin, puisqu'il leur est substitué un papier qui n'aura pas les 90 centièmes de leur valeur, c'est à dire qu'un fabricant qui dépense en achats de cartons 10,000 fr. par an, ne dépensera plus que 1000 fr. de papier.

M. Bonelli avec l'invention de l'électricité appliquée au tissage, M. Aklin avec l'invention du papier continu substitué aux cartons, ont-ils réalisé les avantages pratiques des améliorations de M. E. Gand ? Non. L'honneur leur reste ; mais les fabricants savent à qui ils doivent des remercîments.

Il nous paraît difficile que d'ici à quelque temps une sérieuse application de l'électro-tissage ne soit pas tentée quelque part.

Quand l'immortel Jacquart n'obtenait, en 1801, qu'une simple médaille de bronze pour une mécanique qui devait révolutionner, après la fabrication des tissus de soie, celle des tapis, des étoffes de coton, de laine, du linge damassé, etc., l'industrie n'avait acquis ni l'élan ni l'intelligence dont elle fait preuve en ce temps-ci. Qu'un fabricant, un seul, applique quelque jours l'électricité à la Jacquart, en supprimant les frais exorbitants des cartons, et la concurrence ne lui laissera pas longtemps réaliser les bénéfices d'un privilége à la portée de tous. La cause de l'électro-tissage sera gagnée.

Solié.

Voici maintenant la critique de ce dernier système :

Les inventeurs, écrit M. Acklin au rédacteur du *Moniteur industriel,* doivent être toujours prêts à défendre leurs œuvres contre des attaques injustes ou légères, et même à en démontrer la supériorité jusqu'à ce que l'usage les ait assez consacrés pour rendre la controverse superflue. Je viens donc vous prier de vouloir bien insérer dans votre estimable journal ma réponse à M. Solié qui (Voir votre numéro du 25 juin 1854) a cru devoir préconiser à mes dépens une invention nouvelle de M. E. Gand.

M. Solié se trouve d'accord avec moi sur l'impossibilité d'utiliser pratiquement le système électrique, tel que l'a présenté M. Bonelli. Je n'ai donc rien à relever sur ce point dans son article. Mais pourquoi M. Solié, qui paraît avoir si bien étudié ce système, et qui, sans doute, n'a pas étudié avec moins de soin l'invention de son ami M. E. Gand, pourquoi n'a-t-il pas accordé la même attention à mon appareil? S'il s'était donné la peine, je ne dis pas d'en étudier le mécanisme, mais de l'examiner fonctionnant dans nos ate-

liers, jamais assurément il n'aurait imprimé la phrase suivante :

« **M.** Gand s'est souvenu que depuis un an, **M.** Acklin se
» servait de papier au lieu de carton, pour régler dans la
» Jacquart les mouvements d'élévation et d'abaissement des
» fils de chaîne. *Seulement l'application du procédé de*
» *M. Acklin nécessitait une machine latérale aussi com-*
» *pliquée et d'un maniement encore plus difficile que la*
» *Jacquart.* »

Tout le monde sait, au contraire, que le principal mérite
de mon invention consiste dans sa simplicité. *C'est une*
machine latérale en effet, mais qui, une fois posée, ne se
manie plus et marche sans difficulté, sans complication avec
la Jacquart elle-même. On enlève mon cylindre pour y placer
le papier comme on enlevait l'ancien pour y placer le carton ;
la seule différence c'est que le cylindre de mon appareil est
plus facile à manier, et ces mots de **M.** Solié « *aussi com-*
» *pliqué et d'un maniement plus difficile que la Jacquart*»
disent précisément le contraire de la vérité. J'ai envoyé à
Londres un de mes appareils qui a fonctionné, qui a subi le
double voyage et qui depuis a continué à marcher sans
qu'on ait eu la moindre réparation à y faire.

M. Solié continue : « *Ainsi, en posant son papier sur*
» *une plaque percée de 400 ou de 600 trous et formant*
» *une espèce de crible, M. Acklin multipliait les chances*
» *d'avaries et par suite d'imperfection dans le tissu.* »
On pourrait demander pourquoi la plaque métallique qui
remplace le cylindre dans mes appareils serait plutôt un
crible que le cylindre en bois de la Jacquart ? En fait, les
choses sont disposées, ce qui d'ailleurs était facile, de telle
sorte que le crible ni les aiguilles ne peuvent jamais être en
faute. Mais M. Solié probablement ne se sera pas bien rendu
compte de son objection qui, au fond, n'a rien de raisonné.

Il ajoute : « L'humidité atmosphérique dilatant le papier,
» il se gauffrait sur les trous de la plaque, il ne se présentait
» plus régulièrement aux aiguilles, ou bien celles-ci venaient
» augmenter par leur action les dégâts produits par l'humi-
» dité. »

Ici, Monsieur, autant d'erreurs que de mots, et l'on est
confondu vraiment de se voir ainsi jugé par un écrivain
qu'on croirait n'avoir pas la moindre idée du mécanisme dont
il s'occupe.

Si j'avais commis la faute de livrer le papier aux influences
atmosphériques, de manière qu'il pût au hasard se saturer
d'humidité ou se contracter par la dessication, j'aurais fait
une ânerie qui dispenserait les tisseurs d'accorder la moindre
attention à mon procédé ; mais je ne pouvais ignorer qu'avec
un agent aussi sensible que le papier il était indispensable
d'en protéger le fonctionnement par un régulateur chargé de
répartir les effets de l'ondulation avec assez de précision pour
que les trous ne cessent jamais de se présenter juste et sans
entraver le jeu des aiguilles. Or, ce répartiteur existe, il fait
partie de mon invention; si M. Solié veut bien venir dans
nos ateliers, on plongera, en sa présence, le papier dans un
seau d'eau et il pourra se convaincre par ses propres yeux
que les aiguilles n'en continuent pas moins d'agir librement
sans causer de *dégâts, sans même entrer par un point
quelconque en contact avec le papier.*

Quelque désir que j'aie, Monsieur, de réfuter paragraphe
par paragraphe l'article de M. Solié, ce serait étendre beaucoup trop cette lettre que de relever tout ce que cet article
présente d'inexact et d'inadmissible.

Ainsi, pour faire l'éloge de l'appareil de M. E. Gand, M.
Solié le représente comme remédiant aux inconvénients des
deux systèmes Acklin et Bonelli, lesquels, on le sait, n'ont
pas entre eux le moindre rapport, et ne sauraient non plus

avoir d'inconvénients semblables; il dit que les fils conducteurs fixes passant par les *electros* seront substitués aux
aiguilles mobiles de la Jacquart qui *sont sujettes à de continuels dérangements;* comme si les dérangements pouvaient
être moins fréquents avec l'emploi de l'électricité! Personne
n'ignore cependant que les fluides impondérables et les corps
chargés de les transmettre sont soumis à une foule de vicis-
situdes provenant d'influences diverses qui suffiraient seules
pour en interdire l'usage dans les fabriques quand ils n'auraient pas d'autres inconvénients.

Toujours dans la même idée, M. Solié, pour faire mieux
ressortir les *perfectionnements* que l'invention de **M. E.**
Gand apporte, dit-il, aux systèmes de MM. Bonelli et Acklin,
explique que, dans la première, le papier est appuyé sur
une surface plane et polie, *de sorte que son épaisseur qui
isolément ne présenterait qu'une résistance insuffisante,
devient, par suite de son application sur cette surface
inflexible, capable de repousser une aiguille métallique
très mobile et dont la pointe est émoussée.* Puis il entre
dans l'explication du mécanisme électrique.

Sur ce dernier point, je n'ai rien à dire, si ce n'est que
l'explication même de M. Solié semble établir entre les deux
inventions Bonelli et Gand une telle identité, qu'il est difficile d'apercevoir en quoi l'une diffère de l'autre, et par
conséquent comment la seconde pourrait exister en dehors
des priviléges de priorité assurés à la première. Mais ceci ne
me regarde point. Je représenterai seulement à M. Solié, que
si le papier dans l'appareil-Gand vient à se dilater, comme
il ne peut se dispenser de l'admettre, les trous ne correspon-
dront plus aux pointes métalliques placées en face, incident
inévitable qui doit nécessairement arrêter ou déranger tout
le jeu de l'appareil. C'est exactement la même objection qu'il
m'a faite; mais dans mon système, elle est résolue par le

répartiteur, et je ne vois pas que rien de pareil existe dans le système de M. Gand.

M. Solié ne commet qu'une légère inadvertance lorsqu'il annonce que, par ce dernier système, on pourra désormais exécuter sans *translatage* tous les articles possibles.

En fait, il n'existe aucun mécanisme qui puisse dispenser du *translatage*, c'est-à-dire d'une *lecture*, opération indispensable du moment que l'étoffe qu'il s'agit de tisser se compose de plusieurs couleurs. Mais l'erreur de M. Solié d'vient plus grave quand il énumère les nombreuses économies de main-d'œuvre qui seront dues au nouveau système. Un petit lisage, une petite presse suffiront, dit-il, entre les mains d'un enfant intelligent ; *le tireur, le metteur en plaque, le piqueur et l'enlaceur sont remplacés par un ouvrier unique ; on supprime tout un personnel d'ouvriers robustes.* M. Solié ignore-t-il donc que depuis long-temps toutes ces suppressions sont effectuées *par le lisage accéléré*, pour le maniement duquel ce nombreux personnel se réduit à un homme et deux enfants ?

S'il s'est reporté à l'ancienne méthode la méprise est forte , et malheureusement il faut réduire en réparation de cette erreur l'importance des économies annoncées.

Il y a plus, M. Gand admettra bien avec moi que mon papier peut être percé par d'aussi petites machines que celles dont parle M. Solié ; c'est en effet ce qui a lieu, nous avons livré à la fabrique des lisages qu'un homme peut aisément transporter.

J'ai hâte de terminer cette discussion, Monsieur ; aussi passerai-je immédiatement à la conclusion de M Solié sans m'arrêter davantage aux détails : cette conclusion, c'est l'annonce positive d'une économie 90 pour 100 , tel fabricant qui dépense en achats de carton 10,000 francs par an ne devant plus dépenser que pour 1,000 francs de papier.

J'ai déclaré depuis longtemps que mes appareils économisaient 91 pour 100 sur la dépense actuelle. On voit que, d'après M. Solié, nous ne sommes plus séparés, M. Gand et moi, que par une légère unité, 1 pour 100.

C'est peu de chose, c'est même si peu, que je me décide à en faire le sacrifice en faveur de mon rival, si M. Solié veut bien me démontrer, ce qu'il a oublié de faire, qu'entre deux mécanismes dont *l'un emploie le papier seulement, et l'autre le papier, plus le fluide électrique, les frais sont les mêmes.*

En effet, si M. Gand mettant en œuvre deux agents, dont l'un, le papier, a une valeur courante, et l'autre, l'électricité, un prix variable selon les procédés, mais un prix réel, parvient à ne dépenser que ce que je dépense, à 1 pour 100 près, c'est-à-dire 10 lorsque je dépense 9, il a certainement résolu un grand problème.

Cette magnifique découverte resterait, il est vrai, sans utilité dans la fabrication, puisqu'on arrive au même résultat par un procédé purement mécanique et beaucoup plus simple. Mais mon adversaire aurait toujours en sa faveur le merveilleux secret de produire de l'électricité pour rien, et (chose non moins étincelante) sans que des appareils producteurs de 400 ou 600 électros lui coûtent un centime.

Agréez, etc.   ACKLIN.

Ainsi, comme nous l'avions dit en commençant, la question des métiers électriques est loin d'être résolue, d'après l'avis même des hommes compétents.

ÉLECTRO-MOTEURS.

Après les considérations que j'ai exposées dans le premier volume de cet ouvrage, page 171, on pourra s'étonner que je revienne encore sur ce genre d'application de l'électricité qui n'est appelé, de l'aveu même de ceux qui ont expérimenté et étudié à fond la question, à aucun avenir. Je ne serais en effet bien gardé d'en reparler encore si l'opinion d'un homme, qui à juste titre fait loi dans la science et pour lequel je professe la plus grande admiration, n'était venue dans ces derniers temps résusciter beaucoup d'espérances qui avaient été trompées. Loin de moi la pensée de vouloir discuter le rapport qui vient d'être fait sur l'électro-moteur de M. Marié-Davy, d'en contester le mérite, et de réclamer contre l'encouragement pécunière qui a été accordé à l'inventeur. Mais je ne puis m'empêcher de reconnaître dans la plupart des jugements émis à l'égard de cette machine, les mêmes illusions que je m'étais faites, il y a trois ans, quand je faisais mes expériences. Qu'il me soit donc permis de regarder encore comme très douteuse la réussite de ce genre d'électro-moteurs, dont le principe n'écarte en aucune façon les causes d'insuccès que j'ai signalées il y a un an.

Ne voulant influencer en rien l'opinion de mes lecteurs sur cette prétendue merveilleuse découverte, je rapporte textuellement l'extrait du rapport de M. Becquerel, tel qu'il a été publié dans le journal *l'Institut*, du **24** mai **1854**.

Électro-moteur de M. Marié-Davy. — « Depuis vingt ans, dit M. Becquerel, bien des tentatives ont été faites pour établir des machines, en employant comme force motrice la puissance magnétique que développe dans le fer doux un courant électrique agissant à distance; mais jusqu'ici ces électro-moteurs sont loin de présenter de l'économie sur les machines à vapeur.

» Une machine électro-magnétique quelconque se compose essentiellement d'une série d'électro-aimants en fer doux, d'armatures également en fer doux ou disposées en électro-aimants, de divers accessoires destinés à transmettre l'électricité fournie par une pile ou une machine magnéto-électrique, d'un commutateur ou d'un interrupteur, afin d'avoir un mouvement circulaire ou bien un mouvement de va-et-vient continu. Ces diverses parties dans les machines construites jusqu'ici ne réunissent pas toutes les conditions désirables pour utiliser toute la force mise en action : une source continue d'électricité à bon marché n'existe pas encore : le fer doux, n'étant jamais pur, ni parfaitement malléable, conserve pendant plus ou moins de temps, à chaque interruption une portion de l'aimantation passagère que le courant lui a communiquée ; le courant primitif et l'extra-courant produisent des effets contraires qui se nuisent réciproquement ; les commutateurs ou interrupteurs présentent fréquemment des altérations quand on ferme le circuit. M. Jacobi, d'un autre côté, qui a fait une étude approfondie de l'emploi des machines électro-magnétiques dans l'industrie, a été conduit à cette conséquence, que l'effet mécanique ou le travail, vu les dépenses qu'exige leur entretien, est de beaucoup inférieur à celui des autres moteurs usuels : mais ce n'est pas là toutefois le dernier mot de la science ; car si elle parvient à découvrir des sources d'électricité plus économiques et plus puissantes que celles qui sont en usage aujourd'hui, et à éviter une partie des inconvénients signalés précédemment, l'électricité et le magnétisme pourront venir se placer à côté de la chaleur comme forces motrices.

» M. Marié a pensé, et avec raison, que, pour obtenir le maximum d'effet dans les machines électro-magnétiques, il fallait que les électro-aimants et les armatures agissent jusqu'au contact, attendu que la force électro-magnétique, comme il l'a prouvé par le calcul et l'expérience, décroît si rapidement avec la distance, qu'en employant deux électro-aimants lorsque ceux-ci s'approchent de l'infini jusqu'au contact, ils développent une quantité de travail telle, que les cinq sixièmes le sont dans le dernier millimètre, et moitié du reste dans l'avant-dernier; en remplaçant le deuxième électro-aimant par une armature en fer doux, les trois quarts de la quantité de travail sont produits dans le dernier millimètre de parcours de l'armature, et plus de la moitié du reste dans l'avant-dernier. Dans la plupart des machines électro-magnétiques rotatives construites jusqu'à ce jour, les armatures mobiles passent rapidement devant les électro-aimants fixes, suivant une ligne perpendiculaire à l'axe, sans arriver jusqu'au contact; ainsi on n'utilise pas toute la quantité de travail que l'on pourrait obtenir. Cependant nous devons rappeler que M. Froment, qui s'est beaucoup occupé des moteurs électro-magnétiques, a construit une machine dans laquelle une roue intérieure, munie d'armatures en fer doux, vient rouler sur les faces terminales d'électro-aimants fixes, de manière à profiter de l'attraction magnétique jusqu'au point de contact des surfaces aimantées : il en résulte, seulement lorsque la machine fonctionne, une succession de chocs ou d'ébranlements qui s'opposent à la construction d'une machine puissante, d'après ce modèle. M. Marié fait rouler les électro-aimants mobiles ou les armatures, de manière à les approcher des électro-aimants fixes dans le sens de l'axe et jusqu'au contact sans secousse. Tel est le principe qui a servi de base à la construction de deux électro-moteurs décrits dans sa note, dont l'un est à rotation continue et l'autre à oscillation. Nous ne parlerons que du premier appareil, dont il a fait construire un modèle qui a fonctionné sous les yeux des commissaires.

» La machine à rotation continue se compose de soixante-trois électro-aimants disposés à égale distance autour d'un cercle en bois, garni intérieurement d'un cercle de cuivre. Tous ces électro-aimants ont leur axe dirigé vers le centre de la roue, et leur surface coïncide avec la surface concave du cercle en cuivre. Dans l'intérieur de cette grande roue, il s'en trouve deux autres dont le rayon est le tiers de celui de la première, et qui sont garnies également d'un cercle en cuivre : ces roues portent chacune vingt et un électro-aimants équidistants, dont les axes sont dirigés vers leur centre réciproque, et dont les surfaces polaires coïncident avec la surface concave des roues en cuivre : les petites roues peuvent donc rouler sans glissement dans l'intérieur de la grande, et entraîner dans leur mouvement l'arbre de la machine, qui coïncide avec l'axe de la grande roue. Les électro-aimants mobiles viennent se mettre successivement en contact avec les électro-aimants fixes. Les grandes et petites roues sont munies d'un engrenage destiné à maintenir la coïncidence une fois établie. La machine est pourvue en outre de diverses pièces destinées à mettre successivement chacun des électro-aimants en communication avec la pile, et à donner une aimantation différente aux deux électro-aimants en présence, à l'instant où ils agissent l'un sur l'autre. M. Marié a fait un changement qui paraît avantageux; il a remplacé les roues intérieures par d'autres qui, au lieu de porter des électro-aimants, sont entourées d'un cercle de fer doux formant armature : la partie mobile est ainsi plus légère et les engrenages deviennent inutiles. C'est avec cette modification que la machine électro-magnétique a fonctionné sous les yeux des commissaires. Les électro-aimants circulaires de M. Nicklès accueillis favorablement par la science, trouveraient ici une intéressante application ; M. Marié se propose, d'après les conseils de la commission, de faire des essais avec cette addition, qui lui permettra d'augmenter la force sans accroissement de dépense.

» La construction de la machine se ressent un peu de l'inexpérience du fabricant aussi a-t-elle exigé une pile de 24 éléments de Bunsen pour obtenir une force de $\frac{1}{23}$

de cheval ; mais, suivant les calculs de M. Marié, il n'en faudrait pas une plus énergique et peut-être une de moindre intensité pour produire une force trois cents fois plus considérable, avec une machine de grande dimension, attendu que les frottements ne croîtraient pas comme la force de la machine, les galets qui servent à établir la communication électrique ne changeant pas et la force produite par l'attraction des aimants pouvant être multipliée dans une forte proportion, si l'on faisait usage d'électro-aimants formés de gros cylindres de fer doux : la commission n'a pas eu à sa disposition tous les éléments nécessaires pour vérifier l'exactitude des résultats du calcul de M. Marié. Le modèle a été construit en vue d'établir les rapports entre le travail calculé d'après la force magnétique développée dans l'électro-aimant et la force pratique réelle ; ce rapport a été de 4 : 3. C'est déjà une très grande approximation d'avoir obtenu les trois quarts de la force théorique, quand on réfléchit aux nombreuses imperfections résultant d'une assez mauvaise construction.... »

La commission a examiné avec intérêt la machine électromagnétique de M. Marié : mais, ainsi que nous l'avons dit, elle ne pourra porter un jugement définitif sur sa valeur industrielle qu'autant qu'elle aura vu fonctionner une machine ayant au moins la puissance d'un cheval, et qu'elle aura suivi les expériences que l'auteur se propose de faire.

Puisque le rapport de M. Becquerel a remis à l'ordre du jour la question des électro-moteurs que j'avais cru épuisée depuis longtemps, je vais en profiter pour rappeler ici une machine électro-motrice qui, si elle n'a pas eu un plus grand succès que les autres, a du moins pour nous le mérite d'un principe nouveau.

Moteur électro-chimique de M. A. Moeff et Cie. — Voici l'extrait d'une lettre adressée par l'inventeur au rédacteur du journal l'*Electricité* et qui a été publiée en septembre 1832 :

« En ce moment, nous pouvons le dire, notre machine fonctionne et, sauf quelques imperfections qu'il est impossible d'éviter dans de premiers essais, la régularité de sa marche est parfaite, et sa force que nous avons eu tant de peine à régulariser, est aussi facilement extensible que celle de nos machines à vapeur.

» Notre but a été de remplacer la vapeur, moyen trop dispendieux, entraînant surtout la nécessité de poids trop considérables de combustible. Nous avons tenté bien des modes de machines électro-motrices; les électro-aimants n'ont jamais pu nous donner une somme de force assez considérable pour les grandes machines; nous sommes bien loin cependant de proscrire leur usage. D'autres plus savants ou plus heureux feront peut-être ce que nous n'avons pu faire.

» Vous vous rappelez les nombreuses expériences sur la propulsion par les poudres fulminantes produisant des gaz extensibles (fulmi-coton, etc.)? Il nous a été impossible de régulariser cette force d'une extrême énergie; jamais la multiplicité des chocs ne nous a donné la continuité d'action.

» Un jour, dans un cylindre, muni de son piston, qui nous avait servi à des expériences, nous remplaçâmes les poudres fulminantes ou plutôt les gaz extensibles produits par leur combustion, par un mélange d'oxygène et d'hydrogène dans leurs proportions relatives pour former de l'eau. Le piston que l'on retirait pour former le vide, facilitait l'introduction des gaz par une lumière étroite... Bien que le cylindre fût fort étroit, la détonation fut assez forte; le vide y était presque complet, le piston plongea dans le cylindre avec une force invincible et n'en fut retiré que difficilement

Dans une seconde expérience, le mélange de gaz étant composé d'hydrogène et d'air atmosphérique, la détonation et la course du piston, furent moins puissantes, moins rapides; mais le piston vint rebondir au fond du cylindre sur la couche d'azote restée libre après la combinaison chimique de l'oxygène et de l'hydrogène.

» Voilà la base réelle, fondamentale, de notre machine; la force est le résultat de la raréfaction produite par la combinaison de l'hydrogène et de l'oxygène pour former de l'eau. Cette combinaison s'opère, comme on le sait, sous l'influence du contact d'un corps en ignition ou du passage d'une étincelle électrique. C'est ce dernier moyen que nous avons employé, et c'est lui qui nous a fait donner à notre moteur le nom de moteur électro-chimique.

» Chacun sait avec quelle facilité on peut obtenir des quantités immenses d'hydrogène; les matières premières nécessaires à son dégagement sont dans le commerce au prix le plus réduit; nous oserions même dire que par leur combinaison elles ne font qu'acquérir une valeur nouvelle; car les sels de zinc ou de fer sont tous d'une valeur commerciale bien supérieure à celle de ces métaux.

» La série d'étincelles nécessaires se produit avec la plus extrême facilité, presque sans frais. Nous avons des machines pour lesquelles le courant électrique nécessaire est entièrement produit par les décompositions chimiques qui s'opèrent dans nos gazogènes. La moindre connaissance des théories physiques et chimiques pourra faire comprendre facilement la formation de ces électro-gazogènes.

» Rien n'est plus facile à régler que le développement des gaz. Il est clair que leur détonation, ou pour mieux dire leur combinaison, car ici la détonation est à peine perceptible, n'ayant lieu qu'au passage des étincelles électriques, le moindre régulateur du courant, avec un interrupteur que l'on peut diriger au moyen d'une simple aiguille de contact, suffit pour régulariser d'une manière absolue leur nombre, la fréquence de leur passage. Nous employons comme régulateur un mouvement électro-magnétique mis en jeu par le courant lui-même, ou un simple mouvement d'horlogerie.

» Nous eussions vivement désiré décrire les modifications nombreuses que nous avons dû faire subir aux cylindres, aux pistons, le mode de disposition de l'appareil, les diverses modifications qui nous permettent de l'adapter aux machines destinées à être mues par la vapeur.

» Néanmoins ce retard dans notre publication, nous ne saurions le regretter d'une manière absolue, car nos machines sont loin d'être parfaites encore, et nous osons espérer que d'autres expérimentateurs, inspirés par le présent article, pourront marcher sur nos traces, nous devancer peut-être... Nous les verrons progresser sans jalousie; nous ne pouvons, nous, dans l'intérêt de tous, que désirer une communauté de lumières et d'énergie capables de nous faire atteindre le but le plus tôt possible.» ALBERT MOEFF ET Cie.

Il y a bien encore quelques systèmes d'électro-moteurs dont nous n'avons pas encore parlé, et qui ont été imaginés par MM. Ed. Becquerel, Gounelle, Perpigna, Pohl, Pulver-Macher, Eric Bernard, etc.; mais comme ils n'ont pas fourni de meilleurs résultats que les autres, je n'en parlerai pas.

III.

Application de l'électricité aux chemins de fer.

Nous avons déjà eu occasion de parler longuement de l'application de l'électricité aux chemins de fer au sujet des moniteurs électriques (voir 1er vol. page 162) et des électro-transmetteurs de mouvement (même vol. page 189). Mais ces différentes applications étaient loin de présenter alors un ensemble complet d'une exécution réalisable; aujourd'hui la question s'est beaucoup éclaircie et l'on pourra juger par la simplicité des appareils qui ont été proposés ainsi que par le peu de dépense qu'occasionnerait leur installation combien il serait regrettable, je dirai même coupable, de ne pas tenter au moins une fois pour la sécurité des voyageurs, des essais et des expériences que l'on renouvelle chaque jour pour le perfectionnement des ma 'hines. On a dit, je le sais, que les moyens mécaniques, particulièrement ceux qui ont pour moteur l'électricité, n'étaient pas assez sûrs pour qu'on pût leur confier exclusivement la vie des voyageurs. Mais qui a dit qu'il fallait renoncer en les employant à la surveillance intelligente qu'on apporte actuellement à cette sécurité? Ne serait-ce pas au contraire un avantage immense que de posséder deux moyens de contrôle au lieu d'un? D'ailleurs les appareils dont il va être question peuvent donner des avertissements que nuls autres moyens ne pourraient fournir et l'on peut s'assurer par les accidents qui arrivent journellement sur les chemins de fer, malgré la surveillance qu'on y apporte, que leur emploi ne serait certes pas une dépense inutile.

Il est vrai de dire que malgré le peu d'encouragements qu'ils ont reçus une foule de mécaniciens ont cherché à détourner les effets funestes des collisions des convois, du déraillement et autres accidents de ce genre par des combinaisons mécaniques plus ou moins compliquées. Mais quelqu'ingénieuses que soient ces combinaisons, elles ne pourront jamais résoudre le problème de la sûreté des voyageurs ; car dût-on empêcher la destruction des wagons au moment du choc, leur arrêt instantané (s'il était vrai qu'on pût le produire) serait capable de renverser les voyageurs et de les lancer les uns contre les autres avec une force proportionnelle à la quantité de mouvement dont ils seraient animés. Or, cette quantité de mouvement serait, d'après les lois bien connues de la dynamique, égale à la vitesse du convoi lui-même, avant son arrêt. Dans cette question si importante il faut donc moins s'attacher à empêcher les *effets* des accidents, ce qu'on ne pourra jamais faire que très imparfaitement, qu'à prévenir ces accidents eux-mêmes par des avertissements donnés à temps. Or ceci rentre tout-à-fait dans le domaine des combinaisons électriques,

Les appareils et les systèmes imaginés jusqu'à présent dans ce but sont de plusieurs genres : avec les uns on peut obtenir que les différentes stations soient mises en rapport télégraphique avec les convois en mouvement de manière à les prévenir des dangers qu'ils peuvent rencontrer. Ils remplacent d'une manière fort avantageuse comme on peut en juger d'après ce simple énoncé les disques à signaux actuellement en usage. Par l'intermédiaire d'autres appareils, les convois circulant sur la voie ferrée peuvent indiquer aux différentes stations les différents points de la ligne qu'ils parcourent successivement. Avec d'autres appareils encore on peut faire en sorte que les convois s'avertissent eux-mêmes du danger qu'ils sont exposés à courir lorsqu'ils s'entre-suivent de trop près où qu'ils viennent à la rencontre l'un de l'autre. Enfin, le dernier système de ces appareils permet d'établir une relation télégraphique entre les deux extrémités de chaque convoi avec un avertisseur spécial dans le cas où les trains viendraient à se disjoindre.

Système de M. Th. du Moncel. — Les perfectionnements que j'ai apportés depuis un an aux moniteurs électriques décrits dans le 1er volume de cet ouvrage, concernent essentiellement les appareils à signaux que dans mon système je fais porter par les convois, et les moniteurs électriques qui doivent avoir action su. ces appareils à signaux.

Appareils à signaux. — Pour obtenir un signal électrique sur un convoi en mouvement, il faut une liaison métallique entre les stations et les convois. Comment obtenir cette liaison ? Telle est la principale partie du problème. Se servir de rails est impossible ; car, en outre du mauvais contact qui existe entre les roues des wagons et les rails, on aurait encore à lutter contre les solutions de continuité qui existent entre les divers tronçons qui les composent et leur mauvais isolement, ce qui empêcherait d'employer la terre pour moitié dans le circuit. Les deux rails de chaque voie ne peuvent pas davantage être pris pour la transmission électrique, puisqu'en admettant même que toutes les solutions de continuité fussent bouchées, le courant se trouverait perpétuellement fermé par les essieux des roues ou les aiguilles. La présence d'un fil de liaison s'enroulant et se déroulant de dessus les convois n'est pas plus admissible. Voici comment j'ai résolu le problème :

De kilomètre en kilomètre, j'établis une communication métallique entre le fil de la ligne et une bande métallique placée entre les deux rails. Une autre bande métallique placée parallèlement à côté de la première est en relation avec la terre ou avec un second fil ; mais, dans tous les cas, le point important est que ces deux bandes métalliques soient parfaitement isolées, ce qui est facile avec des capuchons de gutta-percha que l'on disposerait au-dessus de leurs points d'attache.

Tous ces interrupteurs étant ainsi disposés le long de la voie ferrée et reliés par séries aux différentes piles des stations en aval des convois, il est facile de comprendre que deux frotteurs adaptés au tender de chaque convoi ou à l'un des wagons pourront, à chaque kilomètre, passer sur les lames métalliques et établir sur ces véhicules, *en ces moments-là seulement,* un courant électrique qui pourra réagir sur un appareil, en lui faisant indiquer un signal. De plus, si l'appareil est fondé sur les réactions magnétiques des courants sur les aimants , ce signal pourra être différent, suivant le sens du courant, et l'on aura ainsi l'avantage de pouvoir donner deux avis différents qui seront reçus par le convoi toutes les deux minutes , puisque ce laps de temps correspond à peu près au parcours d'un kilomètre par les convois animés d'une vitesse ordinaire.

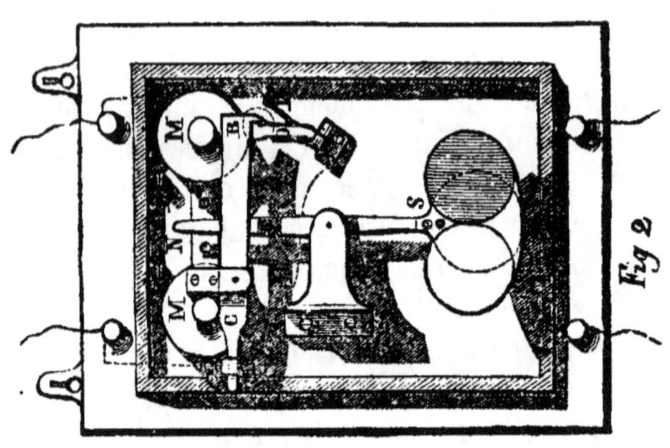

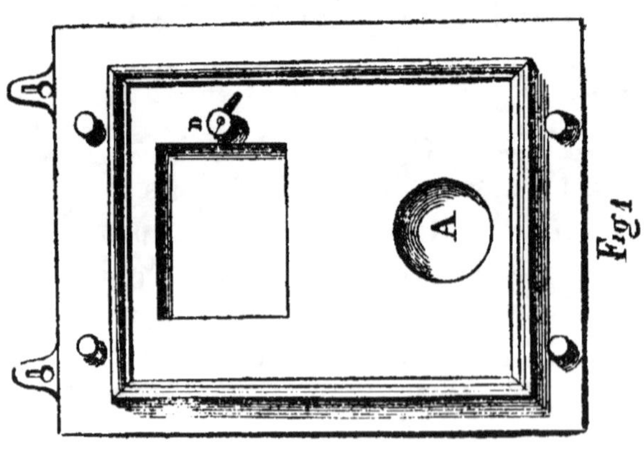

En conséquence, voici comment j'ai disposé mon appareil à signaux : une bascule aimantée NS (fig. 2) oscille entre les deux branches d'un électro-aimant MM; elle porte à l'une de ses extrémités deux disques de verre, l'un rouge, l'autre blanc, qui apparaissent, suivant le sens du courant, dans un guichet A (fig. 1) qui est la seule partie de l'appareil visible extérieurement et qui est disposé de manière à laisser projeter la lumière d'une lampe placée derrière l'appareil. En même temps que cette bascule aimantée opère son mouvement, une armature de fer doux CB disposée au-dessus de l'électro-aimant débride une lame de ressort buttée contre elle, et celle-ci, par son contact avec une autre lame de ressort ou un buttoir métallique P, renvoie le courant d'une petite pile locale portée par le convoi dans une sonnerie électrique. Cette sonnerie entre donc en mouvement, et ce mouvement continue jusqu'à ce qu'on soit venu voir le signal et qu'on ait de nouveau ramené à l'aide du bouton D le ressort relais contre l'armature qui s'est alors relevée. De cette manière, le mécanicien prévenu par la sonnerie n'a plus qu'à regarder le signal; car le magnétisme rémanent dans l'électro-aimant et les buttoirs de fer R et V, mis en rapport magnétique avec l'électro-aimant, suffisent pour maintenir le barreau aimanté portant les disques dans la position que lui a fait prendre le courant au moment de son passage.

Dans mon système, le disque rouge est le signal d'alarme et le disque blanc celui du ralliement, c'est-à-dire, celui par lequel la station fait savoir au convoi qu'il doit entrer en communication avec elle, et que, par conséquent, il ait à mettre son télégraphe portatif en rapport avec la ligne télégraphique.

Comme les signaux sont persistants dans l'appareil en question, on pourrait croire qu'il n'y a jamais qu'un seul signal de disponible, l'autre correspondant aussi bien à l'inaction du courant qu'à son activité dans le sens qui a motivé sa dernière position ; mais il n'en pas ainsi, et cela, à cause de la sonnerie. On comprend, en effet, que, pour que cette sonnerie marche, il faut que le courant ait indiqué un signal. Or, si ce signal ne correspond pas à celui qui est resté fixe, le disque change, si, au contraire, le signal est le même, le disque ne bouge pas. Mais on est prévenu de sa validité et de son opportunité par la sonnerie. Ainsi, ce petit appareil qui ne coûte guère plus de 50 fr. fournit les mêmes signaux que les grands disques à signaux des chemins de fer si difficiles à faire manœuvrer, et ont de plus sur eux l'immense avantage d'avertir les convois sur toute l'étendue du chemin qu'ils doivent parcourir.

Le jeu de cet appareil est facile à obtenir ; il suffit, pour cela, d'un commutateur à renversement de pôles que l'on tourne à la station dans un sens ou dans l'autre, suivant le signal qu'on veut transmettre. Quand on ne veut en envoyer aucun, on remet le commutateur à son point de repos, et le courant ne peut plus circuler à travers les appareils des convois.

Moniteurs électriques. — J'ai déjà parlé, page 162 de mon Ier volume, de ce genre d'appareils, mais, à cette époque, ne trouvant pas une différence assez marquée entre le système que j'avais imaginé et celui de M. Breguet, j'avais confondu les deux systèmes en un seul, en le désignant sous le nom de *moniteur électrique de M. Breguet*, Aujourd'hui que, grâce à une série de perfectionnements successifs, je suis parvenu à composer un système complet parfaitement applicable dès le moment présent, il importe de séparer les deux systèmes primitifs afin que chacun ait la part qui lui revient.

Comme je l'ai dit dans l'article cité plus haut, les moniteurs électiques qui permettent de suivre aux différentes stati ns la marche des convois sur la voie ferrée, ont été conçus dans l'origine et même expérimentés, en 1847, par M. Breguet, sur le chemin de fer atmosphérique de Saint-Germain-en-Laye. Mais, à cette époque, M. Breguet s'était moins attaché à appliquer son système aux chemins de fer en général qu'à la partie du chemin de Saint-Germain, parcourue par le tube atmosphérique, son but étant principalement de faire constater les différentes phases de la vitesse des trains sur la rampe si rapide qui s'étend de la station de Vesinet au centre de la ville de Saint-Germain. A cet effet, M. Breguet s'était servi du piston propulseur des convois sur cette partie du chemin pour faire agir, de vingt en vingt mètres, des interrupteurs de courant électrique et obtenir par là, sur un chronographe à pointage, placé à la gare de Saint-Germain, une série d'indications dont il pouvait déduire la valeur en fonction de la vitesse, par la simple comparaison du temps écoulé entre chacune de ces indications.

Au mois d'avril 1853, j'ai eu l'idée d'appliquer ce système aux voies ferrées ordinaires et de faire enregistrer, par un compteur à aiguilles placé à chaque station, les différents kilomètres parcourus successivement par les convois, afin qu'on pût savoir dans un instant donné en quels points de la ligne ils se trouvaient. Dans cette intention, j'établissais de kilomètre en kilomètre une dérivation du courant de la pile locale de chaque station au travers d'un interrupteur appliqué sur l'un des rails du chemin de fer; alors chaque convoi en passant sur cet interrupteur opérait lui-même la fermeture du courant.

Pour que ces différentes fermetures du courant fussent constatées à la station, je faisais réagir mon courant sur un cadran électro-chronométrique à aiguille, analogue à celui des horloges électro-chronométriques, mais dont la roue à rochet commandant l'aiguille avait un nombre de dents égal à celui des kilomètres qui devaient être enregistrés d'une station à l'autre.

Avec ce système, un convoi express passant à grande vitesse devant les stations pouvait être prévenu du nombre de kilomètres qu'avait d'avance sur lui le train qui le précédait.

En recherchant alors la possibilité d'obtenir sur les cadrans précédents une double indication correspondant à deux trains consécutifs, j'ai trouvé un moyen fort simple de rendre les convois susceptibles de s'entr'avertir eux-mêmes à temps du danger qui pourrait résulter de leur trop grand rapprochement ou de leur marche anormale. Il m'a suffi, pour cela, d'emboîter l'une dans l'autre, comme pour une horloge, les aiguilles des deux compteurs et de faire en sorte que ces aiguilles elles-mêmes, étant à une distance déterminée l'une de l'autre, pussent opérer entre elles un contact métallique ayant pour effet la fermeture d'un courant particulier en rapport avec le circuit de l'appareil aux signaux. Comme ces aiguilles avancent sur le cadran proportionnellement à la marche des trains, il en résulte que si le second train marche trop vite, l'aiguille qui lui correspond se rapproche de plus en plus de la première, et il arrive un moment, par exemple quand les deux convois ne sont plus éloignés l'un de l'autre que d'un kilomètre, où le contact métallique dont nous avons parlé s'opère entre les deux aiguilles et provoque l'apparition du disque d'alarme sur l'appareil aux signaux des deux convois. Les conducteurs chefs sont donc ainsi prévenus du danger qu'ils pourraient courir si l'un de ces convois n'activait sa marche et si l'autre ne ralentissait sa vitesse.

La question de l'exécution d'un semblable appareil est la plus délicate, car il faut non-seulement qu'il soit disposé de manière à ce que les interrupteurs de la voie puissent agir sur les deux compteurs par l'intermédiaire d'un seul fil, mais encore que le courant soit renvoyé d'un compteur dans l'autre, suivant que les fermetures sont produites par les convois *pairs* et les convois *impairs*. Il faut de plus que les deux aiguilles et leur axe soient isolés métalliquement afin qu'elles puissent opérer, quand le cas se présente, les fermetures du courant au travers de l'appareil aux signaux. Voici comment j'ai résolu le problême :

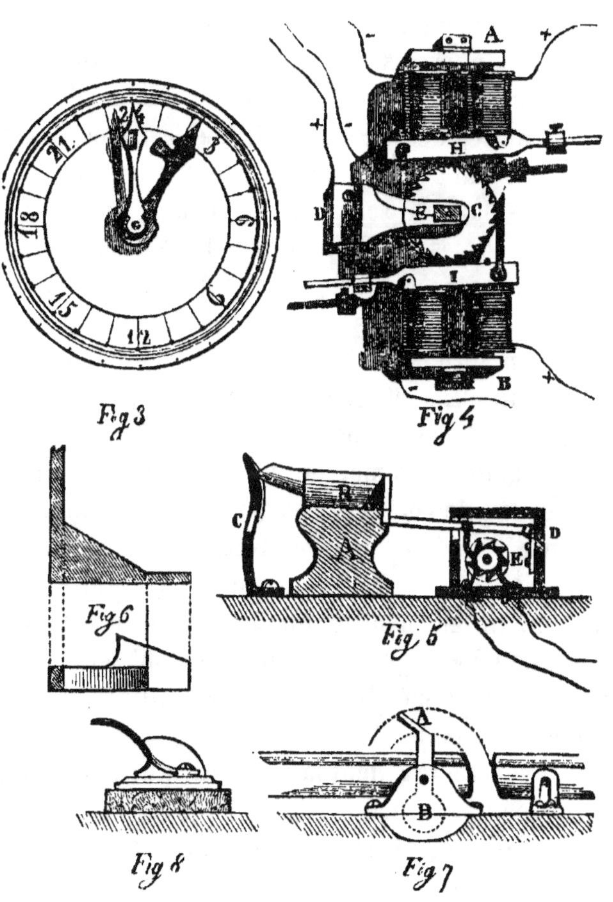

Fig. 3   Fig. 4

Fig. 6   Fig. 5

Fig. 8   Fig. 7

Les électro-aimants des compteurs placés l'un au-dessous de l'autre ont leur armature articulée en sens inverse. Ces armatures sont aimantées et, par l'intermédiaire d'un crochet d'encliquetage, peuvent réagir sur les deux roues à rochet concentriques qui sont en rapport avec les aiguilles. Si les électro-aimants sont convenablement enroulés, eu égard à la disposition des pôles de leur armature, on peut faire en sorte, comme dans les télégraphes silencieux de M. Breguet, que le courant qui les traverse tous les deux à la fois développe leur magnétisme de manière à agir par répulsion dans un cas et par attraction dans l'autre. Mais comme l'action produite ne peut avoir d'effet sur les compteurs que dans ce dernier cas, puisque les armatures sont buttées, il en résulte que toutes les fermetures du courant qui sont faites dans un sens réagissent sur l'un des compteurs, et que toutes les fermetures de ce même courant, faites dans le sens opposé, réagissent sur l'autre compteur.

Il ne s'agit donc, pour résoudre complètement le problème, que de faire en sorte que les convois pairs transmettent le courant dans un sens et que les convois impairs le transmettent dans un sens opposé, ce qui est facile puisqu'il suffit pour cela de faire marcher les compteurs sous l'influence seule de la pile portée par les convois. On comprend en effet que, par l'intermédiaire de frotteurs analogues à ceux que j'ai décrits pour l'appareil aux signaux, cette transmission s'opère naturellement et que le renversement du sens du courant ne dépend que de la manière dont sont disposées les communications métalliques établies entre *les frotteurs* et *les pôles* de la pile.

Les fig. 3 et 4 représentent la disposition de ces compteurs doubles qui peuvent fournir le résultat précédent. A, B sont les deux électro-aimants mis en rapport avec les interrupteurs kilométriques; C, C sont deux roues à rochet dont les axes emboités l'un dans l'autre correspondent chacun à une des aiguilles des compteurs, et dont les dentures sont disposées en sens inverse. L'axe creux est métallique et pivote sur une platine métallique D; l'axe plein est en ivoire, mais il est traversé par une tige métallique qui est soudée sur l'aiguille qui lui correspond : il pivote sur une petite platine métallique E isolée de la platine D sur laquelle elle est fixée, par une lame d'ivoire. Un des fils de la pile arrive à la platine D, tandis que la platine E est en rapport avec le fil des appareils à signaux. Enfin deux armatures à encliquetage H, I assurent l'échappement de chaque dent des rochets à chaque fermeture du courant devant les poteaux kilométriques.

La fig. 3 représente le cadran du moniteur et ses deux aiguilles. On distingue dans celle de droite le buttoir, et dans celle de gauche le ressort destiné à rencontrer ce buttoir.

Tout simple qu'il est, ce système pourrait dans certaines circonstances exiger de la part des chefs mécaniciens une telle contention d'esprit qu'on serait en droit de douter de sa supériorité sur la surveillance qu'on pourrait demander aux préposés de l'administration du chemin de fer. Heureusement cet inconvénient peut être facilement écarté par l'addition d'un petit appareil qui remplit dans ce cas comme dans les autres une fonction intelligente. Voici ce dont il s'agit :

Il arrive souvent que les chemins de fer se bifurquent et forment des têtes de lignes, qui sont justement les parties du chemin les plus exposées aux rencontres, et par conséquent celles pour lesquelles les appareils précédents seraient les plus utiles. Or, les différents convois qui viennent à entrer sur cette partie du chemin commune à plusieurs lignes, ne peuvent savoir dans quel sens devra circuler le courant de leur pile pour agir sur les moniteurs électriques des stations qu'ils vont désormais rencontrer en continuant leur route.

Sans doute, il existe en ces points de bifurcation une station et, par conséquent, un moniteur électrique dont les aiguilles pourraient indiquer, par leur position respective et leur marche, le sens du courant dans le dernier convoi qui a passé. Mais, comme je le disais, c'est un travail d'esprit qu'il est important d'éviter et qu'on pourrait, d'ailleurs, négliger. Il faut donc que le sens du courant des piles locales des convois soit lui-même réglé par les moniteurs électriques. Voici comment je m'y suis pris :

A chacune des stations qui précèdent les points de bifurcation du chemin ou qui sont susceptibles d'expédier elles-mêmes des convois particuliers, j'adapte un petit appareil, tout à fait semblable aux appareils à signaux que nous avons décrits, moins *le relais*. Cet appareil est en rapport avec un interrupteur particulier que doit rencontrer les frotteurs des convois, et par conséquent se trouve traversé par leur courant local. Comme l'effet magnétique est persistant la bascule reste inclinée du côté où l'a fait dévier le dernier passage du courant. Elle peut donc, dans le guichet A, fig. 1, indiquer le sens du courant du dernier convoi qui a passé. Sur cette bascule aimantée est fixée une lame d'ivoire portant de chaque côté deux lames de ressort flexibles en rapport avec la pile locale de la station. Ces lames, suivant que la bascule est inclinée dans un sens ou dans l'autre, peuvent rencon-trer des ressorts qui sont en rapport avec un circuit particulier allant à un interrupteur. De cette manière, le barreau ai-manté lui-même sert de commutateur à renversement de pôles à un courant particulier dont nous allons voir l'usage, et qui peut être renversé contrairement à celui qui agit sur le barreau aimanté.

L'interrupteur correspondant à ce circuit particulier dont nous venons de parler, précède celui qui agit sur le commu-tateur, et par conséquent se trouve touché avant lui par le

frotteur du convoi qui passe. Le fil qui unira ce frotteur à
un commutateur à renversement de pôles analogue au précédent et placé sur le convoi, pourra donc être traversé par
un courant venant du commutateur de la station. Ce courant
réagissant sur le commutateur du convoi pourra renverser le
courant de la pile de ce convoi et le faire circuler plus tard
au travers des frotteurs dans le même sens que lui. Or, comme
il se trouve lui-même renversé par le commutateur de la
station dans le sens que doit avoir le courant du convoi, le
problème se trouve résolu sans l'intervention d'aucun employé.
Une précaution, du reste, doit être prise pour éviter les oscillations de la bascule aimantée du commutateur du convoi,
ce qui entraînerait inévitablement des interruptions fréquen-
tes dans la marche du courant qui doit agir sur les moniteurs
électriques; c'est de faire passer au travers de l'électro-
aimant du commutateur lui-même le courant provenant d'une
dérivation particulière du circuit issu de la pile locale du
convoi après qu'il aura été renversé par lui. De cette manière,
l'action du magnétisme rémanent sur le barreau aimanté se
trouve renforcée et l'on n'a plus à craindre l'effet des
oscillations.

Le fonctionnement de ces appareils est bien simple. Si le
courant du convoi qui va entrer dans la voie ferrée servant
de tête de lignes est dans le sens qu'il doit avoir, aucun effet
n'est produit sur son commutateur par celui de la station;
si, au contraire, ce courant ne circule pas d'une manière
convenable, il se trouve renversé par le commutateur.

Il est encore d'autres questions qui peuvent se présenter
théoriquement, mais qui ne pourraient être résolues qu'en
compliquant l'appareil, ce qui lui ôterait beaucoup de sa
précision. Ainsi, il pourrait se faire que deux convois consécutifs passeraient en même temps sur les mêmes interrupteurs; alors deux courants contraires sillonneraient le même

fil et ne produiraient, par conséquent, pas d'effet sur les compteurs. Ce cas, comme on le comprend aisément, est tout à fait exceptionnel et n'occasionnerait pas une grande perturbation dans les indications, car les moniteurs sont disposés de manière à ce que les aiguilles reviennent au point de repère au passage du convoi sur le dernier interrupteur, comme nous allons l'expliquer à l'instant. Du reste, en employant deux fils et en prenant des interrupteurs doubles, la marche des compteurs ne subirait aucun dérangement, le cas précédent échéant. Avec ce système, on pourrait se passer d'armatures aimantées pour les moniteurs électriques, et partant, de commutateurs à renversement de pôles. Je ne sais si, sous ce rapport, il n'y aurait pas économie ; mais, comme les frotteurs du tender des convois devraient se trouver différemment placés pour les convois pairs et les convois impairs, et que cette condition ne pourrait pas toujours se rencontrer dans deux trains consécutifs qui partiraient de points différents, il vaut mieux avoir recours au premier système.

Il y aurait bien encore un autre système qui résoudrait complétement la question. Ce serait d'employer pour interrupteurs le commutateur représenté fig. 5, et de faire réagir les compteurs du moniteur électrique sous l'influence de la pile locale de la station et par l'intermédiaire de deux fils. Cet interrupteur qui serait appliqué sur l'un des rails de la voie se composerait d'un coin B monté sur un levier articulé BD qui, étant soulevé à l'état ordinaire par un ressort antagoniste C, pourrait se trouver abaissé au moment du passage du convoi. Afin que les différentes roues des wagons en passant ne pussent pas occasionner plusieurs interruptions au lieu d'une, le levier interrupteur se trouverait bouclé du côté extérieur du rail par le ressort C qui serait échancré à cet effet. Alors, quand le dernier wagon du convoi viendrait à passer, un levier à plans inclinés, dont je donne le détail, fig. 6, s'introduirait entre le coin et le ressort bouclé et relèverait immédiatement le levier interrupteur. Pour renvoyer le courant d'un compteur dans l'autre suivant l'ordre des convois, une roue à rochet E, sur laquelle réagirait un encliquetage, serait adaptée à l'interrupteur au-dessous du levier BD, et cette roue porterait sur son axe deux autres petites roues dont les dents seraient disposées de manière à s'alterner, c'est-à-dire, de manière à ce qu'une dent de l'une corresponde à un vide de l'autre. Ces roues formeraient alors commutateur par l'intermédiaire de deux ressorts H, G, qui seraient chacun en rapport avec un compteur du moniteur électrique. Un troisième frotteur appuyant sur l'axe de ces roues et mis en communication métallique avec le sol, assurerait la transmission électrique à travers ces roues. Comme le nombre des dents des deux petites roues commutateurs serait le même que celui des dents de la roue à rochet, il arriverait qu'à chaque abaissement du levier BD, qui aurait pour effet de repousser d'un cran la roue à rochet, les ressorts G et H seraient mis alternativement en communication avec le sol, et par conséquent réagiraient alternativement sur les compteurs du moniteur électrique.

Tel que nous venons de les décrire les moniteurs électriques doubles ne seraient pas susceptibles d'être employés dans la pratique ; car d'une part l'effort électro-magnétique produit par le courant des piles locales des convois ne serait pas assez considérable pour faire mouvoir, d'une manière régulière, de grandes aiguilles comme celles qui seraient nécessaires pour les moniteurs électriques, et d'un autre côté, le nombre de kilomètres n'étant jamais très considérable d'une station à l'autre, l'arc décrit par les aiguilles à chaque fermeture du courant serait trop considérable pour que les encliquetages pussent résister à l'impulsion qui résulterait de ce mouvement. Il faut donc que, comme dans les télégraphes pratiques, ce soient des mécanismes d'horlogerie qui fassent tous les frais du mouvement. Ces mécanismes d'horlogerie pourraient être fort simples dans le cas qui nous occupe; car ils seraient commandés par une roue fendue d'autant d'encoches qu'il y a de kilomètres à enregistrer et sur laquelle viendrait appuyer l'armature de l'électro-aimant. Pour assurer la régularité d'action de celui-ci, on pourrait lui adjoindre une détente secondaire qui agirait directement sur la roue d'embrayage, et dont l'action serait indépendante du temps du soulèvement de l'armature de l'électro-aimant. Cet effet serait facile à obtenir, puisqu'il suffirait pour cela d'une bascule qui échapperait au moment même où l'armature atteindrait le point le plus bas de sa course.

Dans chaque moniteur il y aurait donc, en dehors des deux électro-aimants, deux mécanismes d'horlogerie agissant chacun séparément sur les aiguilles et, de plus, un système de détente générale destiné à ramener toujours ces dernières au point de repère lorsque les convois passeraient sur le dernier interrupteur.

Voici du reste en quoi consiste ce dernier système :

Deux petits électro-aimants placés à portée des détentes secondaires, dont nous avons parlé, seraient en rapport immédiat avec le dernier interrupteur, c'est-à-dire celui qui se trouve en face de la station. Leur action serait de maintenir élevées, pendant un certain temps, ces détentes secondaires jusqu'à ce que les roues d'embrayage qui leur correspondent aient ramené les aiguilles au point de repère. Mais, en ce moment, un buttoir porté par ces roues viendrait rencontrer les armatures des électro-aimants compteurs, de sorte qu'elles se trouveraient embrayées jusqu'à l'action prochaine de ceux-ci. Ce système, comme on le comprend aisément, n'est institué que comme un moyen de correction. On pourrait donc au besoin s'en passer surtout si les employés, à chaque passage du convoi, examinaient le moniteur électrique et faisaient eux-mêmes la correction en soulevant le bouton de la détente secondaire dans le cas ou les aiguilles ne seraient pas convenablement placées.

La question des signaux fournis par les stations aux trains en mouvement n'est pas aussi simple que pourrait le faire supposer la simplicité du principe de l'appareil aux signaux. Il pourrait, en effet, arriver si plusieurs convois circulaient en même temps dans l'intervalle séparant deux stations consécutives, que les signaux destinés au premier d'entre eux fussent reçus par les autres en même temps. Mais outre que ce cas est tout à fait exceptionnel puisque les stations sont trop rapprochées pour donner lieu à un pareil concours de convois, on pourrait établir auprès du dernier interrupteur kilométrique avant la station, un second interrupteur en rapport direct avec le commutateur. De cette manière, les signaux particuliers à la police des stations ne seraient reçus que par le convoi auquel ils s'adresseraient. Quant aux autres signaux, comme ils intéressent au même degré les différents convois échelonnés sur la ligne entre deux stations consécutives, ils pourraient être reçus en même temps par eux sans inconvénient. D'ailleurs on pourrait convenir de certains signes conventionnels, à l'aide desquels chaque convoi pourrait distinguer auquel d'entre eux est adressé le signal transmis.

Si l'on ne voulait pas faire réagir le moniteur électrique sur l'appareil aux signaux on pourrait excercer son office d'une autre manière. Ainsi le courant formé par les aiguilles du compteur pourrait réagir sur une sonnerie électrique qui préviendrait le chef de la station et celui-ci serait en mesure de donner des ordres en conséquence.

Dans le cas ou un convoi viendrait à la rencontre de

l'autre, ce qui est fort rare, un interrupteur spécial pourrait en donner avis en faisant fonctionner les sonneries électriques de deux stations consécutives. Alors il serait possible de donner avis de cette marche anormale du convoi et empêcher une rencontre désastreuse.

Voici en quoi consisterait alors l'interrupteur. Un petit levier coudé à bascule A B, fig. 7, portant en B un contre-poids pour le maintenir, en temps ordinaire, dans une position verticale, serait placé à un kilomètre environ de chaque côté de la station, un peu en dehors des rails et auprès d'une des solutions de continuité qu'ils présentent tous les 4 mètres. On le disposerait de manière à ce qu'étant incliné du côté vers lequel les trains se dirigent, son coude pût s'enfoncer dans l'intervalle vide : au contraire, étant incliné dans le sens opposé, il devrait être en contact avec les rails. Une dérivation du circuit étant établie avec ce levier, voici ce qui arrive : quand les trains suivent la direction qui leur est assignée, les wagons passent au-dessus de l'interrupteur précédent et l'abaissent. Mais, comme aucun contact métalli-que n'est alors établi, les sonneries ne sont pas mises en mouvement. Quand, au contraire, le train marche dans un sens anormal, l'interrupteur se trouve incliné du côté opposé et la sonnerie avertit du danger qui pourrait résulter de cette marche anormale.

.Moniteurs d'alarme lors de la disjonction des trains. (Système de M. Mirand). — C'est encore comme je l'ai dit, page 164, 1er volume, M. Breguet qui, le premier, a songé à cette application de l'électricité, et qui l'a expérimentée sur le chemin de fer d'Orléans. Le problème à résoudre était de faire réagir électriquement une forte sonnerie au moment où, le train venant à se séparer en deux, un courant électrique établi d'un bout à l'autre du convoi ne pourrait plus circuler. Pour tous ceux qui ont la moindre notion de la science élec-

trique, la solution de ce problème se devine aisément; elle dépend du jeu d'un électro-aimant intermédiaire appelé *relais*, interposé dans le courant principal (celui qui parcourt le convoi dans sa longueur) lequel par sa non-activité ferme un courant particulier passant à travers la sonnerie.

La difficulté de l'application de ce système de moniteur était tout entière dans la manière d'établir le circuit à travers tous les wagons du convoi, et c'est là ou M. Breguet a échoué. Il employait pour cela des chaînes à pincettes qu'il plaçait à côté des chaînes d'attache des différents wagons; mais, outre que ces chaînes étaient pour les employés d'une manipulation longue et minutieuse, elles pouvaient au moment d'un choc, d'une secousse quelconque du train, interrompre le courant et, par là, motiver un signal d'alarme. — M. Hermann, qui, l'année dernière, avait répété au même chemin de fer les expériences de M. Breguet, n'avait pas davantage perfectionné ce système de circuit.

Ce n'est qu'il y a peu de temps que M. Mirand, inventeur d'un nouveau système de sonneries électriques, a résolu complètement ce problème. Cette fois il n'y a plus de chaînes à pincettes; un simple ruban goudronné, muni de trois fils métalliques et enveloppé d'une gaîne imperméable, parcourt chaque convoi dans sa longueur. D'un côté, ce ruban est maintenu par une griffe sur la locomotive; de l'autre il s'enroule sur un treuil placé sur le dernier wagon. Par ce moyen il peut être raccourci ou allongé, mais il est toujours à peu près tendu sur toute la longueur du convoi. C'est par ces trois fils métalliques que se font les communications électriques qui doivent réagir sur le relais de la sonnerie d'alarme, et en même temps sur une autre sonnerie télégraphique destinée à mettre en rapport télégraphique le conducteur-chef avec le mécanicien, car les sonneries de M. Mirand constituent un télégraphe auditif de la manipulation la plus facile.

La griffe, au moyen de laquelle le ruban est retenu à la locomotive, mérite une mention particulière, car il faut qu'elle puisse établir les rapports électriques avec les appareils, et en même temps qu'elle permette au ruban de s'échapper sans qu'il se brise, dans le cas où les trains viendraient à se désunir.

Elle se compose de deux parties distinctes : la griffe, proprement dite, et la boucle de la griffe. La première consiste dans six lames de ressort superposées angulairement deux à deux et fixées dans une pièce de bois. Trois boutons d'attache communiquant à chaque système binaire de lames servent à établir les relations électriques, et les lames elles-mêmes formant pincettes sont percées à leur extrémité d'un trou à peu près carré.

La boucle de la griffe se compose d'une pièce mince de bois, dans laquelle sont incrustées trois lames métalliques, terminées, d'un côté, par des crochets, et de l'autre, par une saillie angulaire qui doit entrer dans les trous des lames de la griffe. On accroche le ruban par ses bandes métalliques aux trois crochets, et on fait entrer de force la boucle ainsi disposée entre les lames de la griffe qui viennent bientôt saisir les saillies angulaires, et les tiennent suffisamment comprimées pour résister à la traction excercée sur le ruban quand on le tend. Comme ces saillies sont légèrement arrondies des deux côtés, on comprend qu'un effort un peu considérable peut facilement les retirer de la griffe.

Installation générale de tous les ystèmes précédents. — Comme on a pu en juger, tous les systèmes que nous avons précédemment décrits se prêtent tous un mutuel secours, et comme la plupart de leurs accessoires peuvent être communs à plusieurs à la fois, l'installation générale peut être simplifiée. Ainsi, par exemple, deux fils suffisent pour l'établissement es communications électriques sur les deux voies pour tous ces appareils; les sonneries des moniteurs d'alarme pour la disjonction des trains peuvent servir aux appareils à signaux, etc., etc. Il ne sera donc pas sans intérêt de voir comment pourrait être combinée l'installation de tous ces appareils, dans la supposition qu'ils seraient tous employés.

Selon moi, tous les appareils portés par les convois, sauf une sonnerie de signal qui serait placée sur la locomotive, devraient tous être fixés dans la cabine du conducteur-chef, sur le dernier wagon. L'appareil aux signaux, qui est le plus important, serait placé à la portée du conducteur-chef. La sonnerie en rapport avec cet appareil, et qui serait approprié à la correspondance télégraphique entre les deux extrémités du convoi, pourrait être placée un peu moins en vue, ainsi que la pile locale du convoi, qui pourrait même être placée dans un coffre. Cette pile, comme on l'a vu, est non-seulement en rapport avec l'appareil aux signaux, mais encore avec le relais qui doit agir sur la sonnerie de la locomotive en cas de disjonction du train·

Enfin l'interrupteur servant à la correspondance télégraphique devra être à la portée de la main du conducteur-chef. Quant au treuil sur lequel est enroulé le ruban semi-métallique, il pourra être placé dans l'endroit où il peut occasionner le moins de dérangement, mais il devra être fixé solidement sur le wagon, à cause de la tension qu'il est destiné à produire. Il en sera de même du télégraphe portatif. On sait en outre que les frotteurs de l'interrupteur de l'appareil aux signaux devront être fixés sur ce même wagon.

La locomotive portera : 1° la sonnerie d'alarme qui devra être assez forte; 2° le relais qui doit agir sur elle; 3° une pile de huit éléments de Daniell pour son fonctionnement et pour la correspondance télégraphique avec le conducteur-chef.

La ligne se composera de deux fils en outre de celui qui existe déjà pour les télégraphes électriques des stations, et qui sert aussi pour le télégraphe portatif des convois. Ces deux fils seront en rapport chacun avec une des voies du chemin de fer, et suffiront au fonctionnement électrique des appareils aux signaux et des moniteurs, à la condition que deux autres circuits seront constitués, l'un par les deux fils pris ensemble, l'autre par l'un de ces fils combiné à celui de la ligne télégraphique. De cette manière, il resterait encore un cinquième circuit, qui pourrait correspondre aux interrupteurs pour la marche anormale des trains.

Chaque station, en outre des appareils télégraphiques qu'elle a déjà, devra avoir : 1º deux compteurs (moniteurs électriques); 2º une sonnerie d'alarme; 3º deux commutateurs à renversement de pôles.

Suivons maintenant un convoi muni de ces différents systèmes, et voyons la manière dont ceux-ci fonctionnent successivement.

Admettons qu'il s'agisse d'un train express à grande vitesse. Avant d'arriver à chaque station, l'appareil aux signaux le préviendra si la voie est libre à la station, et quand il passera à toute vitesse devant cette station, le mécanicien chef, en examinant le compteur du moniteur électrique correspondant à la partie du chemin qu'il va parcourir, saura combien le train qui précède a d'avance sur lui. Admettons maintenant que ce convoi qui précède, dans l'intervalle des deux stations. éprouve un retard considérable dans sa marche, soit par suite d'un accident, soit par une fuite de vapeur. Le convoi express ne pourra en avoir directement avis de la part de la station qu'il a abandonnée qu'autant que les employés, en regardant le compteur du moniteur électrique, s'apercevraient du rapprochement des deux trains, auquel cas ils feraient agir le disque d'alarme de l'appareil aux signaux; mais dans le cas plus ordinaire où les employés auraient été distraits de ce soin, les deux aiguilles du compteur, en se rapprochant l'une de l'autre, rempliraient cette fonction importante.

On conçoit facilement l'importance des relations électro-télégraphiques entre les deux extrémités du convoi, lorsque la longueur des trains, comme il arrive souvent, est supérieure à 400 mètres, lorsque le voyage s'effectue au milieu des ombres épaisses de la nuit, et lorsque le bruit de la locomotive et de ses nombreuses voitures, fendant l'air avec la rapidité de la foudre, accoutume l'ouïe à un tumulte confus qui empêche la perception des sons les plus indicateurs.

Système anglais de M. Tyer. — L'ensemble des appareils que nous venons de décrire constitue un système d'application électrique pour la securité des chemins de fer, que l'on peut regarder en quelque sorte comme d'origine française, puisque tous les appareils ont été imaginés en France. A côté de ce système, je vais placer celui qu'a proposé M. Tyer, de Dalton, que nous pourrons regarder comme le système *anglais*.

Dans ce système, les moniteurs électriques ne correspondent qu'à une longueur limitée du chemin, c'est-à-dire que les indications électriques, aux différentes stations, ne commencent qu'à 500 ou 1000 mètres avant la station, et ne finissent qu'à une distance à peu près semblable du côté opposé. Pendant tout le temps que les convois circulent sur cette partie de la voie ferrée, le cadran du moniteur indique que la voie est fermée; mais aussitôt que les convois ont dépassé la limite fixée, l'aiguille du moniteur revient à sa position normale, c'est-à-dire devant le signal qui indique que la voie est libre. En même temps que s'opèrent ces différents mouvements, un coup est frappé sur un timbre-pour prévenir les employés de faire agir l'appareil aux signaux. Celui-ci ressemble, quant au principe, à celui que j'ai décrit.

Seulement, comme le but qu'on s'est proposé en l'employant n'est pas le même, il ne fait que transmettre au convoi qui va passer le signal enregistré à la station sur le moniteur, et cela avant qu'il passe sur l'interrupteur de ce moniteur. De cette manière, le mécanicien est prévenu que la voie est libre ou fermée à la station, et il agit en conséquence.

Ainsi, tout ce système se borne à empêcher les rencontres des trains aux stations ou dans leur voisinage.

Pour obtenir cette permanence du signal pendant un espace limité de la route, voici comment M. Tyer dispose son appareil: d'abord il emploie des interrupteurs analogues à ceux que j'ai indiqués au sujet des appareils à signaux. Il en décrit même dans son brevet de plusieurs sortes, mais qui se rapportent tous à la même action, c'est-à-dire à la fermeture d'un courant par suite d'un contact métallique double et simultané. L'appareil récepteur se compose de deux électro-aimants: l'un vertical, l'autre horizontal, dont les fils sont en rapport, l'un, le premier, avec l'interrupteur qui précède la station, l'autre avec l'interrupteur qui la suit. Sous l'influence du premier interrupteur, une armature articulée à une bascule sur laquelle se trouve fixée l'aiguille indicatrice est abaissée, mais, en accomplissant ce mouvement, elle repousse un crochet d'encliquetage qui vient ensuite la brider et l'empêcher de se relever sous l'effort de son ressort antagoniste, alors même que le courant se trouve interrompu.

Il en résulte que l'aiguille qui s'est trouvée pointée vers le signal d'alarme y reste, et ne peut plus se relever que sous l'influence d'une réaction secondaire qui, en repoussant le crochet d'encliquetage, permette à l'armature de se relever. C'est à cet effet qu'a été introduit l'électro-aimant horizontal dont l'armature est fixée sur le ressort lui-même qui porte le crochet. Son jeu et sa fonction sont faciles à deviner: quand le convoi passe sur le deuxième interrupteur, c'est-à-dire sur celui qui est en aval de la station , le courant se trouve fermé à travers cet électro-aimant, et par conséquent son armature se trouve attirée; mais, comme dans son mouvement cette dernière attire le crochet, l'armature du premier électro-aimant est dégagée , et par conséquent l'aiguille devient libre de revenir au signal de la voie libre.

Le récepteur de l'appareil aux signaux est plus compliqué que le mien, et n'a pas l'avantage de faire marcher une sonnerie d'une manière continue jusqu'à ce qu'on soit venu examiner le signal. M. Tyer emploie en effet deux électro-aimants agissant sur deux aiguilles par l'intermédiaire d'armatures aimantées. Ces deux électro-aimants, interposés sur le même circuit, font agir l'une ou l'autre de ces deux aiguilles, suivant le sens du courant, ou plutôt suivant qu'on fait naître, dans ces deux électro-aimants, des pôles contraires ou semblables à ceux des armatures correspondantes.

Système de M. Bordon. — M. Bordon ignorant , sans doute, ce qui avait été fait sur le genre d'application dont nous parlons, a pris récemment un brevet pour un système que l'on peut considérer comme l'enfance de la question. Cependant, en dehors de ce système dont je ne parlerai pas, il émet une idée qui pourrait peut-être avoir une application utile dans beaucoup de cas, c'est de placer un peu en aval des stations un interrupteur agissant sur la sonnerie du télégraphe de la station suivante, afin que celle-ci soit avertie du moment où le convoi qu'elle attend se met en mouvement. Il lui est alors facile de calculer le temps que mettra ce convoi à parcourir l'espace qui sépare les deux stations, et elle peut se préparer dans cette prévision.

Appareil de secours. — Ce système se compose d'un récepteur, d'une sonnerie et d'appareils interrupteurs.

Les noms des stations où sont placés les appareils interrupteurs sont gravés sur le cadran du récepteur. Le courant électrique passe constamment dans la sonnerie, dans le récepteur et sur la ligne, de sorte que l'aimantation de leurs électro-aimants est permanente.

Le fil de la ligne traverse les appareils interrupteurs qui sont disposés pour couper le courant autant de fois, en un tour de manivelle, qu'il y a d'unités dans le numéro de la station où ils sont placés.

Il suffit donc pour signaler qu'un train est en détresse et indiquer l'endroit où il est resté, de faire faire un tour à la manivelle de l'appareil interrupteur pour que le courant soit coupé, que la sonnerie soit déclanchée, et que l'aiguille du récepteur se place sur le nom de la station qui demande le secours, puisqu'à chaque interruption du courant l'aiguille avance d'une division.

Ces appareils ont l'avantage de pouvoir être manœuvrés par tous les employés, d'être d'une grande sûreté, et de donner en une seconde le signal d'un train en détresse et l'endroit où il est resté.

Ces appareils fonctionnent depuis huit ans sur le chemin de fer de Saint-Germain.

IV.

Application de l'électricité à l'explosion des mines.

Un chapitre entier a été consacré dans notre premier volume à ce genre d'application de l'électricité si curieux et en même temps si important. Mais à l'époque de la publication de ce volume la question n'était pas encore complètement résolue. De grands résultats avaient été obtenus, il est vrai, mais il restait à perfectionner les procédés et à les rendre d'un usage facile. Depuis un an, physiciens, officiers du génie et constructeurs se sont mis à l'œuvre, et il est résulté de tous leurs travaux un ensemble de perfectionnements qui rendent dès aujourd'hui le procédé de l'inflammation des mines à distance très applicable. D'un autre côté on s'est davantage rendu compte du phénomène physique en lui-même, ce qui n'a pas peu contribué aux perfectionnements; de sorte que sous tous rapports cette question mérite d'être reprise.

On se rappelle le phénomène assez curieux et alors inexpliqué des étincelles échangées à distance de la part d'un courant dynamique passant au travers d'un conducteur recouvert de gutta-percha.

Ce phénomène avait, comme je l'ai dit page 205 (1er vol.), donné à MM. Brunton et Statcham l'idée de leur procédé d'inflammation et de la construction de leurs fusées. Pourquoi le courant électrique passant par un fil recouvert de matière parfaitement isolante, pouvait-il franchir, en produisant étincelle, une solution de continuité pratiquée dans ce fil lorsque celle-ci était entourée d'un manchon de gutta-percha que ces Messieurs disaient galvanisée? Telle était la question inconnue. Or, M. Faraday, en faisant, l'automne dernier, des expériences en grand sur des courants passant au travers de fils recouverts de gutta-percha pût l'expliquer facilement. Il est résulté de ses expériences que dans le cas où un fil recouvert de subtance isolante est plongé dans l'eau ou se trouve enveloppé d'une substance conductrice comme du papier d'étain, par exemple, il se détermine entre le courant traversant le fil et la substance conductrice une réaction statique qui, non-seulement, paralyse le mouvement du courant, mais lui donne une nature statique telle qu'il peut produire étincelle. La condition principale pour que la réaction physique, servant de base au procédé de MM. Brunton et Stateham, soit effective est donc que le conducteur revêtu de gutta-percha soit recouvert d'une substance conductrice.

La seconde partie de la question, savoir le rôle de la gutta-percha galvanisée dans la facilité qu'elle donne à l'électricité de vaincre la solution de continuité qui est présentée au courant, peut trouver son explication dans les expériences sur les étincelles d'induction échangées au travers de corps de conductibilité secondaire que j'ai publiées le 26 décembre 1853, et desquelles il résulte qu'un corps de conductibilité secondaire interposé entre les électricités développées des deux côtés d'une solution de continuité dans un courant d'induction facilite la décharge et par cela même entre facilement en ignition. La gutta-percha dite galvanisée des fusées Stateham, et qui était en définitive imprégnée de sulfure de cuivre comme on l'a su depuis, jouait donc simplement le rôle de conducteur secondaire entre les deux électricités accumulées aux deux extrémités du fil formant la solution de continuité et par conséquent devait en faciliter la décharge.

Le rôle des conducteurs secondaires dans les fusées Stateham ayant été bien constaté, M. Rumkorff d'abord, puis M. Verdu, puis enfin M. Savare cherchèrent, chacun de leur côté, à les perfectionner pour les appliquer aux courants d'induction. On abandonna donc les ampoules de verre pour leur substituer un petit manchon échancré de gutta-percha imprégnée de sulfure de mercure, et l'on finit par remplacer plus tard la poudre elle-même par du fulminate de mercure.

La question de la simultanéité d'explosion de plusieurs mines par l'effet du même courant, fut ensuite l'objet de nouvelles recherches, et voici à cet égard les systèmes qui ont été proposés.

Système de M. Savare. — Dans leurs premières expériences, MM. Rumkorff et Verdu avaient cherché à obtenir l'inflammation simultanée de plusieurs fusées en les interposant sur le même circuit; ils pensaient avec raison, sans doute, que puisque l'étincelle électrique en parcourant le carreau étincelant ne se trouvait pas arrêtée, bien qu'elle eût à traverser plusieurs centaines de solutions de continuité, il devait en être de même de l'étincelle d'induction; mais chose curieuse! cette étincelle, dont les effets physiologiques sont plus énergiques que celles de la machine électrique, dont la tension est si considérable, qu'on peut les faire jaillir à travers la gomme laque, la fayence, le verre même, dont la puissance physique est si énergique à petite distance, cette étincelle, dis-je, se trouve à tel point affaiblie par les solutions de continuité successives, que le carreau magique de la plus petite dimension ne peut être entièrement traversé par elle. C'est tout au plus si les petites étincelles auxquelles elle donne naissance apparaissent quand elles sont au nombre de 120 à 150. Aussi n'a-t-on jamais pu réussir à faire partir avec ce système plus de 4 mines à la fois.

Reconnaissant cette mauvaise condition des courants d'induction, M. Savare, capitaine du génie français, a cherché à rassembler l'action du courant au lieu de la diviser, et pour cela, il a rendu impossible sa transmission par les fusées, une fois celles-ci parties. Pour arriver à ce résultat, M. Savare établit toutes ses fusées sur des dérivations d'un circuit principale et les construit de manière que les bouts du fil constituant la solution de continuité soient terminés par des pointes effilées d'alliage fusible (le métal Darcet amalgamé). Pour rendre l'inflammation plus facile, il remplace la poudre par du pyroxyle enveloppé lui-même dans une étoffe rendue inflammable, et emploie comme conducteur secondaire du sulfure noir de mercure ou du deuto-sulfure d'étain. On comprend dès-lors ce qui arrive : celle des mines qui est la plus rapprochée de l'appareil, ou dont la fusée présente le moins de résistance à la transmission du courant, part de préférence aux autres ; mais dans cette inflammation le métal Darcet se trouve fondu et si la fusée est restée dans la mine, les deux extrémités du fil sont alors trop éloignées l'une de l'autre pour que le courant passe au travers ; c'est donc une issue de moins au courant, et par conséquent, un renforcement d'action électrique pour les autres mines.

Dans la pratique on doit n'employer qu'un seul conducteur laissant au sol le soin d'achever le circuit. On fait donc partir d'un des pôles de la machine de Rumkorff un fil soigneusement recouvert de gutta-percha qui circonscrit les différentes mines et sur lequel on greffe les bifurcations qui doivent aller à ces mines. Ces bifurcations sont attachées à l'un des bouts des fusées, tandis que l'autre bout de celles-ci communique au sol, par l'intermédiaire d'un fil quelconque, attaché à une plaque métallique. Un pareil fil également en rapport avec la terre, part du second pôle de l'appareil de Rumkorff et complète le circuit.

Afin d'éviter la transmission à travers le sol une fois que les fusées ont fait explosion, M. Savare introduit la pointe de métal fusible et une portion du conducteur dérivé dans un tuyau de gutta-percha qu'il soude sur ce conducteur de manière à ce que la solution de continuité et les extrémités du fil métallique fusible, longues d'environ un centimètre, soient dans le vide. Puis il remplit cet espace vide avec du pulvérin délayé dans de l'eau gommée. Il en résulte qu'au moment de l'explosion, le métal fond jusqu'à un centimètre de profondeur dans la gutta-percha, et que la communication du conducteur dérivé avec le sol devient impossible. Avec des fusées préparées de cette manière on peut faire sauter autant de fourneaux de mine que l'on veut. Le métal fusible en s'échauffant et en fondant suffirait presque pour enflammer la poudre. La préparation est d'ailleurs facile. On achète le métal Darcet tout fait, on le fond dans un creuset, on y mêle une certaine quantité de mercure, et pour l'obtenir en fil on aspire le métal fondu dans de petits tubes en verre. Quand il est refroidi on le retire des tubes, on le soude aux conducteurs en cuivre et l'on effile les pointes à la lime. La proportion de mercure ne doit pas être grande, car sans cela le métal serait trop cassant.

Avec ce système M. Savare a pu enflammer jusqu'à 10 mines à la fois à 700 mètres de distance.

Système de M. Verdu. — Depuis ses premières expériences avec M. Rumkorff, M. Verdu s'est livré à de nouveaux essais en Espagne, et il s'est assuré que de toutes les substances explosibles, telles que la poudre blanche, la poudre de chasse, le fulmi-coton, le mélange de soufre et de chlorate de potasse qu'on pouvait introduire dans les fusées, aucune n'était à beaucoup près aussi sensible que le fulminate de mercure. C'est donc aux fusées Stateham chargées avec du fulminate de mercure qu'il a eu recours pour ses expériences au polygone du génie de Guadalaxara, faites à une distance de 3,000 mètres avec un seul conducteur isolé et *tendu en ligne droite*.

Avec un seul élément de Bunzen, M. Verdu est parvenu à produire l'explosion simultanée de 6 fourneaux de mine interposés dans le même circuit à 300 mètres de l'appareil; il n'a pas été au delà de cette limite, mais il a cherché le moyen d'agir indirectement sur un plus grand nombre de mines en les distribuant par groupes de cinq et en interposant chacun de ces groupes dans un circuit particulier. Voici comment on opère dans ces deux cas : supposons vingt fourneaux divisés comme nous venons de le dire, en groupes de 5, séparés les uns des autres par une distance aussi grande qu'on le voudra. On fait communiquer les cinq fusées de chaque groupe par un seul fil dont l'une des extrémités s'enfonce dans le sol et dont l'autre est près de l'appareil. En touchant successivement le pôle du courant induit avec chacun des quatre bouts libres que l'on tient ensemble à la main, ce qui exige à peine une seconde de temps, on obtient 20 explosions simultanées à des distances considérables, par exemple à 500 mètres. M. Verdu n'a, du reste, trouvé jusqu'à présent aucune limite à la distance à laquelle l'explosion peut avoir lieu, ni au nombre de fourneaux. Ainsi, dans une expérience à une distance de 3,500 mètres, l'explosion simultanée des fourneaux a été telle qu'il n'a pu percevoir que le bruit d'une détonation unique.

L'inconvénient immense de l'emploi du fulminate de mercure dans la pyrotechnie est précisément sa facilité d'explosion par le choc, il était donc à craindre que dans le bourrage des mines, le choc produit n'entrainât l'explosion de la fusée et partant celle de la mine. Mais M. Verdu s'est assuré que ces inconvénients n'existaient pas dans le cas en question si l'on avait soin d'introduire l'extrémité des fusées dans un petit tube de gutta-percha fermé par le bout. Après avoir rempli de poudre cette espèce de petite boîte et l'avoir fermée hermétiquement, on peut transporter les fusées, les manier, les laisser tomber, les choquer même assez fortement, sans danger. La nature un peu élastique et corroyée de la gutta-percha qu'on a eu soin de ramollir un peu au feu préserve le fulminate de toute chance d'accident.

Système de M. Th. du Moncel. — Ayant été prié par MM. les entrepreneurs du creusement du port de Cherbourg de leur organiser un système d'explosion pour les mines qui fût économique, facile et surtout dont les éléments pussent être facilement fabriqués par les ouvriers de province, je pensai d'abord à substituer l'action mécanique de l'électricité à l'action physique afin que les appareils pussent marcher avec des piles de Daniell, piles qui, comme on le sait, sont en activité des mois entiers sans qu'il soit besoin de s'en occuper et dont la dépense est insignifiante. Je fis donc construire des appareils au moyen desquels le feu était communiqué à des fusées ou traînées de poudre par une allumette chimique sollicitée à se mouvoir sous la seule influence du courant. Avec ce système je pouvais agir à une distance considérable avec des fils très-fins, au besoin non isolés, et j'avais l'avantage en renvoyant le courant d'un appareil dans l'autre par un relais de réagir sur autant de mines qu'on le jugeait convenable. Ces appareils d'ailleurs ne revenant pas à plus de 25 f. chacun, il y avait réellement économie à les employer surtout pour des travaux dans lesquels les mines sont d'un usage journalier. Mais là n'était pas la question, il s'agissait d'une *simultanéité complète* d'explosion à produire sur des mines immenses renfermant chacune jusqu'à 4,000 kil. de poudre; car tout l'effet avantageux de ces espèces de volcans qui, du reste, n'exercent leur effet que souterrainement, dépend essentiellement de la simultanéité d'action des ébranlements partiels occasionnés par les explosions. Je dus donc renoncer du moins pour ces sortes de mines, à mon système primitif, dont je parlerai plus en détail un peu plus loin, et recourir au système de MM. Rumkorff et Verdu, que je modifiai un peu pour en rendre l'application plus facile et plus sûre.

Si l'on réfléchit que les mines monstre dont je viens de parler et qu'on fait généralement partir au nombre de six ou huit à la fois reviennent à près de 15,000 fr., que de leur bonne ou de leur mauvaise réussite peut résulter la perte de cette somme ou un bénéfice considérable; on pourra comprendre que je devais moins m'attacher à un procédé d'in-

flammation économique et ingénieux, théoriquement parlant,
qu'à un procédé infaillible. Au lieu donc de faire partir les
six ou huit mines en n'employant qu'un seul circuit, j'ai
mieux aimé les diviser par groupes de deux et avoir recours
à trois ou quatre circuits. Bien plus même craignant, par
des raisons que j'expliquerai plus tard, un isolement insuf-
fisant des fils, j'ai supprimé la communication par le sol.

Avec cette disposition, commandée par la prudence, le
problème se réduisait pour moi à obtenir la simultanéité
d'explosion à travers ces différents circuits; car le moyen
indiqué par M. Verdu ne me paraissait pas suffisant. J'ai eu
eu pour cela recours à un commutateur à rotation consistant
principalement dans une roue épaisse de gutta-percha mise en
mouvement par un ressort de pendule, et dont la circonférence portait cinq plaques métalliques séparées les unes des
autres par un intervalle de 2 centimètres environ. Sur cette
circonférence appuyait un frotteur qui, par l'intermédiaire
d'un bouton d'attache et d'un fil, était mis en rapport avec
celui des pôles de l'appareil de Rumkorff qui fournit l'étincelle à distance. Les plaques elles-mêmes communiquaient,
par l'intermédiaire de lames métalliques appliquées sur les
deux surfaces planes de la roue, à cinq ressorts frotteurs mis
en relation par des boutons d'attache avec les cinq fils des
circuits. Enfin, une détente à encliquetage destinée à brider
le ressort quand il était tendu, permettait, à un instant
donné, de dégager le mouvement de la roue. Le jeu de cet
appareil est facile à concevoir : quand la roue entrait en
mouvement, elle présentait successivement au frotteur commutateur les différentes plaques de sa circonférence, mais,
comme celles-ci, par leurs relations avec les autres frotteurs
se trouvaient mises en communication avec les différents
circuits, le courant était renvoyé successivement d'un circuit
dans l'autre dans un temps inappréciable.

Le problème aurait pu être résolu plus simplement au moyen d'un commutateur à simple frottement, qui aurait consisté dans une bande de gutta-percha incrustée de cinq plaques métalliques en rapport avec les circuits et sur laquelle on aurait frotté vivement une lame de ressort communiquant par un fil avec l'appareil de Rumkorff; mais avec ce commutateur la simultanéité d'action du courant aurait dépendu de l'adresse de celui qui aurait manœuvré le ressort. D'un autre côté, dans le cas où l'action électrique n'aurait pas été suffisante pour faire partir les mines établies dans l'un des circuits, il aurait été nécessaire de recommencer la manœuvre du frotteur commutateur. Or, ce soin aurait pu être négligé ou, tout au moins, retardé; tandis qu'avec le commutateur à rotation la roue effectue un assez grand nombre de tours sur elle-même pour qu'on soit assuré que, si dans un premier tour l'un des circuits a fait défaut, il ne le fera pas dans un second tour ou dans un troisième, puisque le mouvement de la roue diminue progressivement. D'ailleurs, un commutateur mécanique a sa marche calculée et invariable; on a pu l'expérimenter préalablement et l'on n'a pas à craindre, en l'employant, d'agir ou trop lentement ou avec trop de promptitude.

Il va sans dire que dans le cas où on emploierait le commutateur à frottement, il faudrait que le ressort commutateur fût adapté à un manche de verre ou de gutta-percha.

Quelques mots maintenant sur la construction de ces mines monstre dont j'ai parlé.

Une mine de ce genre se compose ordinairement de deux chambres carrées, de la contenance de 3 ou 4 mètres cubes, creusées à environ 12 mètres au-dessous de la surface du rocher, et que l'on remplit de poudre. Pour opérer ce creusement, MM. Dussaud et Rabattu ouvrent d'abord un puits de 12 mètres de profondeur, puis ils font partir du fond de ce puits deux galeries horizontales d'environ 1^{m}50 de hauteur sur 5^m de longueur, et c'est à l'extrémité de ces galeries qu'ils creusent les chambres dont il a été question. La poudre n'est pas déversée directement dans ces chambres ; car dans le long travail du bourrage de ces mines, elle pourrait devenir humide et rester sans effet. C'est dans de grands sacs en gutta-percha hermétiquement fermés qu'elle est déposée avec la fusée d'explosion. Chacun de ces sacs contient deux mille kilogrammes de poudre. Quand ce travail est fait, que les deux bouts de la fusée sont attachés aux fils conducteurs recouverts de gutta-percha, on maçonne solidement, à pierre et à plâtre, les galeries, et on remplit de terre le puits de descente, de sorte que les mines ne sont plus en rapport avec l'extérieur que par les simples conducteurs qui ont eux-mêmes été noyés dans la maçonnerie. C'est précisément cette circonstance qui m'a fait renoncer à la transmission par le sol. On comprend, en effet, que le contact si intime du fil avec le plâtre et la terre pourrait bien entraîner quelques communications pour peu qu'il y ait quelques défauts dans la gutta-percha. Or, une communication entre le fil et le sol dans le cas où celui-ci entre pour moitié dans le circuit se traduirait par une déperdition considérable d'électricité qui empêcherait l'explosion de la mine. J'ai donc préféré employer deux conducteurs au lieu d'un, ce qui d'ailleurs ne m'occasionnait qu'une dépense très minime, puisque ce fil pouvait être commun aux circuits en rapport avec les trois ou quatre grandes mines qui devaient partir en même temps.

Les fusées telles que nous les avons décrites, qu'elles soient préparées avec du sulfure de cuivre ou du sulfure de mercure, avec du fulminate de mercure ou du coton poudre, exigent toujours un certain soin dans leur confection ; il faut d'ailleurs avoir les matières premières ; or la plupart du temps en province on manque de ces matières. Si l'on ne veut faire que des expériences passagères, il devient donc important de pouvoir préparer les fusées avec des éléments qu'on a toujours sous la main, et c'est ce à quoi je suis parvenu dans les fusées que je vais décrire.

Ces fusées sont fondées comme les autres sur la propriété qu'ont les corps de conductibilité secondaire, de faciliter la décharge électrique et de rougir avec une grande facilité. Plusieurs expériences faites dans le but de déterminer jusqu'à quel point cette demi-conductibilité facilitait l'inflammation de la poudre, m'ayant prouvé que cette substance unie à de la limaille de fer prenait feu au travers d'une solution de continuité de 4 centimètres, lorsque de la poudre pure ne s'enflammait pas à une distance de 4 millimètres, j'en conclus qu'en mêlant la poudre de mes fusées avec de la limaille de fer, je devais obtenir un grand avantage. Mais les inconvénients qui pouvaient résulter de l'interposition de la limaille entre les conducteurs, interposition qui aurait suffi par supprimer l'étincelle électrique, m'ont engagé à lui substituer le liége carbonisé et rendu conducteur par l'acide sulfurique. Ce procédé m'a réussi, d'autant mieux que le courant trouvant dans le liége un conducteur était beaucoup moins affaibli, et que je pouvais m'assurer d'avance de la bonté de ma fusée. En effet, le liége carbonisé, jouit de la propriété de fournir, sous l'influence de l'étincelle d'induction qui le traverse, un point de lumière électrique, c'est-à-dire de lumière rayonnante, ou tout au moins un petit sillon rouge. Si donc, après avoir préparé la fusée, on fait passer au travers, le courant d'induction, on devra apercevoir au milieu de la solution de continuité, *qui devra être excessivement faible,* une lueur rouge ou un point de lumière rayonnante. Alors la fusée sera bonne ; si elle est mauvaise, l'étincelle, au contraire, sera nette et blanche. Voici du reste comment je prépare ces fusées.

Je prends un bout de fil plus ou moins long, recouvert de gutta-percha, et après l'avoir plié en deux et tortillé comme une tresse (Voir fig. 4), je découpe avec un canif, dans la gutta-percha, une échancrure à son extrémité pliée; puis quand le fil de cuivre est mis à nu, je le coupe avec une pince à couper. Je soulève ensuite les deux bouts du fil ainsi séparés, et j'introduis au-dessous, avec la pointe du canif, la pellicule de liége dont la surface est carbonisée et qui doit servir de conducteur secondaire. J'appuie avec des bequettes plates les deux bouts du fil sur ce morceau de liége, en ayant soin de ménager la portion de gutta-percha qui maintient les deux fils; enfin après avoir essayé cette fusée, ainsi confectionnée, je l'introduis dans une cartouche de papier remplie de poudre mêlée avec un peu de grosse limaille de fer; je retourne cette fusée dans la poudre jusqu'à ce qu'elle soit arrivée au fond de la cartouche, et il ne me reste plus qu'à lier celle-ci sur le fil pour avoir ma fusée préparée.

Pour obtenir du liége carbonisé dans de bonnes conditions, voici comment je m'y prends : Je trempe, pendant un instant, un bouchon dans de l'acide sulfurique concentré. Après cette opération, il est noirci et devient conducteur. Cette conductibilité, comme je l'ai prouvé dans un Mémoire présenté à l'Institut le 15 février dernier, se conserve même après complète dessication. C'est dans cet état qu'il doit être carbonisé par le courant d'induction. Pour cela, il suffit d'appuyer les deux fils conducteurs de l'appareil en deux points quelconques du liége. On voit d'abord une grosse flamme rouge sortir du liége, puis peu à peu cette flamme se transforme et donne lieu à un point de lumière rayonnante. Alors seulement le liége est propre à servir de conducteur secondaire; on détache donc la partie carbonisée qui est très superficielle, en ayant soin d'enlever avec elle une petite pellicule très mince de liége non carbonisé. On coupe cette pellicule en très petits morceaux, et ce sont ces morceaux que l'on place dans la fusée. Une pareille fusée ne revient pas à plus de 10 centimes.

Voici maintenant en quoi consiste le système d'explosion dont j'ai parlé et dans lequel le courant électrique n'exerce qu'un effet mécanique, Ce système peut, du reste, s'appliquer à la ramification des courants d'induction, lorsque la distance à laquelle on opère pourrait rendre la dépenso du fil par trop considérable.

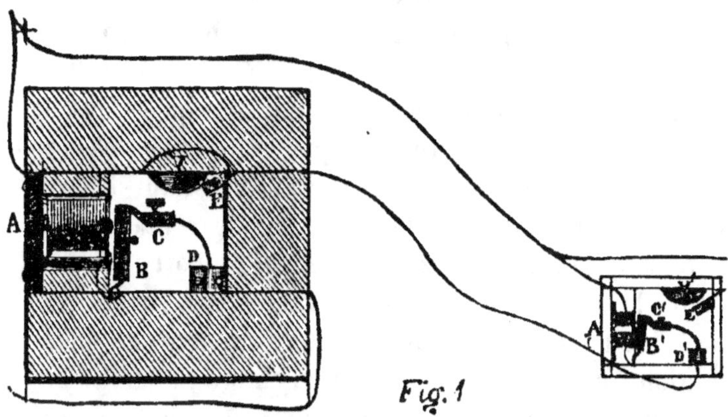

Fig. 1

A est un petit électro-aimant devant fonctionner avec le courant d'une pile de Daniell. Ces sortes de piles, comme je l'ai dit, peuvent rester chargées des semaines entières sans qu'on s'en occupe. Elles sont très économiques, et agissent à de grandes distances d'une manière très régulière avec des conducteurs fins. CD est une lame de ressort maintenue en D, et portant à son extrémité C un musoir muni d'un trou vertical avec vis de pression. Ce ressort est destiné à être bandé contre l'armature B de l'électro-aimant. L'une des extrémités du fil de cet électro-aimant communique à l'un des pôles de la pile ; l'autre extrémité est soudée sur l'armature B, et l'autre pôle de la pile est en rapport direct avec le ressort CD au point D. Quand ce ressort est bandé contre l'armature B, le circuit est continu à travers le fil de l'électro-aimant, et il suffit de fermer le courant près de la pile pour faire agir le mécanisme. Il arrive alors que, l'armature B étant attirée, le ressort CD se débande, et, si une allumette chimique est fixée convenablement en C sur ce ressort, elle s'enflamme en frottant sur du papier à émeri, disposé à cet effet au fond de la boîte. De plus, le ressort CD, en venant butter contre un ressort E, peut renvoyer le courant dans un autre appareil, car, en abandonnant l'armature B, il l'empêche désormais de passer par l'électro-aimant A. Il faut pour cela que le ressort E soit mis en rapport avec le ressort C'D' du second appareil, et que le fil de son électro-aimant soit greffé sur la branche du courant allant directement de l'électro-aimant A à la pile. Alors le contact opéré par le ressort CD avec le ressort E joue, par rapport au second appareil, le même effet que celui que l'on a opéré soi-même à 500 mètres de là pour le premier appareil. La même disposition pouvant être adaptée à un nombre indéfini d'appareils, il est facile de comprendre qu'une seule fermeture du courant peut exercer son action sur un nombre quelconque de mines, qui partent toutes, les unes après les autre, sans bifurcation aucune du courant, et, par conséquent, sans que celui-ci soit affaibli.

Quand on emploie ce système pour produire directement l'inflammation, plusieurs précautions doivent être prises. Il faut d'abord, pour que l'allumette parte d'une manière sûre, que le fond de la boîte soit échancré en V, afin que l'allumette, après avoir frotté sur le papier à émeri, se trouve tout à coup dans un vide. En second lieu, il faut que le point de repos de cette allumette contre le ressort soit très voisin des bords de l'ouverture V, sur lesquels on a versé préalablement un petit tas de poudre, afin que le feu se communique de bas en haut. Il faut ensuite des fusées de poudre plus ou moins longues pour atteindre les fourneaux de mine à la portée desquels se trouve l'appareil. Enfin il faut que la boîte qui contient cet appareil, d'ailleurs excessivement simple, soit suffisamment forte pour recevoir des chocs considérables et même pouvoir être projetée en l'air sans se briser. C'est ce que l'on obtient en donnant aux quatre planches qui la forment une épaisseur de dix centimètres.

On comprend aisément que les allumettes chimiques pourraient être remplacées par tout autre mode d'inflammation qui aurait pour principe un choc ou un rapprochement, par exemple, par la mise en contact d'un morceau de phosphore avec de l'iode, ou par le choc du porte-allumette ou de tout autre système de détente contre une capsule disposée en conséquence.

Quand on veut employer le système précédent comme moyen de ramification du courant pour les procédés d'inflammation par réaction physique de l'électricité, les appareils peuvent être simplifiés et avoir des dimensions plus réduites. (Voir la figure n° 2.)

Supposons qu'on veuille faire partir une vingtaine de mines à la fois avec le procédé de MM. Rumkorff et Verdu, et, pour fixer les idées, admettons que l'appareil de Rumkorff soit en M (fig. 2), que la pile qui le met en action soit en P, et que deux des séries de mines qui doivent être enflammées soient disposées en (a, b, c), (a', b', c').

En admettant que le courant induit puisse agir sur trois mines à la fois, il faudra pour ces 20 mines 7 de mes appareils, ou seulement deux si l'on ne considère que les deux séries qui sont figurées dans la gravure.

Ces deux appareils seront placés, je suppose, en A et A',

et la pile de Daniell, qui doit les faire agir, sera en P'. Voici comment devront être disposées les communications :

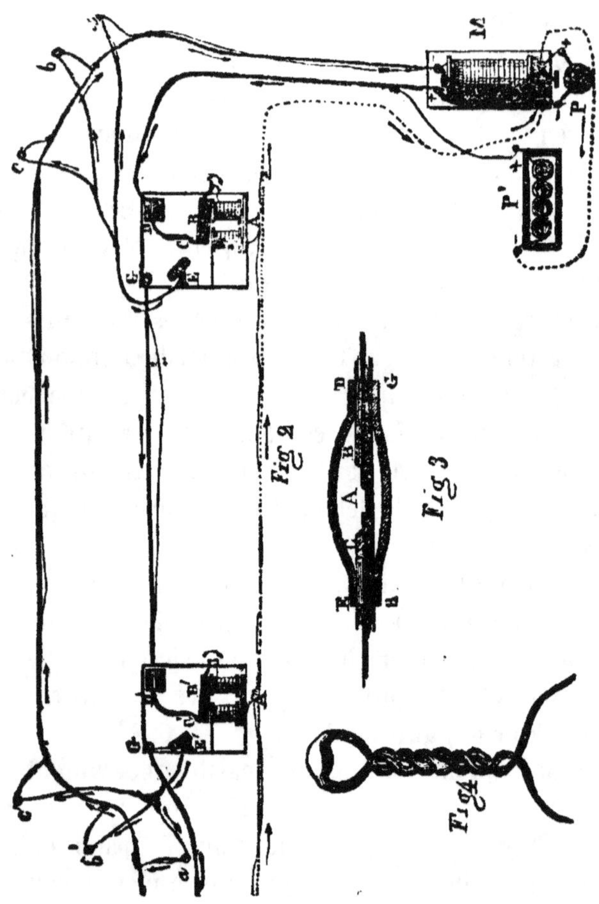

L'un des fils partant de l'appareil de Rumkorff contournera les différentes mines, et fournira une bifurcation à chacune d'elles (1). Chaque bifurcation correspondra à l'un des bouts

(1) **Nous supposons qu'on emploie le procédé de M. Savare pour l'explosion des mines de chaque système.**

de la fusée de Stateham qui doit être introduite dans la mine, tandis que l'autre bout sera en rapport avec un fil allant à une lame commune E, E', qui représente le ressort E de l'appareil décrit précédemment. Ainsi, les trois mines a, b, c, seront en rapport avec la machine et la lame E, tandis que les trois autres mines a', b', c', le seront avec la lame E'.

L'autre fil partant de l'appareil de Rumkorff aboutira au ressort CD, tandis que le ressort C'D' communiquera avec l'arrêt métallique G. Ces deux fils doivent être recouverts de gutta-percha vulcanisée.

Un autre petit fil très fin et simplement recouvert de coton, que nous avons figuré par une ligne pointillée dans notre dessin, réunira ensuite tous les appareils A, A', A'', etc., à l'un des pôles de la pile de Daniell, en communiquant avec le fil de chacun de leurs électro-aimants. Mais, avant d'être fixé à ce pôle de la pile, il devra passer par un interrupteur. Enfin un dérivation sera établie entre le fil de l'appareil de Rumkorff qui va aux ressorts CD, C'D' et le pôle libre de la pile de Daniell. Voici alors ce qui arrive au moment où l'on appuie sur l'interrupteur.

Le courant de la pile de Daniell se trouve fermé en même temps que le courant d'induction est créé dans la machine. Sous l'influence du premier courant, le ressort CD du premier appareil se débande et vient rencontrer la lame flexible E, qu'il abaisse, pour aller butter contre l'arrêt G. Mais, en touchant cette lame E, le courant d'induction passe au travers des trois mines a, b, c, et les fait partir. En même temps le second appareil A' est mis en activité, le ressort C' D' se débande, et, tout en renvoyant le courant dans le troisième appareil, il fait passer le courant d'induction dans les trois mines a', b', c', qui partent indépendamment des trois premières; car le ressort CD ne touche plus la lame E, et n'agit alors, par son contact avec l'arrêt G, que pour permettre la continuité des deux courants à travers le troisième appareil et les suivants.

Dans ce système d'application de mes appareils d'explosion, il est essentiel d'y apporter quelques petites modifications d'exécution; il faut en effet que le support des ressorts CD, C'D' des lames E, E' et des arrêts G, G', soient en verre ou en substance très isolante, car le bois, l'ivoire, etc., qui isolent très bien l'électricité de la pile, n'isolent pas suffisamment l'électricité d'induction de la machine de Rumkorff.

V.

Application de l'électricité aux observations scientifiques.

Les instruments décrits sous le nom d'*Enregistreurs électriques*, dans notre premier volume, pourraient bien, d'après les fonctions qu'ils doivent remplir, être rangés parmi ceux que nous allons étudier dans ce chapitre ; mais ils en diffèrent essentiellement sous le rapport de leur construction en ce sens que ces derniers n'enregistrent pas eux-mêmes les indications qu'ils fournissent. Néanmoins ceux que leurs travaux porteront à étudier ce dernier genre d'appareils devront naturellement se reporter à ceux décrits dans le chapitre 4 de la deuxième partie du premier volume.

Barométrographe de M. Liais. — Depuis longtemps les instruments météorologiques donnant des maxima et des minima ont été regardés comme fort importants et d'un emploi indispensable par les observateurs; aussi a-t-on cherché à en construire dans différents systèmes. Tout le monde connaît les thermom'trographes à branches recourbées et les thermomètres à déversement de M. Walferdin : mais ce qui importe le plus à connaître quand on veut avoir des observations bien faites, c'est l'heure de ces maxima et minima, car cette indication facilite l'interpolation dans le cas où les observations horaires manquent, et comble la lacune que laisse l'absence d'observations pendant la nuit. On a bien imaginé des instruments à indications continues, tels que ceux que nous avons décrits dans les enregistreurs électriques et ceux fondés sur les effets de la photographie, employés à l'observatoire de Grenwich. Mais ces appareils sont très-chers, très-compliqués et nécessitent, dans le cas ou l'on emploie les moyens photographiques, l'entretien d'une vive lumière. En ramenant le problème à la construction d'instruments à maxima et minima, on fait disparaître la complication.

Le barométrographe proposé par M. Liais, consiste dans un double baromètre dont la chambre vide est commune, et sur lequel réagit un double mouvement d'horlogerie dont nous allons voir à l'instant la fonction.

Le baromètre qui doit fournir le minima est à siphon, et le mercure qui le remplit est en communication avec l'un des pôles d'une pile de Daniell. L'autre pôle de cette pile est en rapport avec une pointe de platine qui plonge dans le mercure, mais qui se trouve sollicitée à s'élever au dessus de sa surface par le mouvement d'horlogerie dont nous avons parlé. Un électro-aimant, interposé dans le courant, réagit sur une détente qui encombre le mouvement à l'état normal, c'est-à-dire quand le courant n'est pas fermé. Au contraire, quand le courant est fermé, le mouvement d'horlogerie est libre et la pointe s'élève.

En admettant donc que le dégagement de ce mouvement, par suite de la fermeture du courant, ait pour effet la fermeture d'un courant dérivé dans un électro-aimant spécial, agissant sur une horloge, on pourra faire en sorte que les moments des ascensions successives de la pointe de platine soient accusés sans cesse sur le cadran de cette horloge elle-même, jusqu'à la dernière ascension qui indiquera alors l'heure du minimum cherché.

En effet, cet électro-aimant supplémentaire peut être fixé derrière le cadran de l'horloge, et celui-ci peut être mis en mouvement au lieu et place de l'aiguille des heures. Il peut donc accomplir un tour sur lui-même en douze heures, et un repère fixe sert alors d'indicateur. Or, si une aiguille indé-pendante, dont l'axe passera à travers l'axe creux portant le cadran, se trouve sollicitée par un léger contre-poids à tourner dans un sens déterminé jusqu'à ce qu'elle vienne rencontrer le repère, on comprendra qu'il suffira de faire encombrer le mouvement de cette aiguille en temps ordinaire, c'est-à-dire quand le courant ne sera pas fermé et de le dégager dans le cas contraire, pour obtenir les indications voulues. En effet, quand l'électro-aimant du cadran sera inactif, l'aiguille dont nous venons de parler suivra le mouvement du cadran, parce qu'elle sera enrayée par l'armature de cet électro-aimant; mais aussitôt que le courant passera, l'aiguille dégagée de son ambréyage viendra butter contre le repère et là, se trou-vant de nouveau enrayée par suite de l'interruption du courant, elle marquera l'heure à laquelle s'est opéré son mouvement jusqu'à ce qu'une nouvelle fermeture du courant la fasse tourner de nouveau et ainsi de suite.

Le mode d'embréyage de cette aiguille est bien simple, il suffit d'un petit tambour à surface rugueuse, sur lequel vient appuyer l'armature de l'électro-aimant quand celle-ci est sollicitée par son ressort antagoniste.

Du reste, pour éviter le désordre qui pourrait résulter d'une trop prompte fermeture du courant, laquelle pourrait surprendre l'aiguille au milieu de la course qu'elle doit accomplir, un rhéotôme, analogue à celui que M. Wheatstone a employé pour son enregistreur météorologique, devra être employé. Voici, d'après moi, en quoi il pourrait consister dans le cas présent.

L'axe de l'aiguille libre du cadran porterait en outre du tambour d'embréyage, un tambour d'ivoire sur lequel serait incrusté un anneau métallique interrompu en un point correspondant à l'aiguille ; deux frotteurs appuieraient sur cet anneau et correspondraient, l'un au pôle positif de la pile, l'autre à l'armature de l'électro-aimant d'embréyage. Cette armature porterait à son tour un léger ressort qui, au moment de l'attraction, rencontrerait une plaque métallique mise en rapport avec celle des extrémités du fil de l'électro-aimant qui correspondrait à l'armature du relais. Voici alors ce qui arriverait au moment de la fermeture du courant par ce relais : l'armature d'embréyage se trouverait attirée et dégagerait l'aiguille, mais, en s'abaissant, elle fermerait le courant à travers le fil de son électro-aimant et l'anneau du rhéotôme, de sorte qu'à défaut de la continuité du courant par le relais, il subsisterait toujours celle par le rhéotôme. Or, comme celle-ci est combinée de manière à correspondre au mouvement complet de l'aiguille, aucune circonstance étrangère ne peut intervenir pour altérer le résultat que l'on cherche à obtenir.

Le baromètre qui doit fournir les maxima consiste dans un simple tube qui plonge dans une cuvette de mercure. Le fil de platine le traverse dans toute sa longueur et se recourbe pour aller atteindre la surface du mercure dans la longue branche du baromètre à siphon dont la chambre vide, comme nous l'avons déjà dit, est commune aux deux baromètres. Par l'intermédiaire d'un second coude, le fil de platine est mis en rapport avec un second mouvement d'horlogerie en tout semblable à celui que nous avons déjà décrit, de sorte

qu'il peut être soulevé au fur et mesure que la colonne barométrique monte dans la longue branche du baromètre ou
que la pression barométrique augmente.

On comprend facilement que les mouvements d'horlogerie qui doivent effectuer l'élévation des fils, peuvent
être de la plus grande simplicité et que l'horloge indicatrice des heures peut être commune à l'appareil des
maxima et des minima; c'est une simple question d'horlogerie.

Pour que les maxima et minima barométriques absolus
répondent toujours aux positions extrêmes de la colonne
mercurielle, il faut que la température reste sensiblement
constante dans l'intervalle de deux observations. On obtient
aisément ce résultat en renfermant l'instrument dans une
série d'enveloppes peu conductrices.

En appliquant une disposition analogue au thermomètre,
on obtient un thermomètre à maxima donnant l'heure du
maximum. Pour le thermomètre à minima, il y a une disposition à prendre pour que le courant ne passe pas d'une
manière continue dans la colonne, ce qui fausserait les
indications par l'élévation de température à laquelle il donnerait lieu; alors ce n'est pas dans le tube thermométrique
que plonge la pointe de platine; elle est supportée par
un flotteur plongeant dans le thermomètre et se trouve
en communication avec l'un des pôles de la pile (ici il n'y
a pas d'inconvénient à se servir d'un flotteur, parce qu'il
n'y a pas de force de dépensée pour vaincre le frottement
d'un crayon). Cette pointe se recourbe pour plonger dans
une capsule pleine de mercure, dont un mouvement d'horlogerie règle la descente et qui est en communication avec
l'autre pôle. Les autres dispositions sont semblables à celles
du thermomètre à maxima. On a donc ainsi un thermomètre à minima à mercure, ce qu'on avait cherché depuis

longtemps en vain à obtenir, et, de plus, l'heure de l'observation est marquée.

Quant au psychrométrographe, comme les vrais maxima et minima ne dépendent ni du minimum ni du maximum de différence des indications des deux thermomètres, M. Liais emploie un hygromètre à cheveu auxiliaire pour indiquer l'instant des maxima et minima que ce dernier instrument, inexact d'ailleurs quant à la valeur absolue de l'humidité, indique cependant avec exactitude, par le minimum et le maximum de l'allongement du cheveu. Ce cheveu supporte une pointe métallique plongeant dans une capsule pleine de mercure, et une disposition analogue aux précédentes indique les instants de maximum et de minimum. De plus, chaque fois qu'un courant s'établit, des index marquent la hauteur des deux thermomètres composant le psychromètre et leur dernière position, qui est celle que l'on observe, marque le maximum et le minimum d'humidité.

Magnétomètre électrique de M. Weber. — On sait que les observations du magnétisme terrestre, grâce aux bases de mesures posées par l'illustre Gauss, de Gœtingue, et la mise en pratique de ces bases au moyen du magnétomètre, sont arrivées de la condition de simples comparaisons ou rapports à l'état de mesures absolues, et qu'elles ont acquis un degré d'exactitude qui diffère à peine de la précision des observations astronomiques. Mais le système de mesures, fondé sur ces bases, et aujourd'hui presque partout adopté, comprend seulement la mesure immédiate des *éléments horizontaux* du magnétisme terrestre. Les principes développés par Gauss établissent, il est vrai, que ces éléments horizontaux forment en eux-mêmes un ensemble d'observations suffisant à la détermination du magnétisme terrestre et, que, partant, les observations de l'inclinaison ne sont pas absolument nécessaires. Mais n'est-il pas évident qu'il serait incomparablement plus rationnel de combler cette lacune en arrivant enfin à observer aussi directement la composante verticale ou l'inclinaison.

C'était chose presque impossible avec les instruments employés jusqu'ici, parce que, d'une part, les déviations étaient influencées par le poids de l'aiguille aimantée, sans qu'on pût éliminer rigoureusement cette influence pertubatrice et que, de l'autre, on avait à subir forcément des frottements qui devenaient un obstacle invincible à la réalisation des observations très délicates sur lesquelles repose l'exactitude des procédés magnétométriques. M. Weber est enfin parvenu à trouver une disposition au moyen de laquelle l'action électrique, aussi bien des composantes verticales que des composantes horizontales du magnétisme terrestre, peut être parfaitement mesurée, même avec le seul magnétomètre unifilaire.

Son appareil consiste essentiellement en un appareil électrique dans lequel la force magnétique de la terre est employée à produire, par *induction,* des courants électriques et même des courants si forts qu'ils suffisent à donner des signaux. C'est tantôt la composante verticale, tantôt la composante horizontale qui sert à produire le courant d'induction proportionnel à leurs intensités, et l'on évalue ces intensités en observant les déviations qu'elles impriment à l'aiguille du magnétomètre. Voici, du reste, comment est disposé ce magnétomètre d'induction ou électrique :

Les deux organes les plus essentiels de cet instrument, sont un multiplicateur très sensible et une hélice d'induction, formés chacun d'un fil de cuivre replié un grand nombre de fois sur lui-même. Quoique unis l'un à l'autre, ces organes sont placés pourtant à une distance suffisamment grande pour que leur influence sur l'aiguille du magnétomètre, installée dans l'intervalle qui les sépare, puisse être négligée relativement à l'action du magnétisme terrestre. L'hélice d'induction est mobile dans deux sens rectangulaires, c'est-à-dire que son axe de rotation peut être tour à tour vertical ou horizontal et parallèle au méridien magnétique. Dans ces deux positions, elle peut, par un mouvement énergique qui lui est imprimé, parcourir un arc de 180°, et réagir sur le multiplicateur, en y créant un courant d'induction proportionnel à l'intensité de la composante magnétique qui agit sur elle. Si donc le mouvement brusque se communique à cette hélice quand son axe de rotation est dans la position horizontale, c'est la composante verticale qui agit sur le magnétomètre ; quand, au contraire, le mouvement est donné au moment où l'axe de rotation est vertical, c'est la composante horizontale qui manifeste son effet.

Anémoscope électrique de M. Th. du Moncel. — Le prix considérable qu'il faut mettre pour les anémographes dont il a été question dans la deuxième partie de notre 1er vol. et plus encore le volume de ces appareils, m'ont fait rechercher depuis longtemps un instrument beaucoup plus portatif et qui fût en quelque sorte un diminutif des deux appareils que j'avais fait construire. D'ailleurs, pour une foule de personnes peu versées dans la science météorologique, l'annotation écrite des variations de direction et d'intensité du vent est superflue. Ce qu'en général on désire connaître, et cela comme pronostic du beau et du mauvais temps, c'est la direction et l'intensité du vent à un moment donné. Or, il arrive souvent qu'on n'a pas de girouette devant les yeux, et quand bien même on en aurait une, elle ne pourrait fournir aucuns renseignements quand il fait nuit. C'est pourtant le soir que ces indications seraient souvent le plus utiles. Dans le but de satisfaire à ces exigences, on avait construit des girouettes à engrenages qui, par l'intermédiaire d'une longue tige de fer traversant le toit de la maison, donnaient leurs indications sur un cadran vertical ou horizontal. Mais l'installation de semblables appareils, en outre de la grande dépense qu'elle entraînait, nécessitait un local tout particulier. Aussi leur usage n'a-t-il pu s'étendre, et nous sommes la plupart du temps obligés de nous priver de la plus importante des indications météorologiques pour le beau et le mauvais temps.

Mon anémoscope résout complètement la question, c'est un tout petit instrument qu'on peut suspendre partout où l'on veut, comme un médaillon, et dont le prix rentre dans celui des baromètres, thermomètres, etc.

Il consiste, comme on comprend aisément, dans deux instruments distincts : une girouette et un indicateur qui peuvent être simples ou composés, suivant qu'on désire avoir à la fois la direction et l'intensité du vent, ou la direction seule. Dans le premier cas, l'indicateur se compose de deux petits cadrans argentés, sur chacun desquels se trouve l'aiguille indicatrice. Dans le second cas, il n'y a qu'un seul cadran.

L'un des cadrans de l'appareil composé porte gravées les indications des seize vents, dans leur position azimutale. L'autre cadran n'a que quatre indications, mais elles sont séparées l'une de l'autre par un angle de quarante-cinq degrés et se rapportent au *vent modéré,* au *vent fort,* au *vent très fort,* et, enfin, à la *tempête.*

L'organe sensible qui fait agir les aiguilles indicatrices (lesquelles sont aimantées), est un petit électro-aimant droit, formé par une pointe de fer entourée de fil fin, qui se trouve vissée et fixée au dessous de chaque division du cadran, dans l'étendue de la demi-circonférence seulement. L'un des bouts du fil de chacun de ces petits électro-aimants va à la girouette, l'autre aboutit à un bouton d'attache qui est commun à tous les électro-aimants.

D'après cela, on conçoit que si la girouette porte un commutateur, est que ce commutateur transmette le courant dans l'un ou l'autre des fils des électro-aimants, suivant la direction du vent, ces électro-aimants qui se trouvent tous avoir le même pôle d'un même côté réagissent successivement sur le même pôle de l'aiguille aimantée et lui font fournir les indications voulues.

Sur toutes la demi-circonférence où se trouvent échelonnés les électro-aimants, les réactions s'opèrent donc successivement sur le même pôle de l'aiguille et dans le même sens. Mais, si, après être sortie de cette demi-circonférence, la girouette fait agir son commutateur de manière à renverser le courant, les électro-aimants changent de pôles et leurs réactions se manifestent sur le pôle opposé de l'aiguille indicatrice qui se trouve alors à portée du premier électro-aimant de la série. Ainsi, en n'employant que huit électro-aimants et huit fils, on peut avoir, par cette disposition, seize indications de vents. On pourrait même, en remplaçant les électro-aimants par des fils disposés galvanométriquement, réduire à quatre le nombre des fils et des organes sensibles pour ces seize indications. L'inconvénient qui existerait alors serait une oscillation trop longue de l'aiguille au moment de la permutation des vents. Il faudrait, toutefois, dans ce cas, que l'aiguille fût rendue *astatique*, et qu'elle fût montée sur pointe. Dans l'autre système, au contraire, elle peut être montée sur pivot, comme les aiguilles d'inclinaison, ce qui est un avantage, puisqu'alors on peut suspendre l'appareil verticalement contre un mur.

Le cadran pour les indications de l'intensité du vent est construit exactement de la même manière, seulement le courant n'y est pas renversé.

Il me reste à décrire l'appareil qui fait agir ainsi les aiguilles, suivant l'influence du vent, par l'intermédiaire du courant voltaïque.

Il se compose d'une girouette montée sur un axe mobile d'un commutateur circulaire à renversement de pôles, d'un anémomètre à plaque, et d'un commutateur pour cet anémomètre.

Le commutateur à renversement de pôles consiste simplement dans trois circonférences concentriques en cuivre rouge, isolées l'une de l'autre, et sur lesquelles appuient des frotteurs à ressort. La circonférence extérieure est divisée en seize secteurs isolés les uns des autres par un trait de scie. Huit de ces secteurs sont en communication avec les fils des électro-aimants et sont reliés diamétralement avec les huit autres. La circonférence moyenne est entière et communique métalliquement avec le bouton d'attache commun à tous les électro-aimants. Enfin la circonférence interne est divisée en deux parties, que j'appellerai S et R, correspondant chacune à un pôle de la pile.

Les frotteurs sont au nombre de quatre, montés de chaque côté de l'axe de la girouette sur une traverse de bois qui s'y trouve fixée. L'un de ces frotteurs que j'appellerai A, appuie sur la circonférence extérieure. Un autre, B, qui se trouve relié métalliquement au précédent, appuie sur la circonférence interne, et les deux autres, C et D frottent, l'un sur la circonférence moyenne, l'autre sur la circonférence interne. Ces deux derniers communiquent ensemble. Voici alors ce qui se passe quand l'instrument fonctionne. Le courant qui va à la demi-circonférence interne R, passe dans le frotteur B, et, de là, dans l'un des secteurs de la circonférence extérieure, par le frotteur A. Après avoir passé dans l'électro-aimant de l'indicateur, il remonte à la circonférence moyenne, et, de là, par les frotteurs C et D, à la demi-circonférence S, puis au pôle de la pile. Dans cette hypothèse, le courant passe dans l'électro-aimant en entrant par la demi-circonférence S, et en ressortant par la demi-circonférence R; Mais, si l'on examine la marche du courant, après une demi-révolution de la girouette, on voit que le contraire a lieu, c'est-à dire que le courant entre par le frotteur C, passe dans les électro-aimants et ressort par les frotteurs A et B. Donc le courant est bien renversé dans chaque demi-révolution de la girouette.

L'anémomètre à plaque consiste dans une plaque de zinc articulée sur l'axe de la girouette au-dessous de la palette. Cette plaque porte au-dessus de son point d'articulation, une petite tige en laiton, terminée par un poids pour lui faire équilibre. Du côté opposé se trouve soudé un fil recourbé, à angle droit, sur lequel peut glisser un petit contre-poids à vis de pression. C'est à l'aide de ce petit contre-poids qu'on règle l'instrument. En outre de la tige qui lui fait équilibre au-delà de son point de suspension, la plaque porte un petit ressort terminé par une lame de platine, et cette lame vient frotter constamment contre un petit arc de cercle en bois sur lequel sont fixées quatre plaques de platine. Chacune de ces plaques correspond à un fil, et ces fils passent par l'intérieur du tube qui sert d'axe à la girouette pour aboutir, dans l'appareil, à quatre virolles de cuivre, fixées sur l'axe lui-même, par l'intermédiaire d'un tambour en bois. Quatre frotteurs fixes appuient sur ces viroles, et ces frotteurs correspondent aux électro-aimants de l'indicateur d'intensité du vent.

Le courant entre par la crapaudine sur laquelle pivote l'axe de la girouette. De là, il passe à la plaque et à l'aiguille à ressort qu'elle porte, et comme les fils des quatre électro-aimants de l'indicateur sont en rapport direct avec la pile, le courant est fermé dans l'un ou l'autre d'entre eux suivant que l'aiguille appuie sur l'une ou l'autre des quatre plaques de platine de l'arc interrupteur.

Photomètre électrique de M. Masson. — La photométrie,

à proprement parler, est l'art de mesurer avec exactitude les diverses intensités lumineuses, soit qu'elles proviennent directement de foyers lumineux différents, soit qu'elles proviennent de la réflexion ou de la réfraction des rayons émanés de ces foyers. Bouguer et Huygens sont les premiers qui se sont occupés de cette question physique si importante pourtant dans les arts. Depuis, MM. Ritchie, Rumfort, Arago ont cherché à perfectionner les appareils photométriques, et dernièrement encore MM. Babinet et Claude Bernard ont proposé des photomètres industriels d'un usage très facile dans les diverses industries où il en est besoin. Pourtant, tous ces appareils ont un inconvénient immense quand on veut les appliquer aux recherches scientifiques, c'est de ne pouvoir s'approprier aux lumières coloriées et de ne pas fournir un terme de comparaison, une unité fixe à laquelle on puisse rapporter les diverses intensités lumineuses que l'on observe. Or, c'est ce à quoi est parvenu M. Masson dans son photomètre électrique.

Cet appareil est fondé sur ce principe : qu'un disque de papier sur lequel on a tracé des secteurs noirs et blancs d'égale dimension, paraît d'une teinte uniforme et grisâtre lorsqu'on le fait tourner avec une rapidité suffisante devant une lumière blanche permanente. Au contraire, tous les secteurs noirs et blancs paraissent distincts quand, étant mis en mouvement, on les éclaire avec une lumière instantanée, l'étincelle électrique, je suppose.

Ce principe étant établi, voyons comment M. Masson a pu l'utiliser à la mesure des intensités lumineuses.

Admettez, dit M. Masson, que le disque déjà éclairé par une lumière fixe, se trouve subitement illuminé par une lumière instantanée (l'étincelle électrique), on verra, pour une intensité convenable de cette dernière, apparaître les secteurs au milieu de la teinte grisâtre. Si l'on affaiblit successivement la lumière instantanée, il arrivera un moment où les secteurs disparaîtront et le disque paraîtra éclairé d'une manière uniforme. Dans ce cas, la lumière instantanée est une fraction de la lumière permanente variable avec l'œil de l'opérateur, mais invariable pour un même œil, les circonstances de vision restant les mêmes. Quant au rapport entre l'intensité de la lumière de l'étincelle et celle de la lumière fixe, il dépendra des dimensions des secteurs noirs et blancs.

Maintenant, qu'on suppose constante l'intensité de la lumière électrique fournie par l'étincelle, et la chose est possible, comme nous le verrons bientôt, il résultera des principes précédents, que pour apprécier l'intensité d'une lumière, il suffira de l'exposer devant le disque photométrique et de la disposer par rapport à l'étincelle jusqu'à ce que l'apparition des secteurs noirs et blancs, due à la lumière de celle-ci, ait cessé complètement. Comme cette disparition est subite, il ne peut y avoir d'incertitude à cet égard, et c'est ce qui fait encore un des avantages de cet appareil. En ce moment là l'intensité des deux lumières est égale, comme on le comprend aisément. Par conséquent, il suffit de voir les rapports de position entre les deux lumières, eu égard au disque, pour avoir le chiffre du rapport photométrique, qui existe entre la lumière dont on veut apprécier l'intensité et celle de l'étincelle électrique supposée d'une valeur constante. Voici comment M. Masson a disposé son appareil :

Dans une première chambre est installée la machine électrique qui doit fournir l'étincelle. Elle est mise à portée d'un condensateur à surface plane, lequel est interposé entre deux armures ou plateaux métalliques dont les supports suffisamment garnis de matière isolante traversent la cloison de la chambre pour aboutir dans une seconde chambre tendue toute entière en noir mat. Ces supports, par l'intermédiaire de conducteurs, peuvent donc transmettre dans cette chambre l'étincelle du condensateur, sans qu'aucunes causes accidentelles (soit réflexions, soit dérivations) puissent en troubler la valeur lumineuse.

A portée de ces supports qui représentent ainsi les deux armures du condensateur, se trouve disposé un établi sur lequel sont montés, diagonalement l'un au-dessous de l'autre, deux longs cylindres mis en communication avec les deux armures du condensateur et traversés dans leur longueur par une rigole remplie de mercure. Entre ces cylindres peut circuler, sur un chemin à rainure et devant une règle graduée en millimètres, un chariot qui est mis en mouvement par une chaîne de Vaucanson engrenée à une manivelle. Ce chariot porte lui-même un excitateur, et les deux branches de cet excitateur, montées sur des colonnes de verre, sont en rapport avec les rigoles remplies de mercure, par un conducteur recourbé. Il résulte de cette disposition de l'appareil, que l'étincelle du condensateur peut être portée d'un bout à l'autre de l'établi et que son déplacement peut être apprécié à une petite fraction de millimètre près.

Des deux branches de l'excitateur, l'une est mobile et fait partie d'un système *mycrométrique* au moyen duquel on peut estimer, de la manière la plus rigoureuse, la distance d'explosion de l'étincelle.

Le photomètre proprement dit consiste dans un disque de papier épais, de huit centimètres de diamètre, sur lequel ont été tracés soixante secteurs noirs et blancs et qui peut, au moyen d'un mécanisme d'horlogerie, exécuter deux cents à deux cent cinquante tours par seconde. Il est placé diagonalement à l'une des extrémités de l'établi, de manière à se présenter à la fois sous le même angle à l'étincelle électrique et à la lumière fixe qui est placée dans une boîte obscure et qui peut être, comme l'étincelle, avancée ou reculée sur un chemin à rainure, placé perpendiculairement au premier.

Il va sans dire que toutes les parties de cet appareil doivent être soigneusement recouvertes de peinture d'un noir mat, afin d'éviter la réflexion et que, dans l'expérience, il faut qu'on ait soi-même la tête enveloppée dans un capuchon de laine noire.

La manœuvre de l'appareil est facile à exécuter. Il ne s'agit pour cela que d'avancer ou de reculer le chariot de l'excitateur ainsi que celui de la lumière fixe dont on veut apprécier l'intensité, jusqu'à ce qu'on ait atteint la limite d'apparition des secteurs sur le photomètre. Cette double course est nécessaire, car une lumière dont la position serait fixe et qui serait trop vive pourrait empêcher l'illumination par l'étincelle, même quand celle-ci est le plus rapprochée possible du photomètre. En éloignant alors la lumière on rend possible l'expérience et, comme les distances sont marquées, il est facile de les faire intervenir dans le calcul. Quand donc la limite d'apparition des secteurs a été obtenue, il ne s'agit plus que d'examiner les distances des deux foyers lumineux par rapport au photomètre et l'on obtient un rapport qui, comparé à l'unité photométrique, donne le véritable chiffre de l'intensité lumineuse que l'on cherche.

Dans ce système l'unité peut être arbitraire, mais le terme de comparaison est toujours fixe, car il est évident que les secteurs disparaîtront toujours pour une même quantité de lumière fixe. Les rapports exprimés en millimètres pourront donc être réduits à un même dénominateur et exprimer, sans qu'il soit besoin d'un type de lumière, une quantité plus ou moins grande d'une même fraction.

En opérant dans les conditions d'exactitude les plus avantageuses et en prenant pour lumière fixe, celle d'une lampe carcel bien réglée, M. Masson s'est assuré que l'intensité de la lumière d'une étincelle électrique, produite par la décharge d'un condensateur dans des conditions constantes était invariable, quelque temps, d'ailleurs, qu'on fût à le charger.

C'est à l'aide de ce photomètre que M. Masson a pu reconnaître les lois suivantes, qui sont très importantes :

1° L'intensité de la lumière électrique varie en raison inverse du carré des distances de cette lumière aux surfaces éclairées.

2° L'intensité de l'étincelle varie proportionnellement aux surfaces des condensateurs et en raison inverse de leurs épaisseurs.

Les applications du photomètre électrique sont nombreuses. Possédant une lumière électrique constante, on pourra étudier, comme nous l'avons dit, les rapports des intensités des lumières fixes et aborder la question économique de l'éclairage, question non moins importante pour une grande ville que celle de la distribution des eaux. Ayant déterminé l'unité photométrique, la solution des grandes questions de photométrie météorologique telle que la mesure des intensités lumineures des astres, des éclairs, des étoiles filantes, des bolides, etc., deviendra possible; on pourra comparer les intensités de la lumière solaire à diverses époques du jour, de l'année et trouver le pouvoir absorbant de l'atmosphère. On pourra encore calculer l'absorption de la lumière par les différents milieux, ainsi que l'intensité des lumières réfléchies ou transmises. Enfin, les modifications que peut facilement subir le photomètre, donnent l'espoir de mesurer les intensités des différents rayons de la lumière décomposée par les prismes de différente nature.

Actinomètre électrique de M. Ed. Becquerel. — « Cet appareil, dit M. Ed. Becquerel, (1) a pour objet de manifester les courants électriques dûs à l'action chimique de la

(1) **Extrait** d'une lettre de M. E. Becquerel à M. Th. du Moncel.

lumière, et est fondé sur ce principe que, si l'on place sur une lame de platine ou d'or un composé tel que du chlorure d'argent, l'iodure d'argent, etc., qui se décompose par l'action des rayons solaires, la réaction chimique qui a lieu donne naissance à un courant électrique accusé par un galvanomètre, si l'appareil est convenablement disposé.

» J'ai étudié de cette manière, continue M. Becquerel, les effets électriques obtenus en prenant différentes substances impressionnables; mais celle qui a le plus souvent servi à mes expériences est précisément celle qui reproduit les couleurs des rayons lumineux actifs. Comme cette substance (qui n'est autre chose que du chlorure d'argent ou chlorure violet) est une espèce de *rétine* artificielle; j'ai pensé que dans l'actinomètre, elle serait sensible dans les mêmes conditions que la rétine et pourrait servir à étudier les actions des rayons différemment réfrangibles.

» En effet, cet appareil pour les rayons lumineux est analogue à la pile thermo-électrique pour les rayons calorifiques. La substance sensible est aussi impressionnable entre les mêmes réfrangibilités que la rétine, et dans le spectre lumineux le maximum d'action a lieu au point où se trouve le maximum de lumière; seulement l'intensité des courants électriques produits n'est pas proportionnelle à l'intensité de l'action lumineuse, et ce n'est que par des moyens purement physiques que l'on peut se servir de l'appareil comme de photomètre. Ces moyens physiques sont de plusieurs genres : par exemple, on peut au moment des différentes expériences faire varier l'intensité du faisceau lumineux actif jusqu'à ce que le courant électrique ait acquis la même intensité, alors les rapports des faisceaux lumineux dans leurs conditions propres, peuvent facilement s'en déduire.

» Ainsi dans certaines conditions on peut employer cet appareil pour étudier les effets du rayonnement lumineux de même qu'on emploie la pile thermo-électrique pour étudier le rayonnement calorifique. Mais il ne faudrait pas croire qu'il puisse être appliqué immédiatement à l'étude des variations diurnes de la lumière du jour, car il est d'une manœuvre délicate; c'est plutôt un instrument destiné à des recherches scientifiques très précises qu'un appareil de météorologie. Cependant peut-être pourra-t-on plus tard en faire l'application à cette partie importante de la physique que vous étudiez avec tant de persévérance. »

Appareil pour déterminer la trajectoire des bolides. — Il ne suffit pas toujours, dit M. Liais, de fixer sur le ciel les points d'apparition et de disparition d'un bolide et d'évaluer le temps qu'il a été visible pour pouvoir le calculer. Il faut de plus remarquer les variations de son mouvement angulaire, afin d'avoir une base pour la mesure de la résistance qu'il éprouvait de la part de l'air. Sans doute, cette observation est souvent très difficile, mais les grands progrès que l'on a faits dans la photographie instantanée, permettent non-seulement d'évaluer ces variations, mais même de les mesurer. En effet, si l'on a deux daguerréotypes voisins, disposés de manière à pouvoir être ouverts simultanément en une fraction de seconde; si, dans l'un de ces daguerréotypes, la plaque est fixe, et si dans l'autre, elle est animée dans son plan d'un mouvement de rotation régulier et connu autour de son centre, il est clair qu'un bolide passant dans le champ de ces daguerréotypes tracera sur les deux plaques des lignes différentes, dont la comparaison permettra aisément de mesurer le temps que le bolide a employé pour parcourir telle portion de sa trajectoire, et, par conséquent, de connaître sa vitesse angulaire à divers instants. De plus, la plaque fixe ayant été orientée avec soin, on pourra déduire de la direction de la trace laissée sur elle par le météore, la position d'un plan mené du centre optique de l'objectif de la trajectoire apparente du bolide. Avec un seul daguerréotype, on n'embrasserait qu'une petite portion du ciel, mais, en en employant plusieurs, pointés *fixement* dans diverses directions, on pourra embrasser une grande partie du ciel autour du zénith. Si l'on avait ainsi une série de daguerréotypes à *deux* stations différentes convenablement éloignées, si tous ces daguerréotypes pouvaient être ouverts en une fraction de seconde au moyen d'un courant électrique qu'un observateur établirait par une légère pression du doigt sur un ressort, lorsqu'il verrait un bolide, (condition mécanique facile à réaliser de bien des manières), il est clair que l'on aurait ainsi tous les éléments nécessaires pour calculer complètement les bolides qui passeraient dans la région atmosphérique comprise à la fois dans le champ des daguerréotypes des *deux* stations. Cette région pourrait d'ailleurs être très vaste, en n'éloignant pas trop les stations et en employant plusieurs daguerréotypes à chacune d'elles.

Il serait utile d'établir une sonnerie qui fonctionnerait lorsque les daguerréotypes viendraient à s'ouvrir, afin de prévenir à chaque station, les personnes chargées de surveiller les instruments, de remplacer les plaques.

L'instantanéité de l'apparition des bolides, le peu de durée de leur visibilité, ne permettront jamais de mesurer à l'aide d'instruments ordinaires tous les éléments nécessaires pour les calculer. Il n'existera jamais d'autre moyen de substituer les mesures aux évaluations, qu'en leur faisant dessiner à eux-mêmes leur trajectoire à l'aide de la photographie, et dessiner même, pour ainsi dire, leur durée par la comparaison des images sur des plaques fixes, et sur des plaques ou des bandes de papier, animées de mouvements connus quelconques.

VI.

Applications diverses de la télégraphie électrique.

Considérée au point de vue des relations de peuple à peuple, de gouvernement à gouvernement, de famille à famille, d'individu à individu, la télégraphie électrique, en annulant les distances, comble un vide immense, et devient un bienfait vraiment providentiel et humanitaire d'une portée tellement incommensurable, que ce ne sera pas trop de quelques années encore pour le faire apprécier à sa juste valeur. « Le télégraphe électrique, dit M. Walker, a une existence à part; il ne peut être remplacé par rien, il fait ce que la poste ne peut pas faire; il distance les pigeons voyageurs, il va plus vite que le vent, il arrache le sablier de la main du temps, et efface les limites de l'espace. Or, pendant qu'il peut arriver que le télégraphe fasse des transports qui pourraient quelquefois s'opérer autrement, il faut que l'on ait recours à lui quand *tous les autres moyens ne sauraient le remplacer*, et quand il faut exécuter un service qu'il serait matériellement *impossible d'accomplir autrement*. Dans un grand pays commercial comme celui-ci, et dans un pays où les relations sociales sont si étendues, ces circonstances se présentent à chaque instant, et sont, comme nous le voyons par les dépêches qu'on nous confie, du caractère le plus varié.

» Si nous pouvions soulever le voile des secrets que nos rapports avec le public nous obligent de garder sur la correspondance dont on nous fait les dépositaires, il y aurait de quoi remplir plusieurs volumes d'anxiétés domestiques calmées par la télégraphie électrique. C'est surtout dans les circonstances graves et soudaines que le public a recours à nous, comme on a recours au médecin en cas de maladie. Ces anxiétés ont quelquefois un côté comique; d'autres fois, elles sont excessivement pénibles. Nous avons été chargés de commander un turbot et un cercueil, un dîner et un médecin, une nourrice au mois et une jaquette de course, une machine industrielle et une chaîne-câble, un uniforme d'officier et des glaces du lac de Wenham, un ecclésiastique et une perruque d'avocat, un étendard royal et un panier de vin, etc. Que d'objets divers les voyageurs de chemins de fer ont retrouvé au moyen du télégraphe! Ils avaient perdu dans des convois une lorgnette ou un cochon, une ombrelle, une bourse ou une bourriche d'huîtres, un grand habit ou une poupée, des boîtes et des caisses, *et id genus omne,* sans nombre.

» La liste suivante, qui est loin d'être complète, donnera quelque idée des diverses espèces et de la multiplicité des services rendus par le télégraphe :

Accidents.	Élections.	Passagers.
Annonces.	Adultères.	Paiements.
Rendez-vous.	Témoignages.	Polices.
Arrivées.	Fonds et partages.	Politique.
Arrestations.	Gouvernement.	Poste aux chevaux, etc
Banquiers.	Santé.	Rapports demandés.
Lits.	Hôtels.	Remises.
Billets.	Jugements.	Répit.
Naissances.	Pertes de bagage.	Vols.
Séditions.	Marché.	Mouvements royaux.
Conseils.	Médecins.	Sentences.
Courriers.	Météorologie.	Nouvelles navales.

Récoltes.	Accidens de convois.	Provisions de mer.
Douanes.	Meurtres.	Courses.
Morts.	Nouvelles.	Témoins.
Départs.	Nourrices.	Naufrages.
Dépêches.	Ordres.	

» En jetant les yeux sur cette liste, quelle confiance le public n'a-t-il pas dans le télégraphe ! Pour adresser à notre ami le plus cher une lettre remplie des plus secrètes pensées de notre cœur, et pour confier un tel document à des mains étrangères, à des hommes que nous n'avons jamais vus, dont nous n'avons aucune idée personnelle, il faut avoir une grande confiance, une grande foi dans les institutions de notre pays. Le facteur de la poste ignore les joies ou les douleurs qu'il porte; il en est tout autrement avec le télégraphe, nous sommes dans la confidence du public, nous connaissons la nouvelle que nous portons. La preuve que cette confiance a été bien placée, c'est l'augmentation progressive dans le nombre et la valeur des dépêches qui nous sont confiées. »

Enumérer tous les services rendus par la télégraphie électrique, serait chose impossible. M. l'abbé Moigno, d'ailleurs, dans son ouvrage de télégraphie électrique, a fait ressortir d'une manière fort curieuse les cas les plus importants qui se sont présentés sur les lignes depuis longtemps établies dans les deux-mondes. Nous n'insisterons donc pas sur cette question, et nous réserverons ce chapitre aux applications scientifiques qu'on a faites de la télégraphie pour la détermination de la longitude, les observations météorologiques et la transmission des temps. Nous verrons ensuite le parti qu'on peut en tirer dans les opérations militaires, à bord des navires et dans quelques cas particuliers.

Application de la télégraphie électrique à la détermination de la longitude des différents lieux. — Depuis longtemps, en Amérique, on s'est servi des nombreux réseaux électriques qui relient entre elles les principales villes de ce pays pour la détermination de leur longitude. Cet exemple vient d'être imité en Belgique et en Angleterre pour les villes de Greenwich, d'Edimbourg, de Bruxelles, et maintenant qu'une liaison électrique est établie entre l'Observatoire de Paris et celui de Greenwich, il est supposable que nous fournirons, d'ici peu de temps, un jalon de plus à la grande triangulation électrique du monde.

Il est facile de compendre la fonction du télégraphe électrique dans ce genre d'application. La longitude d'un lieu par rapport à un autre est donnée par la différence de l'heure du passage du soleil ou d'un astre fixe, au méridien de ces deux points du globe. Pour l'obtenir on se sert ordinairement d'un chronomètre ou montre marine que l'on règle sur le temps *vrai* du lieu que l'on quitte et que l'on compare ensuite au temps vrai du lieu où l'on observe. Mais on comprend facilement que quelque parfaits que soient ces chronomètres, ils ne le sont jamais assez pour donner une indication *rigoureusement exacte*. Il n'en est plus de même si une liaison électrique réunit les deux points dont on veut estimer la longitude réciproque. En effet, la transmission du fluide électrique pouvant être considérée comme instantanée, le moment du passage du soleil ou d'une étoile déterminée au méridien de l'un de ces deux points, peut être indiqué instantanément à l'autre point, et l'observateur de ce point peut alors calculer, par le temps écoulé entre le passage signalé et celui qu'il va observer, la longitude cherchée.

En Amérique, les observations ont été faites entre les villes de Washington, New-York et Philadelphie. Voici comment on a procédé :

« Après avoir déterminé notre temps local, écrit M. Loomis à M. Sabine, par des observations astronomiques, nous n'avons plus eu besoin que d'un signal qu'on pût saisir simultanément aux trois localités. Ce signal nous a été fourni par un aimant, à la manière ordinaire de communications télégraphiques Notre plan d'opération a été le suivant : à dix heures du soir, lorsque le service ordinaire de la compagnie a été terminé, nos trois observatoires ont été mis en communication l'un avec l'autre, et après que cette communication eut duré un temps suffisant pour avoir la certitude que tout était en bon ordre, New-York a commencé à donner les signaux. Au commencement d'une minute à mon horloge, je touchai la clef de mon registre et on a entendu simultanément un coup à New-York, à Philadelphie et à Washington. Les trois observateurs ont noté le temps, chacun à son horloge. Au bout de dix secondes j'ai répété un semblable signal et on a noté les temps ; après dix autres secondes j'ai renouvelé le signal, et ainsi de suite jusqu'à vingt fois. Après avoir attendu une minute, Philadelphie a répété la même série de signaux et on a de même noté les temps. Nous avons attendu encore une minute et Washington a répété les mêmes signaux. Nous avons donc obtenu ainsi soixantes comparaisons de nos horloges qui nous donnèrent la différence de nos longitudes avec une exactitude aussi grande que celle qui a été mise dans la détermination du temps local. »

Dans les observations entre Greenwich et Bruxelles, on a employé une méthode analogue, mais on y a ajouté celle de l'observation sidérale. Car, dit M. Airy, pour mettre parfaitement en évidence la différence de longitude, il est non-seulement nécessaire de comparer les deux horloges des passages, au moyen des signaux électriques, mais encore d'établir le rapport du temps donné par chaque horloge au temps sidéral de la localité par le moyen des observations du passage des étoiles au méridien. Prenant en considération la perfection des comparaisons électriques des horloges, les astronomes ont admis, comme un principe fondamental, que les signaux ne peuvent être regardés comme valables pour la longitude, qu'autant que le passage des étoiles au méridien a été observé aux deux stations un instant très court avant ou après la comparaison.

Application de la télégraphie électrique aux observations météorologiques. — Nous avons déjà eu l'occasion de dire, au sujet des enregistreurs électriques, que les observations météorologiques ne pourront fournir de résultats concluants qu'autant qu'elles seront multipliées et faites simultanément sur différents points du globe. Cette simultanéité d'observation si nécessaire pour les observations en général, le devient surtout dans l'étude de phénomènes anormaux et lors des cataclismes qui peuvent survenir. Ainsi on peut comprendre combien serait utile au moment d'une trombe, d'un ouragan ou d'une grêle extraordinaire, une correspondance électro-météorologique qui indiquerait l'étendue, la circonscription, la hauteur et les caractères particuliers de ces fléaux destructeurs en différents points de leur étendue. L'observateur serait dès lors en possession d'un œil gigantesque qui pourrait lui faire apprécier dans son ensemble aussi bien que dans ses détails, ces différents phénomènes, et il lui serait alors possible de les analyser, de les expliquer, peut-être même de les prévoir, ou tout au moins de prévenir à l'avance les pays qui pourraient en subir les effets désastreux; un homme averti en vaut deux, et il est certain que dans beaucoup de cas cette application aurait un but d'utilité directe.

Pour n'en citer qu'un exemple, supposons que des lignes télégraphiques soient établies sur le cours des fleuves les plus sujets aux inondations. Aussitôt qu'un violent orage se manifestera à la partie supérieure de ce cours d'eau, à l'instant même cet accident météorique sera signalé dans tous les lieux menacés d'une crue trop rapide. Les préposés ouvriront les écluses et, au moyen de la téléphonie, ils feront lever les vannes de décharge; les eaux torrentielles s'écouleront par de larges issues et le cultivateur aura sauvé sa récolte. Ce procédé, on le voit, est plus sûr que le nilomètre ou l'ombromètre.

Les aurores boréales, sur l'origine et même la hauteur desquelles les savants ne sont pas encore aujourd'hui d'accord, pourraient, par la simultanéité des observations, être étudiées d'une manière beaucoup plus certaine. Par leur apparition simultanée en tels ou tels points du globe, on pourrait reconnaître définitivement leur hauteur, leur étendue et le point de leur apparition.

Le temps beau ou mauvais, chaud ou froid, sec ou humide dépend, dans un lieu donné, dit M. Ball, de certaines causes ou conditions physiques de chaleur, de pression atmosphérique, d'humidité, de direction et de vitesse du vent. Quelques-unes de ces causes sont particulièrement locales en ce sens qu'elles naissent et peuvent être immédiatement observées au lieu où l'on est. Les autres, au contraire, le vent, par exemple, avec sa direction et sa vitesse, naissent ailleurs à une certaine distance et ne viennent exercer leur influence sur l'état atmosphérique du lieu où est placé l'observateur qu'après avoir parcouru une distance plus ou moins longue, avec une vitesse plus ou moins grande. L'influence des premières causes, pression atmosphérique, température, état du ciel, etc., est en général moins grande; elle peut, dans tous les cas, être appréciée et comme prédite d'avance par une série plus ou moins longue d'observations météorologiques faites dans le lieu dont il s'agit. Mais les secondes causes qui sont nées ailleurs et qui viennent après un temps plus ou moins long exercer leur influence perturbatrice, avaient jusqu'ici pour caractère essentiel *l'imprévu,* de telle sorte que prédire le temps semblait une prétention ridicule, une tentative téméraire, une idée chimérique. En serait-il encore ainsi, maintenant que le télégraphe électrique fonctionne? évidemment non. Admettons en effet qu'il s'agisse de Londres, et que chaque jour ou deux fois par jour, nous y recevions par le télégraphe électrique les observations météorologiques des points les plus éloignés de l'Europe, avec la pression barométrique, la température, le degré d'humidité, la direction, la vitesse et la force des vents. De fait, toutes ces indications avec les moyens actuels et les communications établies, peuvent parvenir dans un espace de temps infiniment court. Or, comme en général la vitesse des vents ne dépasse pas vingt milles à l'heure, il résulte de la transmission comme instantanée du télégraphe électrique, qu'à Londres on saura assez longtemps à l'avance qu'un vent, né ou apparu dans l'une des régions dont nous venons de parler, s'avance avec tel degré d'intensité en parcourant tant de lieues à l'heure, et que l'on pourra annoncer jusqu'au moment exact de son arrivée. Et parce qu'après avoir éliminé d'avance, par l'expérience d'un très grand nombre d'années et de longues séries d'observations, l'influence des causes locales, on sait réellement le temps qu'amène le vent dont nous parlons, on prendra ce temps avec une sorte d'infaillibilité. Le grand, l'immense problème des temps modernes sera ainsi résolu, et la météorologie sera devenue une science pratique aussi sûre que l'astronomie dans ses indications prophétiques.

Sans aller aussi loin et sans être aussi affirmatif que M. Ball, je crois que tout l'avenir de la météorologie est dans ce genre d'application de la télégraphie électrique.

Transmission du temps moyen. — Il est facile de comprendre de quelle importance serait pour une ville et surtout une ville maritime un régulateur chronométrique, sans cesse réglé d'après la marche des astres et sur lequel pourraient être réglées les montres marines. Mais un régulateur de ce genre exigerait un astronome et même un petit observatoire. Or, peu de villes seraient en état de se donner un luxe de cette sorte. Heureusement, la télégraphie électrique a pu être, en cela, d'un grand secours. Ainsi, par le moyen d'une horloge-type parfaitement réglée, et le système des fils conducteurs qui relient l'Observatoire de Greenwich avec la station centrale au pont de Londres et avec la compagnie du chemin de fer du sud-est, des signaux horaires, donnant exactement le temps solaire moyen de Greenwich, sont transmis aux bureaux de la compagnie du télégraphe électrique à Lathburg, dans le Strand à Londres, à Tunbridge, à Deal, à Douvres, plusieurs fois par jour. La chute de ballons signaux est déterminée sur la tour du Strand et à Liverpool, simultanément avec la chute du ballon de Greenwich, à une heure de l'après-midi. Pareils systèmes ont été installés à Liverpool et à Edimbourg. « Dans cette dernière » ville, dit M. Airy, le ballon-signal a été installé sur la » haute tour du monument de Nelson dans le voisinage de » l'Observatoire ; il est en liaison immédiate avec l'horloge » des passages qui le fait tomber au moment voulu. Depuis » trois mois que cet appareil fonctionne, il s'est montré si » exact, si grandement utile, que des dispositions sont » prises pour installer de semblables ballons à Glascow, à » Greenock, à Dundée et autres ports de l'Écosse. La chute » de tous ces ballons sera déterminée simultanément par un » signal parti de l'Observatoire d'Edimbourg. »

En France, ce système de transmission du temps moyen n'est pas encore organisé ; mais, d'après les projets du nouveau directeur de l'Observatoire de Paris, l'heure pourra être fournie, d'ici à peu de temps, par l'Observatoire, aux cinq grands ports maritimes de France et dans les principaux quartiers de Paris.

Application de la télégraphie à bord des navires. — Sur les vaisseaux à vapeur, les ordres sont ordinairement transmis du tillac à la chambre des machines au moyen du porte-voix, et c'est un inconvénient grave pour les personnes du bord dont le repos est sans cesse troublé par des hurlements désagréables. On a eu l'heureuse idée de substituer le télégraphe électrique à ce moyen de communication barbare sur le yacht royal *Victoria et Albert;* l'appareil se compose simplement de deux timbres et de deux cadrans portant les deux indications suivantes : *en avant, en arrière, à toute vitesse, à demi-vitesse, lentement, arrêtez.* Avant de transmettre un ordre, l'officier, sur le tillac, fait sonner le timbre du machiniste, et celui-ci à son tour fait sonner le timbre du capitaine pour annoncer qu'il est sur ses gardes. Le capitaine alors, à l'aide de sa manivelle, fait arriver l'aiguille de son cadran sur le signal ou ordre qu'il s'agit de transmettre; l'aiguille du cadran que le machiniste regarde prend aussitôt la même position, et l'ordre est transmis. Il n'est pas douteux que dans un court délai cette méthode si simple sera partout adoptée.

La télégraphie électrique utilisée en cas d'incendie. — La direction de la bibliothèque royale de Berlin, afin d'obtenir promptement des secours pour combattre tout incendie qui viendrait à éclater dans cet établissement ou dans le voisinage, a fait établir des fils télégraphiques souterrains partant des divers points de la bibliothèque et des logements des principaux conservateurs, et aboutissant à l'état-major du corps des sapeurs-pompiers, où toujours 200 hommes, pourvus du matériel nécessaire, se tiennent prêts à se porter, au premier signal, partout où ils seraient appelés. En outre, la direction de la bibliothèque a fait construire une autre ligne télégraphique, pareillement souterraine, entre l'hôtel de la bibliothèque et celui du ministère de la guerre, auprès duquel il y a un nombreux poste d'infanterie, que le ministre a mis à la disposition de la direction de la bibliothèque pour tout cas d'incendie. Un seul mouvement de l'aiguille du cadran de chacun de ces télégraphes suffit pour annoncer le besoin de secours.

Applications de la télégraphie électrique aux opérations militaires. — Une armée un peu considérable, au moment d'une bataille rangée, se développe sur une grande étendue de terrain. Le général en chef se place avec son état-major dans le lieu le plus convenable pour embrasser d'un seul coup-d'œil l'ensemble du champ de bataille, et suivre, autant que possible, les différentes phases du combat. C'est de là, et par l'intermédiaire de ses aides-de-camp, qu'il transmet aux différents corps de l'armée ses ordres pour les manœuvres à exécuter, suivant les nouvelles qui lui sont apportées, et la manière dont il voit le combat engagé. Souvent le gain d'une bataille dépend de la promptitude avec laquelle ces ordres sont exécutés. Or, avec les moyens ordinaires, que de retards peuvent survenir ! L'aide-de-camp peut être tué, un obstacle insurmontable, une rivière, par exemple, peut le forcer à faire un grand détour, et, pendant ce temps, l'aspect de la bataille peut avoir changé ; telle manœuvre qui aurait pu être urgente au moment où elle a été commandée, peut devenir nuisible, et voilà une victoire compromise pour une cause en apparence minime. N'est-ce pas le cas, ou jamais, d'avoir recours à la télégraphie électrique ?

Supposez, en effet, que chaque corps d'armée, et même chaque division, possède un télégraphe électrique portatif, et que tous ces télégraphes soient en rapport avec un télégraphe central, qui sera celui du quartier général. Tous les ordres et toutes les nouvelles pourront être transmis instantanément du général en chef aux différents corps de l'armée, et de ceux-ci au général en chef. Dès lors, la partie peut être jouée savamment, sans que des circonstances accidentelles viennent déranger les combinaisons, et le général peut déployer alors toute sa tactique et son habileté.

Quant à l'application matérielle de ce système de communication, rien de plus facile. Chaque division de l'armée se fait suivre d'un charriot sur lequel est placé le télégraphe et ses accessoires, c'est-à-dire la pile et les fils conducteurs. Sur ces fils, au nombre de deux, glissent des supports en porcelaine, qui peuvent s'accrocher à la baïonnette d'un fusil, à deux hauteurs différentes, et des hommes postés à distance suffisante, peuvent servir de poteaux ambulants pour le soutien de ces fils.

Les télégraphes portatifs que M. Breguet a destinés aux convois de chemins de fer, remplissent parfaitement les conditions voulues pour cette application.

VII.

Application de l'électricité à la médecine et à la chirurgie. (1)

Nous avons déjà étudié sous le nom d'appareils électro-médicaux les divers instruments électriques actuellement en usage dans la médecine, mais nous n'avons pas parlé de la manière de les employer, ni des maladies auxquelles ils

(1) La plupart des renseignements qui vont suivre ont été résumés d'après l'ouvrage de M. Guitard sur l'histoire de l'électricité médicale.

devaient être appliqués principalement. C'est ce que nous allons faire dans ce chapitre et nous en profiterons pour mentionner les divers perfectionnements qui ont été, dans ces derniers temps, apportés à ces appareils.

Comme je l'ai déjà dit, l'application de l'électricité à la médecine a été l'objet de la préoccupation des médecins dès le milieu du siècle dernier, et, bien qu'alors les instruments fussent d'un usage difficile, d'un effet fort capricieux, une foule d'expériences furent tentées et beaucoup de guérisons purent consacrer l'efficacité de ce genre de médication. C'est ainsi que, dès l'année 1748, le docteur Jallabert, de Genève, put reconnaître que l'électrisation avait pour effet médical : 1° d'activer la circulation du sang et d'élever, par cela même, la chaleur du corps ; 2° d'accélérer le retour périodique des femmes ; 3° de réveiller la sensation assoupie ou de provoquer dans les muscles une contraction suceptible de rappeler au mouvement un organe paralysé ; 4° enfin de faciliter par l'activité qu'elle donnait à la circulation du sang et la transpiration, la résolution des engorgements sanguins et glandulaires. Malgré les nombreux cas de réussite que ce médecin obtint, la médication électrique tomba quelque temps après en discrédit, et il fallut tous les succès de l'abbé Sans pour la remettre en honneur, et démontrer que les cas d'insuccès qu'on avait signalés devaient plutôt être attribués à une mauvaise application des effets électriques, qu'à la médication en elle-même.(1) D'autres essais tentés par

(1) L'abbé Sans fit au couvent des Augustines, de Perpignan, une si belle cure sur une des religieuses de cette communauté qu'après une délibération très en règle qu'on a conservée, celles-ci lui firent des remerciments au nom du *Chapitre*, et lui remirent une attestation relatant que quatre-vingt-une heures, une minute 1/2 d'électricité distribuée en soixante-deux jours, ont produit *46 marcs, 5 onces, 7 gros 1/4 de force, et une entière guérison de la paralysie* de Mme d'Esprer religieuse chanoinesse de l'ordre de St-Augustin de Perpignan. (C'était en 1768.)

MM. Bertholon , Mazars de Cazèles, Sigaud de Le Fond, Sauvage de Haën, de Lindulf et autres prouvèrent que l'électrisation convenablement appliquée pouvait guérir des sciatiques, des douleurs chroniques, des crampes, des rhumatismes articulaires et goutteux, des tumeurs lymphatiques des engorgements scrofuleux, des emyplégies, des luxations, des hydarthroses, des amauroses, des ophethalmies, des fistules lacrymales, des engelures, des glaucônes, des fièvres tierces et quartes, des ankiloses, des gales suppurantes, la dysmenorrhée, les courbatures, les convulsions, vapeurs, enfin différents cas de surdité et de cécité.

A cette époque on n'employait que trois instruments en dehors de la machine électrique et de son conducteur. C'étaient une bouteille de Leyde avec l'électromètre de Lanes, une jarre, un fauteuil ou un tabouret isolé sur des pieds de verre et des directeurs ou excitateurs en bois ou en métal. Mais on pouvait électriser de six manières : 1° par *soufle*; 2° par aigrettes; 3° par étincelles; 4° par commotions; 5° par frictions; 6° par bain. De ces différents modes d'électrisation, M. Sigaud de Le Fond en recommandait trois : 1° le bain électrique pour accélérer la circulation des fluides; 2° les étincelles pour donner de l'action à certains muscles relâchés; 3° la commotion pour agir dans le même cas que les étincelles, lorsque celles-ci ne suffisaient pas. Du reste, il attribuait à chacune des deux électricités une vertu différente. Suivant lui l'électricité négative serait favorable dans une foule de maladies nerveuses, qui ont pour cause un surabondance du fluide électrique, elle ralentirait les pulsations dans un rapport de 2 à 80, tandis que l'électricité positive les accélérait dans un rapport de 6 à 80. Enfin l'électrisation, toujours d'après le même auteur, disposerait à la sueur, augmenterait la salive, donnerait des urines troubles et provoquerait des diarrhées.

Convaincu que l'état de santé chez l'homme et chez les animaux était le résultat d'un équilibre bien établi entre les deux électricités dégagées en eux par l'action vitale, M. l'abbé Bertholon proposa en 1780 un genre de médication qui consistait à ingérer celle des deux électricité qui était en moins chez les malades et dont l'absence, suivant lui, était l'unique cause des maladies. Pour apprécier la nature de cette électricité manquante ou excédante il consultait les causes extérieures qui avaient pu influer sur le malade, la nature du climat, le pays, l'état électrique de l'atmosphère, puis il étudiait les prédispositions et le caractère du malade lui-même, car disait-il, toutes ces causes extérieures qui agissent, comme tout le monde le sait, sur notre moral, réagissent également sur notre physique et tendent, suivant la disposition des individus, à rompre l'état d'équilibre électrique qui constitue leur état normal ou de santé. Il appliquait alors suivant que la rupture de cet équilibre s'était effectuée dans un sens ou dans l'autre, le traitement par l'électricité résineuse ou par l'électricité vitrée.

Suivant l'abbé Bertholon les maladies qui peuvent provenir de cette rupture d'équilibre dans l'état électrique du corps humain seraient : 1° les affections de la superficie ; 2° les fièvres ; 3° les inflammations ; 4° les spasmes ou les convulsions ; 5° les disponoïques ou essouflements ; 6° les faiblesses ou paralysies ; 7° les douleurs ; 8° les folies ; 9° les flux ; 10° les cachexies. La première catégorie de ces maladies exigeant une espèce d'évaporation des parties liquides des organes, devrait être traitée par l'électricité positive. Dans la seconde où deux effets diamétralement opposés sont produits, on pourrait employer alternativement les deux électricités, l'électricité vitrée ou positive dans la période du froid et l'électricité négative dans la période chaude. La troisième catégorie résultant de la présence d'une trop grande quantité d'électricité positive comme l'atteste le mouvement du sang dans les parties enflammées exigerait un électrisation négative. Il en serait de même de la 4e catégorie, mais il faudrait employer alors l'électrisation la plus douce, celle par le souffle ou par les aigrettes. La cinquième catégorie réclamerait l'électricité positive ainsi que la sixième. La septième catégorie pouvant provenir tantôt d'une trop grande quantité d'électricité, tantôt d'une trop faible, devrait être traitée, tantôt par l'électricité positive, tantôt par l'électricité négative. La huitième exigerait la commotion négative. Enfin les deux dernières catégories auraient une électrisation variée suivant les circonstances.

Comme on le voit, l'abbé Bertholon avait bâti, non-seulement tout un système médical, mais encore une théorie électro-physiologique qui était loin d'être démontrée. Pourtant de nos jours un médecin italien d'une certaine réputation, M. Poggioli a émis les mêmes idées théoriques. Que doit-on croire? et n'est-ce pas le cas de dire comme l'abbé de Lateignan :

> Que l'homme est grand! qu'il est petit !
> Qu'il est borné! qu'il a d'esprit !
> Prodigieux problême?
> Des astres il connaît le cours,
> Celui des saisons et des jours,
> Et s'ignore lui-même!

L'une des principales causes qui firent abandonner le traitement par l'électricité, à la fin du siècle dernier, fut le charlatanisme qui s'empara de cette branche de la science et alla même jusqu'à l'exploiter en place publique au grand désespoir des médecins progressistes. C'est ce que constate ce reproche du docteur Van-Troostwyski : si l'on demande à présent si l'électricité a été de quelqu'utilité à la médecine et, par conséquent, au genre humain, il faudra convenir que le charlatanisme de quelques physiciens italiens a été plus nuisible qu'utile..... peut-être même n'eut-on plus songé à l'électricité médicale, s'il ne se fut trouvé des savants qui la relevèrent avec éclat de l'abaissement ou elle se trouvait. Fort heureusement alors Galvani et Volta firent la découverte de l'électricité dynamique et ouvrirent ainsi un nouveau champ aux expériences médicales.

Il est résulté des nombreuses expériences faites par MM. Humboldt, Aldini, Labaume, Fabré-Palaprat, Ritter, Bichoff, Majon, Rossi, Grapengiesser, Baudelocque, Bermundi, Pravaz, Le Roy, d'Etiole, Andrieux, Fozembas, Matteucci, Bailly et Meyraux, Prevost et Dumas, Récamier, Tavignot, etc. que la galvanisation avait sur les êtres animés et dans son application aux maladies, des effets analogues à ceux de l'électricité et une efficacité généralement plus décisive; qu'on pourrait par conséquent, en l'appliquant, accélérer la circulation du sang, augmenter la transpiration, opérer l'excrétion de certains fluides et l'expulsion des matières alvines, coaguler le sang, troubler la limpidité de la bile et des urines, enfin guérir ou tout au moins soulager une foule de maladies telles que : affections rhumatismales, sciatiques, goutte, asphyxies, certains genres de folies, spasmes, hernies scrotales, tumeurs inflammatoires, dysepessie, maladies de foie, maladies des viscères abdominaux, maladies de reins, diabètes, maladies de vessie, paralysies, paraplégies, hypocondre, asthmes, atrophies, phthisie, hydrocèles, hydatides, scrofules, maladies mercurielles, varicocèles, sarcocèles, amenhorrée, dysmenorhée, déviations de l'utérus, tic douloureux, goîtres, entorses, relâchements musculaires, cécité, amaurose, surdité, invaginations intestinables, accouchements dont le travail se ralentit, hémorragies, etc., etc.

On put reconnaître en outre que la galvanisation avait des caractères particuliers et susceptibles d'une application spéciale, par exemple, que la contraction musculaire s'effectuait toujours en sens inverse du courant, c'est-à-dire dans le sens du pôle négatif au pôle positif, et qu'il résultait de cette propriété qu'on pouvait en variant le sens du courant provoquer de la part du tube intestinal des vomissements ou des évacuations alvines ou, en d'autres termes, déterminer le mouvement péristaltique ou antipéristaltique du tube digestif. On s'assura également que le galvanisme réagissait au suprème degré sur la rétine en produisant la sensation de l'éclair; stimulait la moële épinière, les filets nerveux mêmes isolés, le système ganglionaire et lymphatique; modifiait dans certaines circonstances les sensations, le goût et l'odorat surtout; enfin pouvait être employée comme Emménagogue.

Suivant Labaume, il ne faudrait pas employer le galvanisme pour les maladies inflammatoires aigües et les excitations nerveuses, mais bien comme topique dans quelques infirmités locales qui ne tiennent pas à un état constitutionnel ou a un changement organique des parties, ou comme palliatif dans le cas des lésions fonctionelles. D'après le même auteur, ce fluide est stimulant, dérivatif et désobstruant; il a une action puissante sur les nerfs, les muscles et le système circulatoire, il tonifie les organes chylifères et devient très efficace dans les maladies du foie. La guérison qu'il procure est généralement durable parcequ'il est un excitant naturel. Les contractions qu'il provoque sont beaucoup plus générales que celle de l'électricité statique et s'étendent beaucoup plus loin, mais les muscles répondent plus longtemps que le cœur à cet excitant; enfin les stimulants ordinaires associés au galvanisme en augmentent beaucoup l'énergie.

Tant à cause de ses effets continus que de son action plus douce et de son administration plus facile, la galvanisation n'eut pas de peine à détrôner l'ancienne électrisation, et même à la faire complètement oublier. Pourtant, comme on l'a reconnu depuis, chacun de ces deux modes de traitement électrique a, dans certains cas, des avantages particuliers qui ne peuvent être remplacés. Aussi, maintenant les médecins considèrent-ils l'électrisation statique (par les machines) comme pouvant être employée concurremment avec la galvanisation. Du reste, il était réservé au galvanisme d'être détrôné à son tour par l'électrisation d'induction, de sorte qu'en ce moment le traitement électro-médical se compose de trois genres d'électrisation : *électrisation statique, galvanisation, électrisation par induction.* Ce dernier tient le milieu entre les deux autres, c'est-à-dire que ses effets, par rapport à la commotion, sont plus énergiques que ceux de la pile et ont l'avantage d'être continus, ce que n'ont pas ceux de l'électricité statique.

Un des caractères principaux de l'électricité d'induction est d'agir avec énergie sur la contraction musculaire, sans cependant avoir d'action sur la rétine comme le galvanisme. C'est donc le mode d'électrisation le plus convenable pour les maladies nerveuses de la face. Quoique son action calorifique ne soit pas aussi puissante que celle de la pile, ce fluide fait éprouver quelquefois une sensation de brûlure, surtout quand il est mis en action par l'intermédiaire d'un excitateur pointu et qu'on provoque son effet stimulant sur le rachis. Dans ce dernier cas, cette sensation de brûlure est insupportable. Dirigée sur la masse cérébrale, l'électricité d'induction y produit : céphalalgie, défaillances, douleurs lancinantes, troubles de l'intelligence et des sens. Des bourdonnements d'oreille et une surdité momentanée sont les conséquences de son application aux oreilles. La sensation tactile est tantôt exagérée, tantôt abolie. Enfin, son application sur la langue fait éprouver une sensation salée, tandisqu'avec la pile, cette sensation est acide.

Il n'est pas indifférent de faire les électrisations d'une

manière ou d'une autre, c'est-à-dire de placer les excitateurs
en tel ou tel point. Ainsi, il existe trois procédés d'électrisation qui ont chacun un effet différent : 1° l'électrisation
musculaire directe, qui s'obtient en plaçant les deux excitateurs sur deux points très rapprochés d'un muscle ou sur
les deux extrémités; 2° l'électrisation musculaire indirecte,
par laquelle le fluide parcours le trajet des nerfs principaux
de la partie affectée; 3° l'électrisation musculaire mixte,
qui consiste à appliquer un excitateur sur un tronc nerveux
principal, tandis que l'autre passe successivement sur
chacun des points des muscles auxquels ce nerf distribue
des rameaux. On peut encore électriser par simple friction
(c'est ainsi qu'il est toujours bon de commencer), par courant
continu, par saccades et par intermittences qui peuvent être
plus ou moins rapprochées et plus ou moins longues. En
général, il faut que le courant traverse dans son trajet la
partie malade.

Les accidents qui peuvent résulter de l'électrisation mal
appliquée sont de trois sortes; les plus faibles et les plus
inoffensifs sont *les tremblements électriques;* ils sont ca-
ractérisés par un tremblement convulsif de la partie électrisée
qui se manifeste après l'électrisation; d'autres entraînant
des troubles de l'intelligence, la céphalogie, les vertiges,
la démarche chancelante, constituent *l'ivresse électrique.*
D'autres, enfin, ont pour effet une véritable paralysie, éphémère à la vérité, comme les deux autres genres d'accidents,
quoique plus tenace, on leur a donné le nom de *paralysie
électrique.*

DES DIFFÉRENTES MANIÈRES D'APPLIQUER L'ÉLECTRICITÉ MÉDICALE.

ÉLECTRISATION DES MACHINES. — Nous avons vu que les

médecins du siècle dernier avaient six manières d'appliquer l'électrisation. De ces six manières nous en étudierons seulement cinq : le bain, les pointes, l'étincelle, la commotion et la friction. Sans doute les moyens électriques que nous possédons aujourd'hui pourraient rendre inutile l'explication de ces anciens procédés; mais comme il n'est pas encore démontré que les effets opérés par les moyens électriques modernes doivent être employés exclusivement de préférence aux moyens anciens et que beaucoup de médecins habiles prétendent le contraire. Nous étudierons successivement les différents modes d'application de l'électrisation.

Bains électriques. — Le bain électrique, la plus ancienne de toutes les méthodes, consistait à isoler le malade et à le plonger dans une atmosphère électrique. Il avait pour résultat l'accélération du pouls, l'augmentation de la transpiration et des autres secrétions. Le bain pouvait être positif ou négatif. Dans le premier cas, il avait, disait-on, une action limitée sur la peau; dans le second, il avait, d'après Giacomi, une action hyposthénisante, en soustrayant une dose plus ou moins considérable de l'électricité naturelle du corps; ce qui n'est pas prouvé.

Electrisation par pointes. — Avec ce genre d'électrisation, le malade, d'après **M.** Thillaye, peut être isolé ou en communication avec le sol; les effets physiques sont les mêmes. Le malade éprouve un vent frais, agréable, applicable même aux organes les plus délicats.

Les pointes peuvent être métalliques, en bois sec ou humide, elles peuvent être aiguës ou émoussées; mais il en résulte, bien entendu, des variations dans la rapidité et l'intensité de l'action. Une des modifications de cette méthode consiste à placer le malade entre deux pointes dont une isolée apporte le fluide, tandis que la seconde le soutire pour le rendre au réservoir commun. Certains auteurs prétendent même qu'il existe une différence entre le souffle électrique dirigé par une pointe isolée et en communication avec la machine et celui que fait éprouver une pointe en communication avec le sol, le corps étant en rapport direct avec la machine. Quoiqu'il en soit il faut pour que ce genre d'électrisation s'effectue, que la pointe soit suffisamment éloignée pourqu'il n'y ait pas décharge ou étincelle.

Electrisation par étincelles. — On peut isoler ou non le le malade. L'intensité des étincelles dépend du diamètre des excitateurs physiques, qu'on présente au malade, de la rapidité de rotation de la machine et de la communication avec le sol ce qui transforme l'étincelle en commotion. L'étincelle peut produire la contraction du muscle qui la reçoit, la rougeur de la peau et quelquefois des pustules plus ou moins nombreuses; mais le plus souvent son action est limitée à la peau. Le malade éprouve une sensation de chaleur et de cuisson au point de contact. L'étincelle négative donne une sensation plus cuisante que l'étincelle positive.

Electrisation par commotions. — Elle ne diffère de la précédente que par la quantité plus grande du fluide mis en mouvement et par la direction déterminée qu'on lui fait suivre entre deux surfaces dont l'équilibre a été rompu. La force des commotions est en rapport avec l'étendue des surfaces métalliques du condensateur que l'on emploie. Plus la bouteille de Leyde sera grande, plus, par conséquent, la commotion sera forte.

Ce genre de commotion émeut davantage et frappe plus fort que les décharges galvaniques mais il pénètre moins que ces dernières. Il est nécessaire de graduer la commotion. Cavallo, Wilkinson et Mauduyt recommandent de ne jamais excéder le degré que le malade peut supporter sans peine.

Electrisation par frictions. — On se sert pour l'administrer de brosses métalliques mises en communication par une chaîne avec la machine et que l'on tient à l'aide d'un manche en verre.

Voici les conclusions de M. Thillaye relativement aux modes d'électrisation qu'il faut employer suivant les circonstances :

L'expérience a démontré, dit-il, qu'il y a certaines précautions à prendre dans l'administration de l'électricité : 1° Il faut voir si l'électrisation ne pourra pas influer facilement sur quelqu'autre maladie concomitante ou intercurrente. 2° L'on donnera d'abord l'électricité *la plus faible,* et l'on augmentera jusqu'à la dose convenable à la maladie et au tempérament du malade. 3° Il faut continuer *assez long-temps* quand même on n'aurait pas *tout d'abord* des succès bien marqués ; beaucoup d'autres remèdes n'opèrent aussi qu'avec le temps. 4° L'on n'emploiera jamais un traitement vigoureux lorsqu'un plus faible pourrait suffire. 5° L'électrisation ne devra jamais empêcher l'administration d'autres remèdes agissant dans le même sens, tels que frictions, vessicatoires purgatifs et désobstruants.

Ces préceptes donnés par M. Thillaye, en 1803, sont encore ceux qu'il convient de suivre aujourd'hui dans l'administration de l'électricité, car cet agent n'est pas, comme certains médecins l'ont avancé, *inoffensif ;* on pourrait citer plusieurs exemples où son application a provoqué des maladies.

M. Thillaye prétend que dans le rhumatisme il convient d'employer le bain, la pointe, de légères étincelles et très rarement de faibles commotions ; qu'il faut traiter les ophthalmies par la pointe aussi bien que les suppressions ; que contre les épilepsies, les mouvements convulsifs et le tétanos, il faut appliquer des commotions vigoureuses, mais toujours en rapport avec l'âge, la sensibilité de la peau, la susceptibilité et la constitution du malade ; qu'il faut donner aux hemyplégiques des bains, des étincelles et des commotions; que pour la paralysie des sens on se trouvera bien des pointes en bois et de faibles commotions; qu'enfin pour l'asphyxie il ne faut pas craindre d'agir vigoureusement et d'user du moyen qui donne le plus d'ébranlement de toute la machine.

GALVANISATION. — Le galvanisme, comme l'électricité des machines, peut s'administrer de plusieurs manières différentes : 1° par bains; 2° par le simple courant; 3° par commotions; 4° par l'acupuncture ou galvano-puncture; 5° par moxas; 6° par cautérisation; 7° par applications galvaniques, telles que cataplasmes galvaniques, tissus galvaniques, chaînes galvaniques, etc.

Galvanisation par bains. — On fait communiquer par l'intermédiaire d'une grande plaque métallique l'un des pôles d'une pile à auges d'un plus ou moins grand nombre d'éléments, suivant la force électrique que l'on veut obtenir, au liquide de la baignoire que l'on a préalablement acidulé ou salé, en ayant soin que le fil qui supporte cette plaque soit isolé du métal de la baignoire elle-même. L'autre pôle est en contact avec cette baignoire, de telle sorte que le courant galvanique passe forcément par le liquide et le corps du malade qui s'y trouve plongé. Les effets physiologiques de ce genre d'électrisation sont doux et peu marqués, ils provoquent la transpiration et le sommeil et favorise les secrétions. Dans le cas où l'on voudrait par ce moyen localiser l'effet électrique, on supprimerait la communication avec la baignoire et on appliquerait sur la partie malade le pôle libre de la pile. En retirant de l'eau la plaque qui s'y trouve plongée et en la plongeant de nouveau à plusieurs reprises plus ou moins rapprochées on obtiendrait de la part du bain certaines commotions douces qui peuvent être d'un effet avantageux.

Galvanisation par simple courant. — Les effets physio-

logiques du courant continu de la pile dépendent essentiellement de son énergie, de la surface des plaques métalliques en
contact avec les différentes parties du corps et de l'état plus
ou moins humide de la peau. En conséquence les pôles de
la pile doivent être fixés soit à des plaques en métal peu
oxydable que l'on adapte à des ceintures ou à des bandages,
ou dont on fait des manipules, soit à des boules, pointes ou
pinceaux métalliques, soit enfin à des éponges que l'on
imbibe d'eau rendue conductrice par quelques gouttes d'acide
sulfurique. Les effets physiologiques sont, à ce qu'il paraît,
très différents suivant qu'on fait usage de ces divers accessoires. Avec les pointes ou les boules on concentre l'action
électrique; avec le pinceau métallique on l'étend et on la
divise; avec les plaques on la disperse; enfin avec l'éponge ou
la brosse imbibée on détruit l'effet calorifique ou de brûlure
qui se manifeste avec les autres excitateurs, pour ne laisser
subsister que l'action purement surexcitante. Ce dernier
système d'excitateur a d'ailleurs l'avantage de permettre
l'introduction des courants dans la bouche et les oreilles.
Ces accessoires peuvent, comme on le comprend aisément,
s'adapter à tous les courants électriques qu'ils soient simplement voltaïques ou d'induction, qu'ils proviennent de piles
à auges ou de chaînes galvaniques. Nous verrons bientôt
comment ils ont été combinés par MM. Boulu et autres,
pour la confection de cataplasmes, ventouses et sacs électriques. Quand la pile est forte, ce mode d'application du
galvanisme a pour effet physiologique des contractions assez
énergiques, sans commotions avec un sentiment d'engourdissement qui n'a rien de douloureux, car les commotions
violentes ne sont pas, comme je l'ai déjà dit au sujet des
appareils électro-médicaux, le propre des courants continus.
Quand la pile est faible, ce sentiment d'engourdissement se
change en un chatouillement qui n'a rien de désagréable,

avec un accompagnement de chaleur douce. L'action prolongée du courant avec les plaques métalliques entraîne une irritation marquée des parties de la peau où elles sont appliquées, comme le démontrent les pustules blanches qui en sont la conséquence. Les effets subséquents de ces courants sont : le développement de l'énergie générale, une transpiration légère avec calme et une diminution des douleurs,

Galvanisation par commotions. — Nous avons vu dans notre premier volume, que l'énergie des courants voltaïques sous le rapport de la commotion, dépendait toute entière de leur discontinuité d'action et de la promptitude avec laquelle on les interrompait. C'est en se fondant sur cette propriété que M. Pulver-Macher a adapté à ses chaînes électriques un interrupteur mécanique dont les interruptions sont susceptibles d'être réglées à la volonté du médecin. Avec ce système les commotions se succèdent sans interruption et produisent sur l'économie animale un effet beaucoup plus complet, beaucoup plus important que celui des bouteilles de Leyde. Elles excitent plus vivement la sensibilité cutanée, désorganisent moins la peau et suscitent de plus violentes contractions musculaires.

Galvano-puncture. — L'acupuncture, due aux Chinois, et en grande vogue à Paris à une certaine époque, se pratique comme on le sait au moyen d'aiguilles très fines en or, en argent ou en acier, que l'on enfonce dans les chairs et qui peuvent atteindre, sans inconvénients, les organes les plus profondément situés. En mettant ces aiguilles en rapport avec un courant électrique très faible, on doit donc avoir une action beaucoup plus directe, beaucoup plus énergique, sur ceux de nos organes qui sont profondément cachés, que par une électrisation superficielle. La galvano-puncture et l'électro-puncture ont donné de fort belles cures à MM.

Fabré-Palaprat, Person, Ferro, Récamier, Eberr, etc. Pour bien pratiquer l'électro-puncture, dit M. Massé, il faut implanter les aiguilles en leur imprimant un mouvement de rotation, il faut procéder par saccades, contrairement aux préceptes de Labaume et donner des interruptions successives au courant pour empêcher les escharres gangréneuses aux points d'implantation. Enfin, régle générale, l'organe malade doit se trouver au milieu d'une ligne qui réunirait les deux conducteurs.

Moxa-galvanique. — Quand les décharges électriques appliquées sur le rachis n'ont pas un effet d'excitabilité suffisant, il est nécessaire de faire réagir la galvanisation de manière à produire l'effet des moxas. Pour cela deux vésicatoires sont appliqués à une certaine distance l'un de l'autre, mais de manière à ce que l'un deux soit dans le voisinage du membre ou de l'organe paralysé. Sur ce dernier vésicatoire est placé un disque de zing attaché à un fil de cuivre, sur l'autre est appliqué un disque d'argent. Ils sont tous deux recouverts d'une compresse mouillée couverte elle-même de taffetas gommé et les deux fils métalliques attachés à chaque disque sont mis en contact pour fermer le circuit. Le malade éprouve alors une sensation particulière, seulement sous le disque d'argent, mais il se forme sous le disque de zinc une couche de matière blanche assez épaisse semblable à la lymphe qui n'existe pas sous l'autre et qui finit par former un escharre, plus ou moins épais, qui tombe bientôt. **M.** Bird a obtenu par ce moyen des guérisons remarquables.

Galvanisation cautérisante. — La propriété qu'ont les courants électriques de rougir des fils métalliques de petite section, a été employée avec succès dans la médecine pour cautériser certaines fistules, plaies ou autres maladies de ce genre, et dans la chirurgie pour la section des chairs et leur cautérisation. Il faut pour cela de grandes piles de Grove ou de Bunsen à large surface, car dans ce cas c'est de *l'électricité de quantité* qui est nécessaire. L'effet cautérisant des fils de platine ainsi rougis, a été reconnu exister sur toute la longueur du fil, mais l'épaisseur des escharres est quelquefois plus grande aux points d'entrée et de sortie que vers le milieu du trajet. On s'est ensuite assuré que cette épaisseur des escharres était en rapport avec la grosseur du fil employé, la durée et l'intensité du courant et que la cautérisation était obtenue dans peu de secondes. M. Crussel, de Saint-Pétersbourg, a pu cautériser ainsi un fongus Hematode. M. Marshall, de Londres, en a fait autant à l'égard d'une fistule salivaire consécutive à plusieurs abcès de la joue; il lui a suffi d'introduire dans le trajet fistuleux un fil de platine très fin et de mettre en rapport les deux extrémités de ce fil qui ressortaient, l'une en dehors de la joue, l'autre dans la bouche, avec le circuit de la pile. Au bout de neuf secondes, le trajet fistuleux était cautérisé et le malade n'avait ressenti qu'une sensation de brûlure à la joue et de piqûre à l'intérieur de la bouche, sans aucune douleur dans le trajet fistuleux. L'escharre tomba le cinquième jour, l'ouverture était fermée le huitième et, onze jours après, la cautérisation était complète.

En employant le même procédé, M. Amussat, fils, a pu : 1° cautériser l'intérieur d'une grenouillette, du volume d'une grosse amande, et la guérir; 2° cautériser l'intérieur d'une vaste cavité anfractueuse, occupant toute la face postérieure de la glande mamaire droite, chez une femme de 24 ans, et la cicatriser ensuite; 3° cautériser extérieurement et intérieurement le col de l'utérus dans le cas d'engorgement avec ulcération de cette partie de l'organe; 4° faire l'ablation de deux tumeurs cancéreuses, l'une siégeant dans la paume de la main et ayant 10 centimètres en longueur et 8 en largeur, l'autre, plus volumineuse, dans la région mamaire. Du reste plusieurs médecins à Vienne ont employé ce moyen et il a toujours réussi.

Cataplasmes galvaniques. — Dans certains cas de paralysie, névralgie, dyspepsie, le docteur Recamier a employé avec un grand succès une combinaison galvanique à laquelle il a donné le nom de *cataplasme galvanique.* Chaque appareil se compose : 1° de deux disques métalliques, l'un rose, l'autre bleu, contenant chacun seize éléments, cuivre et zinc, avec pôles positifs et négatifs; 2° de coussinets dont l'une des deux faces des disques est munie, tandis que l'autre est piquée; 3° d'un conducteur métallique unissant les deux disques.

Pour en faire usage, on applique les disques à nu sur la peau du côté de la piqûre, et on les recouvre de leurs coussinets, de manière à ce que l'air ne puisse entrer entre les disques et la peau. La sueur provoquée par le cataplasme lui-même occasionne le départ de l'électricité. S'il n'en était pas ainsi, il suffirait d'humecter chaque disque avec de l'eau chaude, salée ou acidulée, ou bien encore d'interposer une flanelle imbibée d'eau salée. Rien n'empêche de mouiller cette flanelle avec une solution de sulfate de zinc, de sulfate de fer et d'iodure de potassium, pour agir plus efficacement dans certains cas. On applique cet appareil en se couchant, et on peut le garder six heures, douze heures et même vingt-quatre heures. Cependant, il vaut mieux en suspendre l'emploi de temps en temps. L'avantage de ce système galvanique, c'est qu'on peut répartir en des endroits du corps éloignés les uns des autres l'action de deux piles distinctes ayant pourtant une action homogène.

Tissu galvanique (improprement appelé *électro-magnétique*). — Ce tissu est un diminutif des cataplasmes galvaniques. Il est constitué par un tissu enduit de gutta-percha, saupoudré de poudre impalpable de cuivre et de zinc. On reconnaît aisément ses qualités électriques en le frottant légèrement avec un morceau de drap et en le présentant au-dessus des corps légers qu'il entraîne avec une légère crépitation. Son application donne lieu à une augmentation de chaleur, à des démangeaisons quelquefois insupportables, à une sueur plus ou moins abondante, et à l'apparition de petites vésicules très nombreuses. Il est préconisé contre la goutte, le rhumatisme, les névralgies en général, la gastralgie, la céphalée.

Un autre tissu galvanique, imaginé par M. Meynier, et appelé par lui tissu *idio-électrique*, jouit à peu près, bien que la nature de l'électricité produite soit différente, des mêmes propriétés que le précédent; il a pu être employé avec succès dans le traitement des névralgies. Il faut seulement qu'il soit frotté avant son application, car c'est de l'électricité statique qu'il dégage.

Chaînes galvaniques. — Nous avons déjà parlé des chaînes galvaniques de M. Pulver-Macher, et expliqué leur action. Les résultats avantageux qu'on a obtenus de leur application ont à tel point excité la convoitise des pharmaciens, médecins et autres, que chacun a voulu avoir une chaîne galvanique de son invention. Il va sans dire que toutes ces espèces de chaînes reposent sur le même principe, qu'elles ne varient que dans la forme ou la manière dont les divers éléments, cuivre et zinc, sont attachés ensemble; mais pour ces prétendus inventeurs, le point important était d'obtenir un brevet, et ils l'ont eu. C'est ainsi qu'au bureau des brevets d'invention on trouve les chaînes ou rubans galvaniques de Wiese et Jurisch, de Couventz, de Dutter, de Basset, de Gaumont, de Goldberger, de Tarnewitz, etc. Il est vrai, par exemple, que leur réputation, n'est pas sortie des cartons du ministère de l'agriculture et du commerce.

Au milieu de ce déluge de chaînes et rubans galvaniques, nous signalerons cependant les armatures métalliques du docteur Burq, qu'il prétend ne pas être galvaniques, ni même magnétiques ; du moins, c'est ainsi qu'elles sont annoncées sur la boutique rue Vivienne, qui en a le dépôt.

Les armatures métalliques du docteur Burq se composent de quatre, huit, douze, vingt, soixante, au plus, petites plaques ou éléments doubles en cuivre rouge et acier anglais, laiton et acier d'Allemagne, offrant alternativement d'un côté le cuivre rouge et le laiton, et sur le revers l'acier d'Angleterre et l'acier d'Allemagne. Chaque petite plaque présente en relief un dessin ou une légende, pour indiquer les différents modes d'application de ces chaînes et donner aux métaux une certaine rugosité qui leur est quelquefois fort utile.

On peut encore, en se servant d'une baignoire formée par égales parties de ces divers métaux, exercer leur effet simultané sur toutes les parties du corps.

En général, les effets médicaux de ces appareils sont en rapport avec l'étendue des surfaces métalliques. M. Bury prétend que leur application est un préservatif du choléra.

Comme chaînes électriques, nous devons signaler encore les *colliers d'ambre jaune*, du docteur Gérard. Ils ont été employés avec succès contre une maladie nerveuse de forme convulsive. Plus les grains d'ambre sont gros, plus ils ont de puissance. On peut commencer avec 70 grammes et porter la dose à 500.

Pointes et instruments voltaïques. — Ces appareils sont très inoffensifs, quoique par leur composition, cuivre et zinc, ils constituent un élément pile ; mais il est facile de comprendre que jamais ils ne dégagent une assez grande quantité d'électricité pour exercer un effet physiologique important. De ce nombre sont les pointes galvaniques de Perkins, les tracteurs métalliques de Perkinson, le forceps galvanique de M. Kilian.

Appareil du docteur Mansford. — Ce genre d'appareils ressemble considérablement à celui que nous avons déjà décrit sous le nom de *moxa galvanique*. Néanmoins, comme il a été employé avantageusement dans certains cas, je vais en faire une description spéciale.

L'on pose d'abord deux vésicatoires, l'un à la nuque, l'autre à la face interne du genou. Sur le premier, on place une plaque d'argent. A la surface de cette plaque existe un manche ou tige, et sur son bord parallèlement à la tige est adapté un petit anneau auquel se fixe le conducteur. Ce dernier descend le long du dos jusqu'à une ceinture de peau de chamois attachée autour du corps, puis il suit le trajet de la ceinture jusqu'à l'aîne du côté où on veut l'employer. De là il arrive à la jambe et se fixe à une plaque de zinc qui recouvre le vésicatoire inférieur. L'appareil ainsi préparé, l'on pose sur la plaie du cou un petit morceau d'éponge humide de la grandeur de la plaie elle-même ; on met dessus un second morceau d'éponge également mouillée, du diamètre de la plaque métallique, qui est appliquée et maintenue sur le tout à l'aide de trois bandelettes de taffetas d'Angleterre qui passent l'une au dessus, l'autre en dessous et la troisième en travers de la tige. La plaque de zinc est disposée de la même manière, à cela près, que le second morceau d'éponge est remplacé par un morceau de muscle, de peau de bouc ou de parchemin. L'appareil ainsi arrangé marche de 12 à 24 heures, selon les circonstances. Au bout de ce temps, il faut nettoyer les plaies et enlever l'oxyde qui recouvre la plaque de zinc.

Suivant MM. Trousseau et Pidoux, les chocs électriques devraient être préférés pour donner de fortes excitations aux muscles de la vie de relation, tandis que le galvanisme devrait être réservé pour les muscles de la vie organique et pour les organes d'une texture délicate. Quoiqu'il en soit l'électricité dynamique pouvant s'arrêter à la peau, pouvant agir sur un muscle, sur un nerf ou sur les os et arriver même jusqu'aux organes les plus profondément situés, est susceptible d'être appliquée à tel ou tel organe malade sans compromettre en même temps les organes sains qui sont dans le voisinage. Elle doit être employée, dit M. Duchenne, dans tous les cas où il est nécessaire de produire une vive action instantanée et durable, comme celle du moxa ou du fer rouge. M. Matteucci a conseillé contre le tétanos l'administration d'un courant continuel comme hyposthénisant du système nerveux; ce n'est pas encore d'un avantage bien constaté. Du reste, les propriétés chimiques du galvanisme ont été mises à contribution pour la cure des anévrismes, pour changer la nature des secrétions d'une plaie, pour détruire les cancers, pour décomposer les calculs vesicaux, pour annihiler l'effet d'un virus ou d'un poison. Mais cette vertu thérapeutique de l'action chimique du courant galvanique n'est encore à vrai dire qu'à l'état de théorie. L'action du galvanisme sur la rétine peut être mise utilement à profit pour la cure de l'amaurose. La galvanisation musculaire doit être faite avec les courants intermittents. Dans ce cas les appareils d'induction sont toujours préférables.

ÉLECTRISATION PAR INDUCTION. — L'étude des différentes machines d'induction, que nous avons décrites dans notre premier volume, nous a démontré que les effets physiologiques des courants d'induction étaient différents, suivant qu'ils étaient de premier ou de second ordre, ou bien à l'état de combinaison avec le courant inducteur, enfin suivant qu'ils étaient rendus à l'état statique par suite d'un isolement plus parfait des fils. Ces différentes conditions des courants électro-médicaux ont pu être utilisées médicalement et constituent quatre manières de les administrer.

Electrisation par double courant d'induction. — Ces
courants produits dans deux hélices distinctes enveloppées
l'une dans l'autre au-dessus de l'hélice magnétisante sont
reçus séparément, comme nous l'avons vu dans les appareils
de M. Duchenne. Il ne s'agit donc que de mettre le malade
en rapport avec l'un ou l'autre des deux circuits pour lui
faire éprouver la sensation qu'on a jugée convenable. D'après
les expériences de M. Duchenne, les courants du premier
ordre agiraient plus directement sur la sensibilité cutanée
tandisqu'au contraire les courants du second ordre exerceraient leur effet particulièrement sur la rétine et la contraction musculaire.

Electrisation par l'extra-courant. — Ce genre d'électrisation participe à la fois des propriétés de la galvanisation
et de l'électrisation directe par induction, ce qui, dans certaines circonstances, est un très grand avantage.

Dans les appareils d'induction ordinaires ce courant
pourrait être recueilli, mais la plupart du temps on le néglige
parcequ'il est très faible et qu'il n'en nécessite pas moins
l'action d'une pile de Bunsen. Or une pile de Bunsen à
monter est l'épouvantail des médecins et c'est ce qui fait
qu'ils choisissent de préférence les machines magnéto-électriques. D'un autre côté, il faut tourner à la main ces dernières machines, et lorsque l'électrisation doit durer une 1/2 heure
ou 3/4 d'heure, l'opération devient une véritable corvée. En
réfléchissant à ces deux inconvénients j'ai eu l'idée de faire
réagir sur les appareils électro-médicaux le courant si constant, si économique d'une pile de Daniell. Je n'ai pas besoin
de rappeler ici que ces piles peuvent rester chargées des
mois entiers, sans qu'on s'en occupe, et ne coûtent presque
pas d'entretien. Mais le courant de ces sortes de piles est si
faible qu'aucune action sensible ne peut être exercée en dehors
par eux lorsqu'ils traversent un circuit inducteur de sorte qu'ils

ne peuvent réagir que sur leur circuit propre; encore faut-il que ce circuit constituant l'hélice magnétisante soit en fil fin. Cette circonstance m'a engagé à faire passer au travers le fil induit de l'appareil de Rumkorff le courant de la pile de Daniell, et j'ai alors obtenu l'effet que j'avais prévu, c'est-à-dire un extra-courant énergique, susceptible d'être réglé par un interrupteur mécanique tel que celui de M. Pulver-Macher. Une chose assez particulière dans la création de ce courant c'est qu'il n'exerce son effet physiologique que quand les interruptions se font entre les deux points d'application des pôles du circuit. Cela vient de ce que le corps humain n'est pas assez bon conducteur de l'électricité dynamique pour la transmettre par lui-même à un interrupteur placé à droite ou à gauche des deux points d'application des pôles du circuit. Il en résulte que le courant d'induction qui traverse les organes n'est qu'un courant dérivé. En conséquence, si ce sont des plaques que l'on emploie, on devra diriger des fils métalliques de ces deux plaques à l'interrupteur; si ce sont des manipules, on pourra en les choquant soi-même l'une contre l'autre obtenir un effet déjà suffisamment énergique. Une pile de Daniell de huit petits éléments que l'on place dans un coin quelconque de sa maison est plus que suffisante pour obtenir la plupart des effets que fournissent les piles de Bunsen. Ainsi la pile qui peut faire fonctionner dans une maison les sonneries, les horloges ou télégraphes, etc. peut, en même temps, être employée pour les réactions physiologiques. C'est, comme on peut en juger, un avantage immense pour un médecin.

Les effets physiologiques de ces extra-courants s'exercent essentiellement sur la contraction des muscles et sont moins douloureux que les courants purement induits. Ils seraient donc susceptibles de beaucoup d'applications dans des maladies nerveuses.

Electrisation par les courants statiques. — Nous avons déjà eu plusieurs fois l'occasion de dire que les effets électro-médicaux dus à l'électricité statique pouvaient être employés dans beaucoup de cas où les effets galvaniques n'exerceraient aucune action. Or l'installation des machines électriques leur difficulté de manœuvre, leurs caprices, en rendent l'emploi pratiquement impossible. M. Rumkorff a eu l'idée de leur substituer sa machine qui, comme nous le savons, donne des étincelles excessivement énergiques. Mais comme les commotions qui pourraient en résulter seraient quelquefois très dangereuses, il a établi comme accessoire de l'appareil une espèce d'excitateur particulier à travers lequel doit passer le courant et qui peut d'ailleurs être réglé. Cet excitateur consiste dans un tube de verre épanoui à l'une de ses extrémités et portant à l'intérieur une crémaillère métallique que peut faire avancer ou reculer une vis de rappel. Cette crémaillère est mise en rapport avec l'une des extrémités du fil induit, tandis que l'autre extrémité (celle qui ne donne pas secousse) est tenue par le malade. Alors le médecin applique le tube sur la partie malade et l'étincelle s'échange entre elle et la crémaillère à une distance réglée d'avance. Plus la crémaillère sera rapprochée, plus la commotion sera violente, car au lieu d'une décharge il y en aura plusieurs ; plus, au contraire, elle sera éloignée plus la commotion sera affaiblie. Il va sans dire que la vis de rappel est graduée de manière à ce qu'on puisse savoir le degré d'écartement de l'étincelle.

L'extrémité de la crémaillère elle-même peut-être alternativement vissée à une pointe effilée ou à une boule. Dans tous les cas la commotion est infiniment plus énergique que celle des étincelles des machines.

Bain électro-magnétique. — Les effets avantageux qu'on a obtenus de l'application du galvanisme aux bains a fait rechercher le moyen de leur appliquer également l'électricité d'induction avec les commotions dont elle est susceptible. Dans ce but M. Reynard a disposé un système de baignoire de la manière suivante :

D'abord la baignoire elle-même doit être en grès, en faïence ou en matière non conductrice quelconque. Sur ses côtés se trouvent fixés deux bouts de cylindres métalliques d'un diamètre assez grand pour qu'on puisse y passer les bras. Le fond de la baignoire se trouve garni d'une plaque de fer à laquelle vient aboutir l'un des pôles d'un appareil électro-médical placé dans le voisinage. L'autre pôle est en rapport avec les deux bouts du cylindre tenant lieu de manipules. Les commotions qui sont alors déterminées sont beaucoup moins excitantes que celles qui résultent des procédés ordinaires et produisent, après qu'elles ont été exercées, un état de torpeur particulier qui provoque le sommeil. C'est donc un moyen à employer pour calmer une surrexcitation locale ou pour se remettre d'une grande fatigue.

Accessoires des appareils électro-médicaux. — M. Boulu qui a employé avec un grand succès l'électricité d'induction pour la guérison des tumeurs lymphatiques, vient de compléter les appareils électro-médicaux en leur adjoignant certains accessoires, tels que ventouses électriques, appareils à courants dérivés, sacs électriques, etc., dont il a été à même de reconnaître plus d'une fois l'efficacité.

Ventouse électrique. — Elle a pour but de localiser d'une manière plus certaine l'action des courants électriques et de la faire pénétrer plus profondément dans l'épaisseur des tissus. On l'applique sur la tumeur qu'il s'agit de résoudre, on fait le vide et, quand le vide est fait, on met les deux pointes dont elle est armée en communication avec les pôles de l'appareil électro-médical, alors on fait passer le courant. Traités de cette manière, des engorgements, des ganglions lymphatiques, des goîtres et certaines tumeurs des seins, se résolvent de plus en plus chaque jour et disparaissent au bout d'un mois.

Appareils à courants dérivés. — Quand on fait agir sur un point unique un courant assez intense pour devenir efficace, il détermine des contractions violentes et des douleurs quelquefois insupportables qui désespèrent le malade et lui font prendre le traitement en horreur. Pour remédier à ce grave inconvénient, M. Boulu, à l'aide de bifurcations intelligentes, a partagé le courant principal en un nombre suffisant de courants partiels ou dérivés, qui agissent sur autant de points différents ; la quantité d'électricité appliquée est toujours la même, on continue à l'administrer à forte dose, mais la sensation n'est plus concentrée, et elle devient par là même très tolérable. Quand on agit sur des organes très délicats, ou lorsqu'on a à combattre des paralysies graves, la dissémination de l'électricité par l'appareil à courants dérivés est tout à fait indispensable.

Eponges électriques. — On se sert depuis longtemps avec avantage de petites éponges montées dans des demi-sphères en cuivre, pour agir sur les muscles atrophiés à travers les téguments ; mais ces éponges, produiraient très peu d'effet dans le cas d'affections qui ont envahi de larges étendues du corps, telles que les névralgies des membres, de la tête, de la moëlle épinière, les lombagos et les diverses maladies articulaires. Il a donc fallu établir de larges éponges doublées intérieurement de flanelle, munies extérieurement de surfaces métalliques de diverses grandeurs et de diverses formes, et armés de plusieurs boutons où viennent aboutir les fils multiples de l'appareil à courants dérivés. L'expérience a prouvé que ces éponges rendues humides par un liquide convenablement choisi conduisent parfaitement les courants et localisent leur action en la répartissant également sur les parties malades, sans secousses et sans grandes douleurs. De nombreuses névralgies de la tête et des membres, et des rhumatismes aigus ont cédé en très peu de temps à l'action bienfaisante des éponges électrisées.

Sac électrique. — C'est une sorte de vêtement de laine sillonné par des bandes circulaires en tissus métalliques, dans lequel on place le malade quand il s'agit de répandre à profusion le fluide électrique sur la totalité du corps humain. Tout autour du sac on a fixé sur le tissu métallique des boutons auxquels aboutissent les fils conducteurs des courants dérivés ; quand tout est prêt, on fait fonctionner l'appareil médical au maximum de sa force, et le malade est comme plongé dans un bain de fluide électrique qui agit à la fois sur tous les nerfs, les muscles et les tendons. Cette action générale peut rendre de très grands services lorsque l'organisme entier est atteint, comme dans le choléra, l'asphyxie par immersion ou strangulation, la suspension de la vie par l'action trop énergique des agents anesthésiques, etc., etc.

En outre du sac qui revêt le corps entier, M. Boulu a fait établir des enveloppes pareils pour chacun des membres, la tête, les bras, les jambes, les doigts ; des bonnets, des manches, des bas, des gants électriques. Habilement construits par MM. Breton frères, ces divers appareils, déjà soumis à un grand nombre d'essais, ont parfaitement fonctionné.

Je n'entrerai pas dans le détail du mode d'application des différents appareils que nous venons d'étudier, suivant les maladies. C'est une question toute médicale qui se trouve traitée pratiquement dans l'ouvrage de M. Guitard ; je dirai seulement que l'une des applications les plus importantes de l'électricité d'induction a été son emploi comme antidote des effets dangereux du chloroforme. Ainsi nous voyons d'après les expériences de MM. Duchemin, Jobert, de Lamballe, Abeille et Ducros, que l'électrisation a pu rappeler la vie prête à s'échapper dans une personne trop éthérisée ou asphyxiée ou même empoisonnée par l'opium.

Voici du reste les différents cas de guérison que **M. Guitard** cite dans son ouvrage : (1)

Paralysie (hémiplégies, paraplégie, etc.), 47 cas de guérison.

Amaurose, 6 cas de guérison ou tout au moins de soulagement.

Hernie, 2 cas id.

Epilepsie, 1 cas id.

Hydropisie, 1 cas id.

Rage, 3 cas id.

Léthargie, 2 cas id.

Névralgie, 8 cas id.

Tétanos, 1 cas id.

Mutité, 1 cas, id.

Catalepsie, 1 cas id.

Hoquet, 2 cas.

(1) Voici un nouveau genre d'application électro-médicale que nous trouvons relatée dans le *Cosmos* du 11 août 1854 :

« La nécessité de trouver un succédané au quinquina qui devient chaque jour plus rare et plus cher, doit faire accueillir toutes les tentatives qui ont pour but de le remplacer. Plusieurs auteurs avaient, comme nous l'avons déjà dit, proposé l'emploi de l'électricité dans les fièvres périodiques. Lindult, en 1753, l'avait même déjà employé; M. Déroni a repris ces essais avec succès en se servant de la pile de Volta, ou d'un appareil électro-magnétique. Quatre ou six malades sont disposés de manière à former la chaîne que le courant interrompu traverse. Les séances sont d'une demi-heure trois fois par jour. Deux soldats ont été guéris l'un d'une fièvre tierce simple, l'autre d'une fièvre double tierce, après avoir été soumis aux commotions électriques, le premier six fois pendant 15 minutes chaque fois, le second 18 fois en trois jours.

Aphonie, 1 cas id.

Inertie utérine, 5 cas id.

Anévrisme, 26 cas id.

Hémorrhagie dans les accouchements, 30 cas id.

Varices, 2 cas id.

Gonflements articulaires, 1 cas id.

Douleurs, 2 cas id.

Squirre, 1 cas id.

Engorgement strumeux, 1 cas id.

Hypertrophie du foie et de la rate, 1 cas id.

Amenorrhée, 1 cas id.

Albugo, 1 cas id.

Angine de poitrine, 3 cas id.

Fungus hématode, 1 cas id.

Gastralgie, 1 cas id.

Sciatique, 3 cas id.

Chorée, 2 cas id.

Surdité, 1 cas id.

Comme on le voit, c'est la paralysie et ses annexes qui se sont le mieux trouvés du traitement électro-médical. Cependant, d'après M. le docteur Golding-Bird, ce traitement ne serait efficace, pour cette maladie, que dans certaines conditions. Ainsi, quand la paralysie est récente et que la cause agit encore, l'électrisation peut faire souvent beaucoup de mal, surtout si les artères sont ossifiés et s'il y a un commencement de ramollissement cérébral. Mais, si la paralysie reconnaît une cause physique et que cette cause physique ait cessé, l'électricité peut être très efficace. Ces cas sont les plus communs; alors le traitement ne saurait être mis trop tôt en usage. Il n'y a rien à attendre de l'électricité dans les paralysies avec contractures des doigts ou des joues.

Il en est de même pour l'amaurose. D'après M. Magendie, celle qui résulte de l'altération du nerf optique est à peu près inguérissable, tandis que celle qui provient d'une altération des branches ophtalmiques de la cinquième paire peut être traitée avec avantage par l'électricité.

Pour les anévrismes, l'électrisation est, d'après M. Velpeau, souvent dangereuse. Elle ne doit être employée que si l'anévrisme est récent, latéral, superficiel, peu volumineux et sans maladie antérieure du tissu artériel. Suivant M. Petrequin, des trois actions que possède la pile : 1° l'action électrique qui ébranle le système nerveux cérébro-spinal ; 2° l'action calorifère produisant l'ustion des tissus ; 3° l'action décomposante ; c'est la dernière qui doit être augmentée le plus possible aux dépens des autres, c'est-à-dire qu'il faut employer pour les anévrismes, un courant continu provenant d'une pile voltaïque dont les éléments soient de petite dimension mais en certain nombre.

Du reste, le traitement de cette maladie est sujet à certaines anomalies qui proviennent principalement du mode d'application des pôles de la pile et contre lesquelles on doit se prémunir ; ainsi il paraît qu'on peut opérer à volonté la coagulation du sang ou sa dilution suivant qu'on fait réagir sur le sang d'une artère le pôle positif ou le pôle négatif de la pile.

L'électrisation dans les accidents chloroformiques, n'a d'effet que quand le cœur éprouve encore des contractions si inappréciables qu'elles soient. Alors il réveille le système nerveux, renouvelle ses fonctions et rappelle les contractions musculaires. « Mais, lorsque les contractions du cœur, dit » M. Jobert de Lamballe, ne sont plus qu'une irritabilité » musculaire, lorsque les muscles de la glotte ont cessé leur » action, l'électricité ne produit que des contractions irré- » gulières : la vie est éteinte, et l'électricité est impuissante « à la ranimer. »

Pour les accouchements l'électricité, comme on a pu le

voir dans le tableau précédent, a produit des effets merveilleux tant pour l'inertie de l'utérus que pour les hémorrhagies
subséquentes ou les métrorrhagies. Le meilleur système
à employer est l'application des pôles de la pile ou plutôt de
l'appareil électro-médical, l'un sur l'abdomen, l'autre dans le
vagin ou sur le sacrum.

Je n'insiste pas davantage sur cette question si importante
pourtant des applications de l'électricité, car je m'écarterais
considérablement du but que je me suis proposé. Je terminerai en signalant, à titre d'idée excentrique, les plumes
galvaniques que l'inventeur prétend souveraines pour *prévenir les maladies*. Voici ce que nous trouvons à ce sujet dans
le *Cosmos* du 21 avril 1854.

Plumes électro-galvaniques — Nous lisions, il y a quelques jours, dans le *Scientific american journal*, l'annonce
que voici : « M. Alexander, de Birmingham, ingénieur, a
pris récemment une patente pour une invention qui a pour
objet : 1º de magnétiser les plumes métalliques, ou de les
placer sous l'influence d'un courant pour diminer leur ten-
dance à l'oxydation et à la corrosion; 2º de former le porte-
plume de deux métaux aptes à produire un courant voltaïque
assez intense avec l'aide du contact des doigts toujours un
peu humides, de telle sorte que ce courant, en circulant dans
la main et le corps de la personne qui écrit, produise des
effets hygiéniques et thérapeutiques. » Les porte-plumes de
M. Alexander, qui jouissent d'une grande vogue en Angleterre, en Belgique et en Hollande, dont la réputation, on le
voit, a déjà franchi l'Océan, avaient fait il y a quelques
jours, leur apparition à Paris ; on nous en avait apporté un
comme un talisman précieux. Ils ont aujourd'hui sauté d'un
seul bond sur le bureau de l'Académie des Sciences, et au
beau milieu de la correspondance, nous avons entendu M.
Elie de Beaumont lire la note suivante :

« MM. Alexander, de Birmingham, et Simon Gaffré, de Paris, soumettent à l'examen de l'Académie un porte-plume galvano-électrique, dont la tige porte des fils soudés de cuivre et de zinc, formant une petite pile voltaïque. Cette pile, qui exerce une action sensible sur le galvanomètre, est destinée à produire un effet salutaire sur les nerfs de l'écrivain qui l'emploie. Ainsi que dans l'homœopathie, la grandeur des effets que l'on annonce avoir obtenus par ce courant électrique très faible, tant en Angleterre qu'en Allemagne, ne paraît pas en rapport avec la petitesse de l'agent physique ; mais l'inventeur, comme le médecin homœopathe, a, sans aucun doute, compté sur l'imagination comme sur un puissant auxiliaire, que les empyristes de l'Orient savent admirablement mettre en jeu au grand bien de leurs malades. » Le porte-plume électro-magnétique est renvoyé à l'examen de deux physiciens célèbres : MM. Desprets et Babinet.

VII.

Application de l'Electricité aux petites industries, aux arts et aux usages domestiques.

Les appareils que nous allons maintenant passer en revue sont assez diversifiés et peuvent être employés dans une foule de circonstances, soit pour les petites industries, soit pour nos usages domestiques, soit même pour les arts. Comme ils ne constituent pas d'ensemble tranché, nous avons préféré les réunir dans une même catégorie.

Electro-trieur de M. Chenot. — Si l'on considère que certains oxydes métalliques peuvent devenir magnétiques par le *grillage* ou la réduction et que, dans cet état, ils peuvent être séparés mécaniquement des corps plus ou moins composés auxquels ils sont unis, on peut comprendre de quelle importance devient alors l'action électro-magnétique appliquée comme un réactif chimique, et combien il devient facile de simplifier les opérations métallurgiques, surtout pour les minérais dits en *grain* qui sont les plus riches en métal.

Pour établir en grand ce système de triage, M. Chenot a imaginé deux appareils auxquels il a donné le nom d'électro-trieurs et qu'il a fait breveter l'année dernière.

L'un de ces appareils consiste dans une roue verticale dont la circonférence est garnie d'électro-aimants en rapport avec un commutateur fixé sur son axe. Ce commutateur est tellement disposé, que trois de ces électro-aimants au plus, reçoivent en même temps le courant, et cela, quand ils se trouvent dans une position donnée. Aussitôt qu'ils ont abandonné cette position, ils deviennent inactifs et, par conséquent, peuvent abandonner les corps magnétiques qu'ils ont attirés.

Cette roue, ainsi munie d'électro-aimants, tourne au-dessus d'une toile métallique enroulée sur deux cylindres sur laquelle vient tomber le minérai en poudre qu'on veut exposer à l'action électro-magnétique. Au moment où cette poudre vient à passer à portée des électro-aimants actifs, ceux-ci attirent toutes les matières magnétiques, les transportent au-dessus d'une trémille et, comme ils deviennent alors inertes, ils les laissent retomber, tandis que les matières non magnétiques ont été rejetées dans une autre trémille placée en arrière. De cette manière, la séparation des parties magnétiques du minerai s'effectue d'une manière continue et très prompte.

Dans l'autre système de M. Chenot, la séparation magnétique ne s'opère que sous l'influence d'aimants fixes dans lesquels le courant électrique est toujours en activité, c'est alors un ramasseur que l'on fait tourner qui se charge du transport des substances magnétiques attirées.

On comprend facilement que ces systèmes d'appareils peuvent être appropriés à la séparation des limailles métalliques mélangées, par exemple à la séparation de la limaille de fer ou de fonte d'avec la limaille de cuivre, de sorte que ce procédé peut être considéré comme un moyen de séparation, de purification et de classification d'un certain nombre de corps.

Électro-métreur de M. Chenot. — Cet instrument destiné à servir à la fois de jaugeur, de manomètre et de thermomètre pour les chaudières à vapeur ou toutes autres chaudières contenant un liquide conducteur, est fondé sur ces deux principes admis par l'auteur : 1° qu'un courant électrique ne peut naître sur deux métaux différents voisins l'un de l'autre, qu'autant qu'un liquide conducteur se trouve interposé entre eux et les mouille ; 2° que le développement du courant électrique, dans ce cas, augmente avec la chaleur du liquide.

D'après cela, on comprend que si l'on dispose à travers une chaudière à vapeur un tube de cuivre dans lequel se trouvera un tube beaucoup plus petit de zinc, on pourra, si les deux tubes sont suffisamment isolés, et si l'on a ménagé sur le premier quelques trous, pour permettre à l'eau de la chaudière de mouiller les deux métaux, on pourra, dis-je, obtenir un couple voltaïque ayant ses deux pôles et pouvant, par conséquent, agir sur un galvanomètre ou tout autre moyen indicateur. Admettons donc que les tubes précédents se trouvent disposés un peu au-dessous du niveau que l'eau doit avoir dans la chaudière : il arrivera deux choses : d'abord, le courant électrique sera établi à travers le galvanomètre, puisque les deux métaux seront immergés, et l'aiguille de l'indicateur prendra une position qui correspondra au degré de température de l'eau ; en second lieu, la déviation augmentera à mesure que l'eau s'échauffera. Tant que l'aiguille sera déviée, on sera donc prévenu que l'eau de la chaudière est au-dessus de son niveau minimum, mais si l'aiguille vient à descendre, on saura aussitôt que l'eau ne mouillera plus le zinc et que le niveau minimum est dépassé. En même temps, si l'indicateur est gradué convenablement, on pourra voir, d'après le degré marqué par l'aiguille, la température de l'eau de la chaudière et la pression de la vapeur, car celle-ci est toujours une fonction connue de la température ; d'ailleurs, des expériences préalables et directes peuvent fournir les données de comparaison nécessaires dans ce but.

Si l'on ajoutait au système de M. Chenot une sonnerie électrique, on pourrait faire en sorte que l'aiguille de l'indicateur, par son ascension trop grande ou par sa descente, établisse un courant électrique à travers deux buttoirs disposés en conséquence, et avertisse du danger qui pourrait résulter de la trop grande pression de la vapeur ou de la trop grande dépense d'eau qui s'est faite dans la chaudière.

D'un autre côté, il est facile de comprendre qu'en disposant dans la chaudière une certaine quantité de ces sortes de tubes, de manière à en faire une chaudière tubulaire, on pourrait les faire servir à la création d'une source électrique énergique, que l'on pourrait utiliser à beaucoup d'usages.

Je n'ai pas besoin d'ajouter qu'en établissant, les uns au-dessus des autres, plusieurs systèmes de ces tubes générateurs, on pourrait aussi, par un mécanisme bien simple, les faire réagir sur l'indicateur, de manière à lui faire fournir les différentes variations du niveau de l'eau ; mais, comme cette application n'a aucune importance, je n'insisterai pas davantage sur les dispositions mécaniques à prendre dans ce cas.

L'avantage du système de M. Chenot est, comme on l'a sans doute déjà compris, de fournir des indications à distance, par exemple dans un bureau. On peut alors surveiller beaucoup plus facilement la machine, ce qui est un avantage inappréciable dans beaucoup de circonstances.

Dernièrement M. Berjot, pharmacien à Caen, a eu l'idée d'employer dans le même but les sonneries électriques de M. Mirand. C'est alors un flotteur placé à l'intérieur de la chaudière ou dans le manomètre, qui ferme le courant électrique, quand le niveau de l'eau en s'abaissant lui fait rencontrer une lame métallique mise en rapport avec la sonnerie.

Distributeur électro-chronométrique pour la galvanoplastie. — Dans les grands ateliers de galvanoplastie on emploie un certain nombre d'ouvriers dont la fonction est de plonger et de retirer à temps du bain, où elles doivent subir l'effet électrolytique, les plaques ou objets à argenter ou à dorer. Or, ce travail purement mécanique qui demande une certaine exactitude et une grande attention de la part de l'ouvrier, est précisément à cause de cela souvent mal fait. C'est donc là le cas, ou jamais, d'employer l'action mécanique de l'électricité, d'autant plus que la pile n'est plus alors une dépense puisqu'elle est fournie par l'industrie elle-même.

L'installation d'un système électro-mécanique est fort simple dans ce cas, et voici celui que j'ai imaginé pour l'usine électro-chimique de MM. Delamotte et Masse, rue des Postes, à Paris.

Au-dessus de chaque compartiment de la grande cuve où doivent être immergés les objets qui doivent subir une même préparation, se trouvent tendues horizontalement et à une certaine distance en dehors de la cuve (d'un côté seulement) des cordes métalliques sur lesquelles peuvent glisser un certain nombre de petites roulettes à gorge, dont l'axe pivotte entre deux épaulements d'une pince en cuivre à laquelle sont attachés les objets qui doivent être immergés. De cette manière, si les cordes, par un effet mécanique quelconque, se trouvent inclinées, ces objets sont transportés latéralement et par leur propre poids en dehors de la cuve.

A l'extrémité de la cuve, du côté opposé aux points d'atta-che fixes des cordes, sont adaptés des montants en bois à coulisse, à l'intérieur desquels peut se mouvoir de bas en haut une pièce métallique portant à sa partie inférieure une roulette. Cette roulette appuie de bas en haut sur la corde qui lui correspond, tandis que la pièce métallique elle-même est sollicitée à un mouvement ascensionnel par un poids disposé en conséquence, et qui réalise son effet par l'inter-médiaire de poulies de renvoi. Quand les pièces sont immer-gées, les cordes doivent être à peu près horizontales, Alors, un buttoir à ressort, fixé sur l'un des côtés de chacun des montants en bois, empêche la pièce mobile d'être entraînée par le poids et ne lui permet pas de soulever la corde corres-pondante engagée sur la roulette qu'elle porte.

Tant que cette pièce mobile est buttée, les objets restent donc immergés. Mais aussitôt que le buttoir est retiré, le poids faisant son office soulève ces objets hors du bain, et comme la corde est alors inclinée, ils glissent, comme je l'ai déjà dit, en dehors de la cuve. Les éléments du pro-blème étant ainsi fixés, il ne s'agit plus, pour en obtenir la solution, que de trouver un moyen de faire soulever mécani-quement les buttoirs d'arrêt, après un laps de temps plus ou moins long et qui doit pouvoir être réglé. Or, c'est là, qu'in-tervient l'action électro-magnétique.

D'abord, pour le soulèvement des buttoirs, rien de plus

simple : il suffit, comme on l'a déjà deviné, d'un électro-aimant adapté à chacun des montants et dont l'armature est liée au buttoir correspondant. Mais pour l'interrupteur du courant à travers cet électro-aimant le problème est plus complexe, car les temps d'immersion peuvent varier depuis cinq minutes jusqu'à quatre, cinq, six et même douze heures. Dans ce dernier cas, pourtant, le fonctionnement mécanique est moins important.

Pour obtenir ces fermetures variables du courant, j'adapte au cadran d'une horloge deux cercles métalliques concentriques sur lesquels sont soudés douze buttoirs métalliques à charnière, correspondant aux différents chiffres du cadran; les aiguilles de l'horloge sont elles-mêmes munies de leviers à ressorts comme ceux que j'ai indiqués pour l'horloge de mes sonneries de signal. Celle de ces circonférences métalliques qui correspond à l'aiguille des minutes est en rapport avec les électro-aimants qui ont action sur l'enlèvement des pièces qui doivent rester dans le bain moins d'une heure. L'autre circonférence est, au contraire, en rapport avec les électro-aimants correspondant aux objets qui doivent être immergés plus d'une heure.

Les aiguilles sont mises ensuite en rapport électrique avec l'un des pôles de la pile, tandis que l'autre pôle correspond aux divers électro-aimants. Quand on veut que les objets ne restent immergés que pendant cinq minutes ou une heure, on laisse tous les buttoirs redressés. Mais quand on veut que l'action électrolytique dure plus longtemps, par exemple, dix minutes ou deux heures, on abaisse la moitié des buttoirs, en les alternant. En un mot, on abaisse le nombre nécessaire de ces buttoirs (qui sont, comme nous l'avons dit, à charnière) pour qu'il y ait un espace libre correspondant à la durée d'action électrolytique qu'on a jugée convenable. Pendant ce temps, on prépare d'autres objets, et comme le courant électrique, avant d'arriver aux électro-aimants, passe par une sonnerie, on est prévenu de l'ascension hors du bain des objets qui s'y trouvaient plongés. Alors, on peut leur en substituer d'autres sur les cordes, et il suffit de soulever les poids pour les faire immerger à leur tour, en les mettant en état de subir une nouvelle action de la part de l'horloge régulatrice.

Régulateur électrique de la température. — Il est souvent important, pour certaines expérience de physique et de chimie, ou même d'embryologie, de pouvoir agir dans un milieu dont la température soit rigoureusement constante et à un degré voulu. Dans ce but, j'ai fait construire un petit appareil au moyen duquel la température, dans un espace limité, peut être refroidie ou réchauffée sous l'influence seule du thermomètre et par l'intermédiaire de l'électricité.

Cet appareil consiste essentiellement dans un thermomètre à tube ouvert, dont la colonne mercurielle peut réagir sur deux circuits électriques en rapport avec deux électro-aimants ayant action sur deux bouches de chaleur. Ce thermomètre est placé à l'intérieur de la cage de verre ou du globe dans lequel les expériences doivent être faites, et dont les bords sont soigneusement rodés, afin d'éviter l'introduction trop facile de l'air ambiant à l'intérieur. Les deux bouches de chaleur sont placées de chaque côté du globe, et communiquant par des tubes métalliques, l'une avec un foyer calorifique placé à distance, l'autre avec un ballon rempli de glace et hermétiquement fermé. Enfin, les électro-aimants, fixés à l'intérieur du globe, ont leur armature articulée à un levier qui peut, en tournant un disque troué placé derrière les bouches de chaleur, ouvrir une communication entre l'intérieur du globe et les sources calorifique et réfrigérante. Un des pôles d'une pile de Daniell communique métalliquement au mercure du thermomètre, tandis que l'autre pôle en rapport avec les électro-aimants correspond, d'une part, à une pointe de platine soutenue au-dessus du mercure du tube par une tige à crémaillère, et de l'autre à une capsule remplie de mercure également montée sur une crémaillère. Ces deux crémaillères sont mises en mouvement par deux pignons d'un assez grand diamètre pour qu'un tour complet accompli par eux corresponde à la longueur de l'échelle thermométrique. En divisant donc la circonférence du bouton qui leur correspond en autant de parties égales qu'il y a de degrés sur l'échelle thermométrique, on peut, au moyen d'un repère, savoir de combien de degrés du thermomètre on avance ou on recule la pointe de platine ou la capsule en tournant ces boutons. D'un autre côté, le mercure du thermomètre supporte un petit flotteur qui, par l'intermédiaire d'un fil de platine recourbé, peut indiquer au dehors l'élévation ou l'abaissement de la colonne mercurielle par rapport à l'échelle thermométrique. Et, comme ce fil de platine, dans l'ascension et la descente du flotteur, peut se mouvoir au-dessus de la capsule remplie de mercure, on se trouve avoir de cette manière deux systèmes au moyen desquels un circuit électrique peut être fermé, suivant l'ascension ou la descente de mercure dans le thermomètre, ou, ce qui revient au même, suivant l'élévation ou l'abaissement de la température. — Voici alors ce qui arrive quand on veut maintenir l'intérieur du globe à une température constante, par exemple à 5° :

On abaisse d'abord la pointe de platine circulant dans le tube, à 5°, ce qui est facile, puisqu'il ne s'agit pour cela que de faire arriver le n° 5 du bouton devant le repère ; le bouton bien entendu est fixé à l'extérieur. Si la température ambiante du globe est plus élevée, la pointe plonge dans le mercure d'une certaine quantité ; par conséquent le circuit électrique est fermé à travers l'électro-aimant de la bouche réfrigérante. La température s'abaisse donc jusqu'à ce que le mercure du thermomètre se soit retiré au dessous de la pointe de platine; alors le courant se trouve interrompu, et la bouche réfrigérante est fermée. On fait en cet instant arriver la capsule remplie de mercure un peu au dessous du 5e degré; alors de deux choses l'une : ou la température du globe, après cet abaissement forcé, tendra à monter, ou bien elle tendra à descendre; si elle monte, le mercure du tube thermométrique rencontrera la pointe de platine sous l'influence de laquelle il s'était déjà abaissé, et s'abaissera de nouveau; si elle descend, le fil du flotteur rencontrera le mercure de la capsule, et le thermomètre montera. Le globe se trouvera donc forcément avoir une température qui ne pourra varier que d'une quantité aussi petite qu'on le voudra.

Navette moniteur-électrique. — Un des inconvénients du tissage mécanique et, particulièrement, du tissage des rubans, à cause de leur petite largeur, est la rupture des fils des navettes dont souvent on ne s'est pas aperçu à temps ; il en résulte alors des défauts et des inégalités regrettables dans le tissu de l'étoffe. Pour prévenir ces ruptures et faire en sorte que l'ouvrier soit averti à temps de la trop grande tension du fil, M. Peyrot a eu l'idée de recourir aux effets électriques. Pour cela, il fait passer le fil de la navette, au sortir de la bobine, sur une poulie adaptée à l'extrémité d'un levier un peu long, sollicité dans un sens déterminé par un ressort antagoniste. Ce ressort est suffisamment fort pour résister à la traction ordinaire du fil, mais quand cette traction devient assez considérable pour que la rupture du fil puisse s'en suivre, il cède, et le levier vient rencontrer une lame métallique en rapport avec un courant électrique passant par une sonnerie; celle-ci se met donc à sonner, et l'ouvrier peut alors arrêter la navette pour la dégager de l'obstacle opposé au détirement de son fil.

La description du brevet de M. Peyrot est si peu détaillée, que je n'ai pu comprendre la manière dont il dispose les communications électriques pour les rendre susceptibles de se prêter au croisement des fils de la chaîne.

Harpon électrique pour la pêche de la baleine. — On lisait, il y a quelques mois, dans un journal allemand, la nouvelle suivante ;

« Il y a quelque temps, on pouvait voir exposé, chez le pharmacien Julin, à Abo, un appareil électro-magnétique pour la pêche de la baleine construit par le célèbre physicien Jacobi, de Saint-Pétersbourg. Cet appareil se compose de douze aimants ayant la forme de fers à cheval, disposés les uns en face des autres, et au milieu desquels sont placés deux cylindres réunis et bien entourés de fils de cuivre isolés, auxquels un fort mouvement de rotation peut être imprimé au moyen d'axes et de manivelles. Destiné à étourdir la baleine, cet appareil produit au moindre mouvement des cylindres, des chocs assez sensibles qui, par l'accélération du mouvement, deviennent intolérables. Il est tout naturel que des fils de cuivre isolés soient disposés le long de la ligne à laquelle le harpon est fixé, et que leurs bouts soient, au moment où le harpon touche la baleine, mis en communication avec l'appareil chargé pour la pêche. Cette machine est destinée au navire baleinier l'*Ayan*, troisième bâtiment Russo-Finois, construit à Uleaborg, et qui étant arrivé à Abo à la mi-juillet, en sortira bientôt complètement équipé pour aller faire la pêche de la baleine dans l'Océan. »

Cette description n'est pas très claire, mais, d'après la disposition de l'appareil, on peut conclure que le but qu'on s'est proposé en faisant intervenir dans cette occasion l'électricité, était d'étourdir la baleine à chaque coup de harpon, par la décharge d'une forte machine de Clarke. Reste à savoir comment doit être établie alors la communication électrique.

Est-ce par l'intermédiaire de deux harpons? Est-ce par l'intermédiaire de deux dards fixés à un même harpon, et auxquels aboutiraient les deux extrémités du fil induit? La description précédente permet cette double conjecture. Quoi qu'il en soit, si cet appareil produit de bons résultats, ce sera une application fort simple des machines électriques.

Serrures électro-magnétiques. — Les serrures électro-magnétiques ne peuvent avoir d'emploi utile que dans le cas assez rare où une porte, une grille, etc., doivent être ouvertes de fort loin. Elles ont alors pour accompagnement indispensable une sonnette électrique et même un électro-ferme. Supposons, par exemple, qu'il s'agisse d'un parc fermé, dont le château ou la maison d'habitation soient très éloignés de la porte d'entrée, et admettons qu'on ne veuille pas avoir de concierge à cette porte : il devient urgent, pour éviter des dérangements trop fréquents, de pouvoir ouvrir cette porte à distance, et c'est alors que les serrures électro-magnétiques peuvent être d'un grand secours. En effet, étant prévenus par la sonnette électrique, les domestiques du château n'ont qu'à toucher le bouton transmetteur en rapport avec la serrure électro-magnétique pour que celle-ci permette l'ouverture de la grille.

Ce système de serrure est excessivement simple; il ne diffère des serrures ordinaires, qu'en ce que le peigne, au lieu d'être mobile, est fixe, et que c'est une clavette mobile, sous l'influence électrique, qui sert de point d'arrêt à ce peigne. A cet effet, cette clavette, taillée en biseau du côté où le peigne rigide doit la rencontrer quand on ferme la porte, est fixée à angle droit à l'extrémité de l'armature d'un électro-aimant. Cet électro-aimant est disposé sur le vantail dormant de la porte, de manière à ce que le propre poids de son armature (modifié pourtant par un contre-poids) serve de ressort antagoniste et abaisse la clavette à une hauteur suffisante pour butter le peigne rigide au moment où les deux vantaux sont fermés. Afin d'offrir un point d'arrêt plus sûr, la clavette passe au travers d'une petite plaque de tole disposée horizontalement au-dessus du peigne. Enfin, deux lames métalliques, faisant légèrement ressort, sont disposées dans la feuillure de chaque vantail de la porte, de manière à ce qu'elles se touchent quand la porte est fermée. Une des extrémités du fil de l'électro-aimant correspond à l'une de ces lames, tandis que l'autre lame est en rapport avec le bouton transmetteur; il résulte de cette disposition que le circuit n'est complet au travers l'électro-aimant que quand la porte est fermée. Par conséquent, au moment où l'on ouvre la porte le circuit est rompu, quand bien même le bouton transmetteur continuerait d'envoyer le courant. On verra à l'instant l'importance de cette disposition. Quant au jeu de la serrure, il se devine aisément, puisque la clavette qui butte le peigne se trouve abaissée ou soulevée suivant que le courant passe ou ne passe pas dans le circuit.

Si, dans ce genre de serrure, je m'étais contenté de faire agir le courant par un simple effet de fermeture, il en serait résulté : 1° que cette fermeture, étant faite promptement, la porte aurait bien pu ne pas être poussée assez vite pour que le peigne fût dégagé à temps de la clavette ; 2° que si une lame de ressort avait été employée pour séparer les deux vantaux au moment du soulèvement de cette clavette, l'électro-aimant n'aurait jamais eu assez de force, sous l'influence seule du courant d'une pile de Daniell, pour opérer ce soulèvement. Voici donc comment j'ai disposé mon bouton transmetteur :

Deux lames métalliques, placées l'une au dessus de l'autre, comme dans le bouton transmetteur des sonneries électriques, sont disposées devant un très petit électro-aimant dont l'armature forme crochet d'encliquetage. Le ressort supérieur qui porte le bouton, étant poussé, peut se trouver butté contre ce crochet et, par conséquent, reste collé sur l'autre ressort. Le courant se trouve donc alors fermé d'une manière permanente jusqu'à ce que l'encliquetage soit levé, et il suffit pour cela que le courant passe au travers l'électro-aimant qui lui correspond.

Ainsi, au moyen de ce transmetteur, on ferme le courant dans l'électro-aimant de la serrure, et cette fermeture a pour effet le soulèvement permanent de la clavette jusqu'à ce que la porte soit ouverte. En ce moment là le circuit est rompu, comme nous l'avons vu, par la disjonction des deux lames métalliques qui se trouvent dans les feuillures des vantaux. Mais, un instant après, le vantail qui s'ouvre met en contact deux ressorts métalliques en rapport avec le circuit de l'électro-aimant du transmetteur, et le circuit de la serrure se trouve alors rompu, quand bien même, la porte étant fermée de nouveau, les deux lames des feuillures seraient en contact. Il va sans dire, que le second circuit dont nous venons de parler, c'est-à-dire celui du transmetteur, et son système de fermeture à chaque ouverture de la porte, peuvent constituer un électro-ferme. Il suffit, pour cela, d'interposer dans ce circuit la sonnerie électrique; on serait alors averti, par ce moyen, du passage des personnes qui voudraient forcer la porte.

Avertisseur électrique pour les concierges. — Il est souvent nécessaire, pour les personnes qui ont à s'occuper de nombreuses affaires, de faire savoir, plusieurs fois dans la journée, à leur concierge, si elles peuvent recevoir ou si elles veulent fermer leur porte. Or, pour peu que l'on demeure à un étage élevé, ce soin devient tellement fatigant, qu'on préfère, la plupart du temps, ne rien dire au concierge, au risque de rendre inutile la peine prise par les visiteurs de monter plusieurs étages. Au moyen de l'appareil que je vais décrire, et que j'ai appelé *avertisseur électrique*, le concierge peut être prévenu sans qu'on ait à se déranger, et comme le signal qui est fourni reste immobile jusqu'à ce qu'on le remplace, on a l'avantage de laisser au concierge un indice certain qui peut suppléer à sa mémoire.

Cet appareil, comme on l'a déjà deviné, sans doute, n'est autre chose que l'appareil aux signaux des chemins de fer dont j'ai déjà parlé, page 86; seulement au lieu d'un disque rouge et d'un disque blanc qui apparaissent tour à tour dans un guichet unique, ce sont les initiales R et S des mots *rentré— sorti*. L'armature de la détente de la sonnerie se trouve supprimée, de sorte que tout le mécanisme se réduit uniquement à la bascule aimantée portant les lettres R et S, qui oscille entre les branches de l'électro-aimant suivant le sens du courant, et qui se trouve maintenue dans la dernière position qu'elle a prise par le magnétisme rémanent de l'électro-aimant.

Ces appareils peuvent être simples, doubles, triples, quadruples, etc., suivant le nombre de personnes qui veulent communiquer avec le concierge.

Tel que je l'avais conçu dans l'origine, cet appareil devait fonctionner avec deux petits électro-aimants, et c'était toujours le magnétisme rémanent qui maintenait fixe la bascule après la cessation d'action du courant. Mais M. Mirand l'a simplifié, ainsi que je viens de le dire.

Le transmetteur consiste dans un double bouton analogue à ceux des sonneries électriques, mais dont les ressorts sont tellement combinés entre eux, que le courant passe directement à l'appareil ou se trouve renversé, suivant qu'on touche le bouton de gauche ou le bouton de droite. Bien plus même, il suffit de les toucher instantanément pour que le signal soit transmis, quand bien même celui-ci ne serait pas arrivé à son point de repos au moment où le fluide était en mouvement.

Sonneries électriques à répétition des heures. — Le moyen jusqu'à présent employé pour savoir l'heure au milieu de la nuit est de faire sonner une montre ou une horloge à répétition. Or, il arrive le plus souvent qu'on n'a ni l'une ni l'autre. D'un autre côté, l'établissement d'horloges à répétition dans les différentes chambres d'une maison serait une dépense d'autant plus considérable, que, devant être placées à l'intérieur du lit et à portée de la main, ces horloges ne pourraient remplacer les pendules ordinaires qui sont, pour une cheminée, un ornement aussi bien qu'un meuble utile, Il en résulte donc que la plupart du temps on est obligé de se passer d'une indication précieuse, surtout pour ceux qui sont sujets à l'insomnie.

En faisant intervenir l'électricité, l'application de ces appareils à répétition peut être généralisée et devient très économique, comme on va pouvoir en juger.

Supposez qu'à la bascule de détente de la sonnerie d'une comptoise soit adaptée une armature équilibrée d'autre part par un contre-poids. Supposez qu'à portée de cette armature soit fixé un électro-aimant, dont le fil sera interposé dans un circuit particulier allant aux différentes chambres de la maison. Enfin, supposez que la tige du marteau de la sonnerie porte un ressort réagissant par pression sur un interrupteur spécial de courant. On comprendra facilement que, fermant le courant dans l'une ou l'autre des chambres, on fera agir l'électro-aimant de l'horloge, et celui-ci, en soulevant la détente de la sonnerie, la mettra en mouvement. L'heure sera donc répétée alternativement avec les demi-heures à chaque fermeture du courant. Mais le marteau, en réagissant lui-même sur l'interrupteur spécial, dont nous avons parlé, peut, à chaque coup qu'il frappe, fermer le courant dans un circuit correspondant à des sonneries électriques placées dans les différentes chambres, et celles-ci, à leur tour, peuvent, par la répétition des coups, indiquer l'heure. Tel est le principe des sonneries électriques à répétition.

Dans la mise à exécution de ce système de sonneries, plusieurs détails secondaires doivent être pris en considération. Il faut d'abord que la répétition de l'heure ne se fasse que pour la chambre qui a sonné et non pour les autres. Il faut, en second lieu, que les sonneries ne fassent pas beaucoup de bruit, afin de ne pas réveiller les voisins. En conséquence, voici comment le système entier doit être disposé.

Un bouton transmetteur, dont je vais indiquer la construction, est placé dans l'alcôve, à distance convenable, pour être facilement touché. Il est en rapport avec trois fils : l'un qui va directement à l'un des pôles de la pile, en passant par le ressort interrupteur de l'horloge; un autre qui aboutit à l'électro-aimant de la détente de l'horloge; enfin, un autre qui est en rapport avec la sonnerie électrique placée, je suppose, sur la cheminée de l'appartement. Cette sonnerie, ainsi que l'électro-aimant de l'horloge, sont d'ailleurs eux-mêmes en rapport avec l'autre pôle de la pile par un fil commun.

Le bouton transmetteur se compose d'un disque en bois, sur lequel sont incrustées quatre petites plaques de cuivre. Un arc métallique, dont la partie milieu est en bois, appuie sur ces quatre plaques; mais il peut être tourné, de manière à ne plus se trouver en contact avec elles. Il en résulte que, si les deux plaques de gauche sont en rapport avec le circuit de la sonnerie électrique et que les deux plaques de droite correspondent au circuit de la détente de l'horloge, on pourra fermer et ouvrir en même temps les deux circuits par un simple mouvement de la bascule. La fermeture de l'un de ces circuits aura donc pour effet de lever la détente, et la fermeture de l'autre dirigera sur la sonnette électrique de l'appartement qui doit répéter l'heure, les interruptions du courant faites par le marteau du timbre de l'horloge. Il faudra seulement avoir soin, quand l'heure aura sonné, de tourner le commutateur pour rompre le courant dans les deux circuits.

Les sonneries électriques les plus convenables pour ce genre d'application sont celles à timbre de bois, que M. Mirand a construites dernièrement pour la correspondance télégraphique dans les bureaux. Ce sont des sonneries beaucoup plus petites que celles dont j'ai déjà fait la description, mais exactement dans le même système. Le timbre seul est différent. Il est en gayac et présente sur son bord une ouverture assez large par laquelle sort le son; car on est obligé, pour rendre ces timbres sonores, de les appliquer très près de la planche qui leur sert de support.

Inutile de dire qu'en disposant la comptoise, comme je l'ai indiqué, au sujet de mon système de sonnerie pour les cloches de signal, on peut également employer ces timbres comme *réveils* ou comme cloches de signal.

Défense des issues. — Il arrive malheureusement quelquefois dans certains pays et dans des temps de commotions politiques, que des domiciles privés se trouvent envahis par des bandes errantes, dont le but, avant tout, est le pillage. Ni grilles, ni portes ne peuvent les arrêter, et l'on se trouve pris chez soi à l'improviste, sans avoir eu le temps de songer à se défendre. Au moyen d'un système électrique bien simple, on peut rendre difficile, sinon impossible, ces sortes de coups de main. Supposez, en effet, que ce soit la grille d'une cour qu'il s'agit de défendre.

Une machine de Rumkorff sera installée dans l'une des pièces de la maison, et deux fils, couverts de gutta-percha, iront, par dessous terre, établir une relation entre la machine et la grille, afin de communiquer à celle-ci l'effet foudroyant du courant d'induction. Pour cela, l'un de ces fils sera soudé en un point quelconque de la grille, tandis que l'autre sera en rapport avec une grande plaque de zinc, placée devant son seuil. Alors ceux qui viendraient pour forcer l'entrée de la cour se trouveraient dans le même cas, en touchant la grille, que s'ils tenaient entre les mains les deux manipules d'une machine à commotion. Or, comme les commotions de la machine de Rumkorff sont intolérables, ils auraient bien vite lâché prise.

Cependant, comme ce moyen pourrait ne pas être suffisant en cas d'une attaque sérieuse, on pourrait faire réagir le courant de la machine pour faire sauter une mine ou des obus qu'on aurait eu soin de préparer à l'avance, à cet effet, sous le seuil de la porte, et, comme ce moyen pourrait être répété plusieurs fois sur le chemin, qu'auraient à parcourir les bandits, ils pourraient être cruellement punis de leur audace.

Il est facile de comprendre qu'en garnissant une porte de bois de feuilles de papier d'étain que l'on pourrait même peindre afin de les dissimuler, on mettrait cette porte dans les mêmes conditions qu'une grille pour agir électriquement.

Procédé électrique pour allumer à distance un bec de gaz. — On vient d'installer à l'Observatoire de Paris, une mire pour les observations astronomiques de nuit, qui se trouve allumée sous l'influence de l'électricité, à une distance de cent mètres environ du lieu d'observation.

Cette mire n'est autre chose qu'un bec de gaz établi à l'extrémité d'un mât et renfermé dans une espèce de lanterne disposée à cet effet. A travers cette lanterne, et précisément au-dessus du bec de gaz, se trouvent fixés, à une très petite distance l'un de l'autre, deux fils de platine suffisamment isolés et en communication avec deux fils recouverts de gutta-percha. Ces fils aboutissent à l'appareil de Rumkorff placé dans la salle des observations, et cet appareil marche sous l'influence d'une machine de Clarke. Enfin, le robinet du tuyau pour le gaz est placé également dans la salle des observations, de sorte que, sans bouger de cette salle, on peut faire arriver en temps voulu le gaz à l'extrémité du mât, et l'allumer en tournant la machine.

Fabrication électrique du diamant. — Il n'y a pas longtemps encore que les alchimistes, recherchant la pierre philosophale, passaient, sinon pour sorciers, du moins pour des fous. Que devra-t-on dire aujourd'hui de ceux qui transformeront une poudre noire, produit de la fumée ou de la carbonisation, en corps bien plus précieux que l'or, le diamant ! Pourtant le fait existe ; il est vrai que les diamants obtenus sont très petits, mais ce sont des diamants. Or, en admettant que les moyens employés puissent, par l'intermédiaire de machines plus puissantes, avoir un effet plus énergique, qui empêche de croire à la solution complète du problème ? Ces machines n'existent pas, dira-t-on, mais elles pourront être construites, et la construction actuelle d'une machine d'induction, pouvant échanger l'étincelle à quarante centimètres de distance, serait bien moins étonnante que ne l'a été celle de la machine Rumkorff qui, pour la première fois, a pu transformer l'électricité dynamique en électricité statique. Le diamant, comme on le sait, n'est autre chose que du carbone cristallisé. Comment cristalliser le carbone ? Tel était donc le problème à résoudre. Or, tous les degrés possibles de chaleur n'avaient pu, jusqu'à présent, produire cette cristallisation ; l'on n'obtenait toujours que du graphite amorphe quand le carbone était fondu, ou une poussière noire quand il était volatilisé. M. Despretz a eu alors l'idée de faire réagir d'une manière continue, sur le carbone lui-même, l'étincelle électrique ou tout au moins le courant électrique, et c'est ainsi qu'il est arrivé au résultat curieux que nous avons énoncé.

Les procédés d'expérimentation qu'il a employés sont de plusieurs sortes, mais dans tous ces procédés, le charbon employé était du sucre candi carbonisé ; c'est celui qui est le plus pur ; il brûle, pour ainsi dire, sans résidu. Le procédé qui a le mieux réussi est fondé sur la volatisation lente produite par le courant d'induction. Voici comment on dispose l'expérience : on prend un ballon à deux tubulures, disposé comme l'œuf électrique. A la tige inférieure on attache le cylindre de charbon pur qu'on veut soumettre à l'expérience ; il ne doit avoir que quelques centimètres de longueur sur un centimètre à peine de diamètre. On fixe à la tige supérieure du ballon une douzaine de fils de platine qu'on place en face du charbon, à environ cinq ou six centimètres de distance, puis on fait le vide dans le ballon, et l'on fait passer à travers le système le courant électrique de la machine de Rumkorff, de manière que le pôle où se produit la lumière bleue, corresponde aux fils de platine. Ce pôle, comme l'a démontré M. Despretz, est précisément le pôle de la chaleur.

La pile, dans l'expérience de M. Despretz, se composait de quatre éléments de Daniell, réunis deux à deux, et l'expérience a duré plus d'un mois, sans interruption. Au bout de ce temps, il s'est déposé une légère couche noire de charbon sur les fils de platine, et c'est sur cette couche noire que se sont trouvées fixées les cristallisations, très-petites il est vrai, du carbone volatilisé.

Ces cristalisations étaient de deux espèces, les unes étaient des octaèdres noirs, les autres des octaèdres blancs opalins, reposant sur un sommet.

Essayés par M. Gaudin, lapidaire très-distingué, ces cristaux ont présenté tous les caractères des diamants. Ainsi on a pu polir des rubis, *dans un temps très-court,* avec la poussière provenant de ces cristaux, et ces cristaux eux-mêmes ont pu être brûlés sans résidu sensible.

Dans un autre procédé employé par M. Despretz, le charbon pur est déposé directement et lentement par la voie humide, mais il ne donne pas lieu à des cristallisations parfaitement définies, comme dans le procédé par les courants d'induction, et la dureté du dépôt est moindre. Dans un troisième procédé, M. Despretz décompose les combinaisons carbonées par des courants faibles. Dans un quatrième, la machine à deux électricités de Nairne a été employée. Enfin, dans un cinquième, M. Despretz a fait des mélanges chimiques, sous les conditions les plus propres à donner les résultats cherchés.

Application de l'électricité à la photographie. — Il y a déjà quelques années on avait tenté d'associer l'électricité aux opérations photographiques pour accélérer le temps de l'impression de l'image. Il y avait même à l'exposition de Londres un appareil photographique tout monté avec sa pile. Mais la sensibilité déjà si grande qu'on a pu donner aux substances impressionnables dans ces derniers temps, avait fait oublier complètement l'emploi de l'électricité. Dernièrement M. Campbell, en Amérique, a mis à profit cette propriété de l'électricité pour hâter l'impression de la lumière colorée, impression qui est fort longue en raison du peu de sensibilité du chlorure d'argent. M. Campbell a donc fait communiquer sa plaque avec le conducteur positif d'une pile, en même temps que les extrémités des fils plongeaient dans de l'eau acidulée, afin que l'on pût juger par la quantité de gazs dégagés, de l'intensité du courant. Puis il soumettait la plaque exposée à la lumière à l'action du gaz naissant et il obtenait ainsi, en quatre ou cinq minutes, des images colorées qu'on n'obtient autrement qu'en quatre ou cinq heures.

Application de l'électricité à la physique amusante. —
L'électricité joue actuellement un grand rôle dans beaucoup
de tours de la physique amusante. Tantôt au moyen d'électro-aimants, habilement disimulés au regard, on fait devenir
instantanément pesante une boîte qui ne l'était pas; tantôt
on fait sortir de l'une des parois d'une boîte de cristal suspendue à une corde et mise en mouvement d'oscillation,
plusieurs pièces de monnaies qui ont été empruntées; tantôt
encore on fait marcher des hommes au plafond la tête en
bas. Tous ces tours ne sont dus qu'à des combinaisons
d'électro-aimants qu'il est bien facile de deviner. Je n'en parlerai pas ici, car, bien que ce soient des applications importantes pour les prestidigitateurs, elles sont loin de l'être aux
yeux des personnes sérieuses auxquelles cet ouvrage est
adressé.

IX.

Appareils nouveaux appartenant aux premières catégories du 1ᵉʳ volume.

Depuis la publication de notre premier volume, beaucoup
d'appareils se rapportant aux premières catégories des
applications de l'électricité ont été imaginés. Nous pensons
donc qu'il ne sera pas sans intérêt de leur consacrer, dans ce
second, volume un chapitre à part. Nous profiterons en même
temps de la circonstance pour rappeler ceux de ces appareils
qui ont été oubliés ou qui n'étaient pas venus alors à notre
connaissance.

Télégraphe Ecossais de 1753. — D'après une lettre récemment trouvée en Angleterre et envoyée comme document à l'Institut de Londres, il paraîtrait que c'est un Ecossais dont le nom inconnu a pour initiales les deux lettres C. M., qui aurait eu la première idée de l'application de l'électricité à la télégraphie. Il résulterait de ce document que l'invention du télégraphe écossais aurait eu lieu en 1753, tandis que l'invention de Le Sage ne remonterait qu'à l'année 1774.

Voici, du reste, ce document tel que nous le trouvons traduit dans le *Cosmos* du 17 février 1854, et qui avait été publié en février 1753, dans le volume XV, page 88 du *Scots-Magazine.*

Renfrew, 1.er février 1753.

« Sir (Monsieur),

» Il est bien connu de tous ceux qui s'occupent d'expériences d'électricité que la puissance électrique peut se propager, le long d'un fil fin, d'un lieu à un autre, sans être sensiblement affaibli par la longueur de sa course. Supposons maintenant un faisceau de fils, en nombre égal à celui des lettres de l'alphabet, étendus horizontalement entre deux lieux donnés, parallèles l'un à l'autre, et distants l'un de l'autre d'un pouce.

» Admettons qu'après chaque vingt yards les fils soient reliés à un corps solide par une jointure en verre ou en mastic de joaillier, pour empêcher qu'ils n'arrivent en contact avec la terre ou quelque corps conducteur, et pour les aider à porter leur propre poids. La batterie électrique sera placée à angle droit à l'une des extrémités des fils, et le faisceau des fils à cette extrémité sera porté par une pièce solide de verrre; les portions des fils qui vont du verre-support à la machine ont assez d'élasticité et de roideur pour revenir à leur position primitive après avoir été amenées en contact avec la batterie. Tout près de ce même verre-support, une balle

ou boule descend suspendue à chaque fil, et, à un sixième
ou un dixième de pouce au dessous de chaque balle, on place
l'une des lettres de l'alphabet, écrites sur de petits morceaux
de papier ou d'une autre substance quelconque assez légères
pour pouvoir être attirée et soulevée par la balle électrisée ;
on prend en outre tous les arrangements nécessaires pour que
chacun de ces petits papiers reprenne sa place lorsque la balle
cesse de l'attirer.

» Tout étant disposé comme ci-dessus, et la minute à
laquelle doit commencer la correspondance étant fixée
d'avance, je commence la conversation avec mon ami à distance de cette manière : Je mets la machine électrique en
mouvement, et si le mot que je veux transcrire est SIR, par
exemple, je prends, avec un bâton de verre ou avec un autre
corps électrique par lui-même ou isolant, les différents
bouts de fils correspondant aux trois lettres qui composent
le mot. Puis je les presse de manière à les mettre en contact
avec la batterie. Au même instant, mon correspondant voit
ces différentes lettres se porter, dans le même ordre, vers les
balles électrisées à l'autre extrémité des fils : je continue
à épeler ainsi les mots aussi longtemps que je le juge
convenable ; et mon correspondant, pour ne pas les
oublier, écrit les lettres à mesure qu'elles se soulèvent ; il les
unit, et il lit la dépêche aussi souvent que cela lui plaît. A
un signal donné, ou quand j'en ai le désir, j'arrête la machine, je prends la plume à mon tour, et j'écris ce que mon
ami m'envoie de l'autre extrémité de la ligne.

» Si quelqu'un juge que ce mode de correspondance est
quelque peu ennuyeux, au lieu de balles, il pourra suspendre
au plafond une série de timbres, en nombre égal aux lettres
de l'alphabet, et diminuant graduellement de dimension
depuis le timbre A jusqu'au timbre Z. Du premier faisceau
de fils horizontaux, il en fera partir un autre aboutissant aux

différents timbres, c'est-à-dire qu'un fil ira du fil A au timbre A, un autre du fil B au timbre B, etc.

» Alors celui qui commence la conversation amène successivement les fils en contact avec la batterie comme auparavant, et l'étincelle électrique se déchargeant sur les timbres de dimensions différentes désignera au correspondant, par le son produit, les fils qui auront été tour à tour touchés. De cette manière, et avec un peu de pratique, les deux correspondants arriveront sans peine à traduire en mots complets le langage des carillons, sans être assujettis à l'ennui de noter ou d'écrire chacune des lettres indiquées. On peut parvenir encore au même but d'une autre manière : supposons que les balles soient suspendues au dessus des caractères, comme dans la première expérience; mais au lieu d'amener les extrémités des fils horizontaux en contact avec la batterie, concevons qu'un second faisceau de fils partant de l'électrificateur vienne aboutir aux fils horizontaux du premier faisceau, et que tout soit en même temps disposé de telle sorte que chacun des fils de la deuxième série puisse être détaché du fil correspondant de la première par une pression exercée sur une simple touche, et qu'il revienne de nouveau aussitôt qu'on lui rend sa liberté en cessant de presser. Ceci peut être obtenu par l'intermédiaire d'un petit ressort ou de vingt autres moyens que l'on imaginera sans peine. De cette manière les caractères adhéreront constamment aux balles, excepté lorsque l'on éloignera un des fils secondaires du fil horizontal en contact avec la balle, et alors la lettre, à l'autre extrémité du fil horizontal, se détachera immédiatement de la balle, et sera par là même montrée au correspondant. Je mentionne en passant cette nouvelle disposition comme une variété intéressante.

» Quelqu'un pensera peut-être que quoique le feu ou flux électrique n'ait pas paru sensiblement diminuer d'intensité

dans sa propagation à travers les longueurs de fils expéri-
mentées jusqu'ici, on peut raisonnablement supposer,
comme ces longueurs de fils n'ont pas dépassé 30 ou 40
yards (mètres), que, sur une longueur beaucoup plus
grande, cette intensité diminuera considérablement et sera
probablement entièrement épuisée par l'action de l'air envi-
ronnant, après un parcours de quelques milles.

» Pour prévenir cette objection et sans perdre le temps en
arguments inutiles, je dirai, qu'il suffira de recouvrir les
fils d'une extrémité à l'autre avec une couche mince de
mastic de joaillier : ceci peut se faire avec une dépense
additionnelle très minime ; et comme cette couche est
électrique par elle-même, c'est-à-dire isolante, elle mettra
efficacement chaque partie du fil à l'abri de l'action épuisante
de l'atmosphère.

« Je suis, etc.,   C. M. »

Appareil silencieux des stations. — Il arrive souvent,
dit M. Breguet, sur les lignes télégraphiques qu'on veut
parler directement d'une station à une autre très éloignée, sans que la dépêche passe par les stations intermédiaires. En France, le moyen employé jusqu'à présent dans
ce but était de prévenir les stations intermédiaires d'établir
la continuité de la ligne pendant un temps déterminé. Or, il
est facile de comprendre combien ce moyen était incommode
et entraînait de perte de temps, car, d'un côté, on ne pouvait
jamais être sûr du temps nécessité pour la transmission de
la dépêche et de sa réponse ; d'un autre côté, les communications une fois établies entre les deux stations parlantes,
les stations intermédiaires ne pouvaient plus être en rapport
les unes avec les autres, ni même avec les premières, jusqu'à
l'expiration du temps convenu. Il arrivait alors souvent
qu'une dépêche se trouvait coupée par la moitié, parce que le
temps convenu n'était pas suffisant, ou bien qu'on paralysait

pendant un temps beaucoup trop long les fonctions télégraphiques des stations de la ligne. Pour y remédier, M. Breguet a eu l'idée d'ajouter aux appareils de ces stations un petit mécanisme particulier, qui joue le rôle des appareils silencieux employés sur les lignes anglaises. Voici en quoi il consiste : Sur le manipulateur de l'appareil électrique de chaque station se trouve une bascule à interruption du courant qui, étant inclinée d'un côté, met la ligne en rapport avec le récepteur de la station et qui, étant inclinée de l'autre côté, fait passer le courant dans le fil d'un électro-aimant spécial, dont nous allons voir la fonction. Dans ce dernier cas, la continuité de la ligne est établie par le fil lui-même de cet électro-aimant. Celui-ci a pour armature un barreau d'acier aimanté, qui, à l'état normal, se trouve suspendu en équilibre suivant la verticale, mais qui peut, quand l'électro-aimant devient actif, être repoussé ou attiré, suivant la nature des pôles opposés l'un à l'autre. Quand il est repoussé, il vient rencontrer un ressort en rapport avec le courant de la pile *locale* de la station, et met alors en mouvement la sonnerie de cette station ; quand il est attiré, au contraire, aucun effet électrique ne se manifeste, et cette sonnerie se tait.

Il est facile de comprendre maintenant le rôle de cet appareil : quand on veut correspondre, par exemple, de Paris à Cherbourg, sans que Caen reçoive la dépêche, on prévient Caen d'établir la continuité de la ligne. On tourne donc à à Caen la bascule à interruption, et la dépêche passe à travers le fil de l'électro-aimant de l'appareil silencieux, pour continuer son chemin par le fil de Cherbourg ; mais le courant est dirigé alors de manière à ce que le pôle de l'électro-aimant de l'appareil silencieux soit de nom contraire à celui de son armature. Aussitôt qu'on a fini de parler avec Cherbourg, on tourne le commutateur à renversement de pôles à Paris, et l'électro-aimant de l'appareil silencieux, ayant un pôle de même nom que son armature, celle-ci est repoussée et met en mouvement la sonnerie de Caen. On est alors prévenu à cette station que la communication entre Paris et Cherbourg est terminée, et on rétablit les communications avec les appareils récepteurs.

Télégraphes silencieux de M. Breguet. — Quand on veut correspondre directement d'une station à l'autre, sans que les stations intermédiaires prennent part à la dépêche, et sans employer l'appareil silencieux que nous venons de décrire, il devient essentiel de faire intervenir une action physique qui fasse que le moyen propre à faire marcher l'un ne puisse convenir à l'autre. Or, le moyen d'arriver à ce but est fourni directement par les armatures aimantées. Supposons, en effet, que sans rien changer au mécanisme des appareils actuels, on substitue seulement aux armatures de fer doux des armatures aimantées, dont les pôles soient disposés dans les appareils d'une manière diamétralement opposée aux stations extrêmes et aux stations intermédiaires, on comprendra que si le courant marche dans le circuit, de manière à attirer les armatures des appareils des stations extrêmes, ce courant, réagissant sur les appareils des stations intermédiaires, n'aura d'effet que dans le sens de la répulsion. Or, comme les armatures se trouvent alors buttées sous l'influence du ressort antagoniste, elles ne bougent pas. Donc, les deux stations extrêmes seules peuvent alors parler, mais si on change le sens du courant, les réactions magnétiques devenant immédiatement opposées, le contraire a lieu, et ce sont les stations intermédiaires qui se trouvent en relation avec l'une ou l'autre des stations extrêmes.

Ce système aurait beaucoup d'avantages pour les petites distances télégraphiques, mais, à cause des bifurcations qu'il nécessite, et de la nécessité des relais pour de longues distances à franchir, l'appareil silencieux que nous avons décrit précédemment est préférable. Néanmoins, il est beaucoup de cas particuliers , et surtout beaucoup d'instruments, tels que les sonneries électriques , les appareils à signaux, etc., pour lesquels le système de M. Breguet peut être employé avec beaucoup d'avantages.

Télégraphe-imprimeur de M. Theiler. — Nous avons vu fonctionner il y a quelques jours, chez M. Rumkorff, dit l'abbé Moigno, un charmant modèle de télégraphe imprimant, inventé et construit par un brave horloger d'Einsiedlen, canton de Schwitz. Les expériences ont admirablement réussi, les dépêches sont écrites en lettres romaines parfaitement formées. Nous ne pouvons mieux faire pour appeler l'attention sur ce télégraphe, que de publier le rapport d'une commission de la Société des arts de Genève. Les noms des commissaires, MM. de la Rive, Colladon, Wartman, Gautier, colonel Dufour, Bonyol, Privat, doivent inspirer une confiance absolue. L'appareil comprend d'abord un clavier formé d'un aussi grand nombre de touches qu'il y a de lettres, de signes ou de chiffres à transmettre. Ce clavier communique par un seul fil avec la station de réception. Dans celle-ci se trouve un mécanisme destiné à l'impression de la dépêche, au moyen de deux roues pourvues de signes saillants à leur périphérie, qui s'encrent incessamment par leur passage devant un rouleau d'imprimerie, et qui s'abaissent au moment voulu pour tracer sur le papier le signe désiré.

Le mécanisme du manipulateur a une certaine analogie avec celui qu'a inventé et exécuté M. Froment à Paris. Il en diffère toutefois essentiellement en ceci, qu'il suffit d'ouvrir et de fermer le circuit une seule fois pour la formation de chaque lettre; le jeu des touches est combiné avec celui d'un mécanisme doué d'un mouvement uniforme, mouvement précisément de même rapidité que celui qu'exécute un autre mécanisme situé dans le récepteur. Ainsi, au lieu que ce soit une succession de ruptures et de clôtures du circuit qui agissent pour établir la correspondance des roues d'impression avec les touches, comme dans les appareils français, c'est un mécanisme pourvu d'un échappement qui assure l'uniformité.

Une autre particularité essentielle qui distingue l'appareil de M. Theiler, c'est que la roue est, après l'impression d'une lettre quelconque, ramenée à sa position initiale. Il en résulte que la machine rectifie elle-même immédiatement l'erreur qui peut se commettre dans la transmission, et qui, du reste, ne peut guère affecter qu'une seule lettre. Dans le modèle qui a fonctionné sous les yeux de la société, on peut obtenir une lettre par seconde. Mais cette limite sera facilement dépassée, et le constructeur obtiendra sans doute une amélioration notable en introduisant dans un nouveau modèle plusieurs perfectionnements qu'il a imaginés, et dont il a fait part à la commission. Telle est entre autres la substitution d'une seule roue d'impression aux deux qu'il emploie actuellement. En somme, le télégraphe de M. Theiler offre, comme tous les télégraphes imprimants, l'avantage de ne rien laisser à l'habileté et à l'attention du télégraphiste : il présente en outre plusieurs combinaisons mécaniques fort ingénieuses, parmi lesquelles nous nous plaisons à citer :

1° L'application de l'échappement libre au jeu du récepteur ;

2° La disposition à l'aide de laquelle on réduit à deux les parties du commutateur qui fonctionnent pour la transmission de chaque lettre ;

3° Le mécanisme du remontoir spontané du ressort qui régit le rouleau entraînant la bande de papier sans fin ;

4° L'artifice à l'aide duquel l'intervalle d'une lettre à l'autre, sur le papier, demeure constante et à l'abri de toute impression.

Nous avons l'honneur de proposer à la société de remercier M. Theiler de son intéressante communication, et de décider qu'une copie du présent rapport lui sera adressée en témoignage de sa satisfaction.   Genève, 5 avril 1854.

Bien que le mécanisme du télégraphe précédent ait été minutieusement caché aux hommes de l'art et à moi particulièrement, je crois qu'il a une telle analogie avec celui de M. Brett, que ce dernier serait peut-être en droit de réclamer contre le brevet pris par M. Theiler. Du reste, une foule de télégraphes de ce genre ont été imaginés depuis quelques années; de temps en temps les journaux nous en annoncent comme une nouveauté, et le bon public en général, peu au courant de ce qui s'est fait, de croire chaque fois à une nouvelle découverte..... Il n'y a pas longtemps encore, le *Journal des Débats* donnait, comme nouvelle, une invention de M. Hipp, par laquelle on pouvait se mettre en relation télégraphique avec les stations, et cela en quelque point du chemin que l'on pût être, comme si les télégraphes portatifs de M. Breguet n'avaient pas réalisé depuis longtemps ce problême. Tantôt c'est ce même M. Hipp qui découvre le moyen de faire sauter les mines par l'électricité et qui gratifie la Confédération helvétique *de cette belle découverte ;* tantôt c'est un jeune employé de Bayonne qui est parvenu à construire un télégraphe imprimeur ; tantôt c'est un paysan des environs d'Auxerre qui a trouvé le merveilleux secret d'imprimer les dépêches sans autre intermédiaire que l'électricité. Enfin, tout le monde découvre, selon les journaux, mais il n'y a d'omis dans leur narration que le nom des véritables inventeurs.

Ce que je dis des journaux peut s'appliquer aux brevets.

Ainsi, l'on voit souvent des systèmes que l'on fait breveter qui sont dans le domaine public depuis nombre d'années. Entr'autres inventions brevetées de ce genre, je citerai un système pompeusement décoré du nom de *système Poujet-Maisoneuve*. En vérité, je suis encore à en croire mes yeux! et je me demande si, réellement, on lit un brevet avant que de l'admettre. Je sais bien que parmi les milliers de brevets qui se prennent chaque année, il en est de tellement absurdes qu'ils ont dû faire sourire plus d'une fois la commission chargée de les examiner. On en trouve même un bon nombre qui constatent la découverte du mouvement perpétuel, de la quadrature du cercle, etc., etc., mais au moins, quelque absurdes qu'ils soient, ils peuvent avoir un principe de nouveauté, dans leur absurdité. Mais, prendre un brevet pour empêcher tous les constructeurs d'employer dans leurs instruments un moyen physique qui nous est donné depuis nombre d'années, et qui est employé à chaque instant dans la physique, la plus ordinaire, et le baptiser système *Poujet-Maisoneuve!* c'est par trop fort. Que sont alors les systèmes d'horlogerie électrique de M. Wheare, les électro-moteurs à armatures aimantées, les télégraphes silencieux de M. Breguet, construits il y a plus de quatre ans, mon anémoscope électrique, l'appareil des concierges de Mirand, les tourniquets magnétiques, etc., etc.? Que M. Poujet-Maisoneuve trouve un système d'application d'armatures aimantées, dans un ou plusieurs appareils électriques qu'il croira perfectionner en employant ce moyen, qu'il réclame un brevet, par exemple pour son télégraphe qu'il a fait construire dans ce système, rien de mieux. Mais prétendre s'approprier l'invention de l'emploi des barreaux aimantés, comme armatures d'électro-aimants, c'est ce qu'il ne pourra jamais justifier. A ce sujet, je dois faire une remarque qui, malheureusement, peut s'appliquer à la plupart des personnes qui s'occupent de sciences et des applications des sciences, c'est qu'elles travaillent beaucoup trop sur leur propre fonds, sans se préoccuper de ce qu'ont fait les autres. En un mot, on ne lit pas assez; qu'en résulte-t-il? On se donne beaucoup de peine pour trouver quelque chose, on dépense bien du temps, souvent bien de l'argent, et quand cette invention est mise au jour, on est tout étonné de voir surgir de tous côtés des réclamations de priorité qui vous apprennent que la chose que vous avez crue inventer, et qui vous a coûté tant de travail, a été imaginée souvent bien longtemps avant vous. Les brevets ne signifient rien pour la constatation de la nouveauté de l'invention; comme ils sont donnés sans garantie du gouvernement, vous avez toute la responsabilité des réclamations qui peuvent être faites contre eux.

Mais revenons aux télégraphes-imprimeurs. Bien qu'on trouve au ministère de l'agriculture et du commerce bon nombre de brevets sur ce genre d'application électrique, pris par MM. Calandre, Rudolph Raedsch, etc., la question pratique n'en est pas pour cela résolue, ou plutôt elle pourra bien ne l'être jamais. En effet, ces appareils, quelque parfaits qu'ils soient, sont tellement dispendieux, tellement lents dans la transmission des dépêches, tellement délicats dans leurs manœuvres, tellement susceptibles de se déranger que l'on préférera toujours les télégraphes à signaux simples qui ne nécessitent pas un personnel plus nombreux et auxquels on peut faire exprimer une langue sténographique très-abréviative. D'ailleurs, pour les employés suffisamment mis au courant de la manœuvre télégraphique, le bruit seul de l'appareil suffit pour leur faire connaître la dépêche. Ainsi, j'ai vu en Allemagne des employés traduire une dépêche envoyée par un télégraphe Morse, rien que par l'audition des mouvements de l'armature de l'électro-aimant. A quoi leur servait donc la dépêche écrite sur la bande de papier?... si ce n'est à dépenser en pure perte ce papier. S'il en est déjà ainsi avec les télégraphes Morse, que devra-t-on dire des télégraphes-imprimeurs?...

En résumé notre opinion est, que les télégraphes imprimeurs sont une heureuse conception, une application ingénieuse de l'action magnétique, mais qu'ils ne peuvent être employés dans la pratique.

Télégraphe autographique de M. Hipp. — M. Hipp a cherché à résoudre le problème de l'écriture des dépêches en lettres ordinaires par le procédé électro-chimique de M. Bain. Mais son système, quoiqu'ingénieux, est loin de valoir celui que nous avons décrit dans notre premier volume.

La partie active de ce télégraphe est un mouvement d'horlogerie qui a pour effet de faire parcourir à une tige métallique un chemin sinueux ayant la forme suivante :

Chaque station a un mécanisme semblable et tous ces mécanismes sont soumis par l'influence du courant à un mouvement syncronique. L'appareil de la station qui parle est disposé de manière que la tige mobile, à l'état normal, se trouve soulevée au dessus d'une lame conductrice par l'intermédiaire d'un léger ressort; mais elle peut être abaissée aussitôt qu'on y applique le doigt. L'appareil de la station qui reçoit a sa pointe en acier, et celle-ci est constamment appuyée sur une bande de papier recouvert de cyanure de potassium qu'entraîne, d'un mouvement uniforme et saccadé, le mécanisme d'horlogerie.

Si l'on examine que les sinuosités parcourues par les pointes peuvent, suivant qu'on considère telle ou telle partie de leur contour, représenter les différentes lettres de l'alphabet, on comprendra qu'il suffira d'appuyer le doigt sur la tige mobile de la station qui parle, précisément au moment où elle commencera à décrire la sinuosité qui représente la lettre à transmettre, pour qu'en ce moment même le courant soit fermé et fasse marquer cette lettre à la pointe de fer agissant sur le papier recouvert de cyanure de potassium.

Transmission électrique de la parole. — Les rêves et les rêveurs ont été de tout temps. Dans le moyen-âge, c'était la découverte de la pierre philosophale qui préoccupait les esprits; plus tard le mouvement perpétuel a fait tourner bien des têtes. Aujourd'hui on croit tout possible, et, ce qui est le plus étonnant, c'est qu'à côté d'un scepticisme souvent révoltant, on trouve la crédulité la plus complaisante. C'est ainsi qu'on nie Dieu et qu'on croit au Diable niché dans une table tournante. C'est ainsi qu'on nie les résultats les plus simples d'un phénomène physique que chacun peut produire, et qu'on croit aveuglément à des choses matériellement impossibles.

Aujourd'hui, c'est un certain M. Ch. B*** qui, voulant sans doute ressusciter le fameux canard de Vaucanson, veut que le télégraphe électrique, au lieu d'écrire et d'imprimer la pensée, prenne les accents de la voix la plus tendre, sans doute pour toucher ou émouvoir les employés chargés du soin de le surveiller. O imagination! que tu es donc fertile quand il s'agit de rêves fantastiques!..... Mais parlons sérieusement et demandons à M. B*** l'avantage que présenterait un télégraphe exprimant des mots articulés, si toutefois il était possible d'atteindre ce but... Est-ce d'éviter aux employés le soin de suivre des yeux l'aiguille indicatrice des télégraphes ordinaires?... Mais les télégraphes auditifs à timbre, tels, que les sonneries de M. Mirand, remplissent parfaitement ce but. Est-ce de faire en sorte que tout le monde puisse être à même de traduire la dépêche qu'on envoie?... Mais c'est précisément ce que l'on cherche à éviter dans la télégraphie. En un mot, cette idée n'est qu'un rêve, et un rêve sans résultat avantageux. Voici, du reste, ce qu'écrit M. B*** à ce sujet :

« On sait, dit M. B***, que le principe sur lequel est fondée la télégraphie électrique est le suivant :

» Un courant électrique, passant dans un fil métallique, enroulé autour d'un morceau de fer doux convertit celui-ci en aimant.

» Dès que le courant n'a plus lieu, l'aimant cesse d'exister.

» Cet aimant, qui prend le nom d'électro-aimant, peut donc tour à tour attirer puis lâcher une plaque mobile, qui, par son mouvement de va-et-vient, produit les signeaux de convention employés dans la télégraphie.

« Quelquefois on utilise directement ce mouvement, et on lui fait produire des points ou des traits sur une bande qui se déroule par l'effet d'un mouvement d'horlogerie. Les signaux de convention sont alors formés par des combinaisons de ces traits et de ces points. — Tel est le *télégraphe américain* qui porte le nom de Morse, son inventeur.

» Tantôt on convertit ce mouvement de va et vient en un mouvement de rotation. On a alors, soit les télégraphes à cadran des chemins de fer, soit les télégraphes de l'État, qui, au moyen de deux fils et de deux aiguilles indicatrices, reproduisent tous les signaux du télégraphe aérien autrefois en usage.

» Imaginons maintenant qu'on dispose sur un cercle

horizontal mobile, les lettres, les chiffres, les signes de ponctuation, etc. : on conçoit que le principe énoncé pourra servir à choisir à distance tel ou tel caractère, à en déterminer le mouvement, et, par conséquent, à l'imprimer sur une feuille placée à cet effet. — Tel est le *télégraphe imprimant.*

» On a été plus loin. Au moyen du même principe et d'un mécanisme assez compliqué, on est parvenu à ce résultat qui, de prime abord, semblerait tenir du prodige, que l'écriture elle-même se reproduit à distance, et, non-seulement l'écriture, mais un trait, une courbure quelconque; de sorte qu'étant à Paris, vous pouvez dessiner un profil par les moyens ordinaires, et le même profil se dessine en même temps à Francfort.

» Les essais faits en ce genre ont réussi; les appareils ont figuré aux expositions de Londres. Il y manque néanmoins quelques perfectionnements de détail.

» Il semblerait impossible d'aller plus avant dans les régions du merveilleux. Essayons cependant de faire quelques pas de plus encore. Je me suis demandé, par exemple, si la parole elle-même ne pourrait pas être transmise par l'électricité; en un mot, si l'on ne pourrait pas parler à Vienne et se faire entendre à Paris. — La chose est praticable, voici comment :

» Les sons, on le sait, sont formés par des vibrations, et apportés à l'oreille par ces mêmes vibrations que reproduisent les milieux intermédiaires.

» Mais l'intensité de ces vibrations diminue très rapidement avec la distance, de sorte qu'il y a, même au moyen des porte-voix, des tubes et des cornets acoustiques, des limites assez restreintes qu'on ne peut dépasser. Imaginez que l'on parle près d'une plaque mobile, assez flexible pour ne perdre aucune des vibrations produites par la voix; que cette plaque établisse et interrompe successivement la communication avec une pile, vous pourrez avoir à distance une autre plaque qui exécutera en même temps exactement les mêmes vibrations.

» Il est vrai que l'intensité des sons produits sera variable au point de départ où la plaque vibre par la voix, et constante au point d'arrivée où elle vibre par l'électricité; mais il est démontré que cela ne peut altérer les sons.

» Il est évident d'abord que les sons se reproduiraient avec la même hauteur dans la gamme.

» L'état actuel de la science de l'acoustique ne permet pas de dire, à priori, s'il en sera tout à fait de même des syllabes articulées par la voix humaine. On ne s'est pas encore suffisamment occupé de la manière dont ces syllabes sont produites. On a remarqué, il est vrai, que les unes se prononcent des dents, les autres des lèvres, etc.; mais c'est là tout.

» Quoiqu'il en soit, il faut bien songer que les syllabes se reproduisent exactement rien que par les vibrations des milieux intermédiaires; reproduisez exactement ces vibrations et vous reproduirez exactement aussi les syllabes.

« En tous cas, il est impossible, dans l'état actuel de la science, de démontrer que la transmission électrique des sons est impossible. Toutes les probabilités, au contraire, sont pour la possibilité.

» Quand on parla pour la première fois d'appliquer l'électro-magnétisme à la transmission des dépêches, un homme haut placé dans la science traita cette idée de sublime utopie, et cependant aujourd'hui on communique directement de Londres à Vienne par un simple fil métallique. — Cela n'était pas possible, disait-on, et cela est.

» Il va sans dire que des applications sans nombre et de la plus haute importance surgiraient immédiatement de la transmission de la parole par l'électricité.

» A moins d'être sourd et muet, qui que ce soit pourrait se servir de ce mode de transmission, qui n'exigerait aucune espèce d'appareils. Une pile électrique, deux plaques vibrantes et un fil métallique suffiraient.

» Dans une multitude de cas, — dans de vastes établissements industriels, par exemple, — on pourrait, par ce moyen, transmettre à distance tel ordre ou tel avis, tandis qu'on renoncera à opérer cette transmission par l'électricité, aussi longtemps qu'il faudra procéder lettre par lettre et à l'aide de télégraphes exigeant un apprentissage et de l'aptitude.

» Quoi qu'il arrive, il est certain que, dans un avenir plus ou moins éloigné, la parole sera transmise à distance par l'électricité. — J'ai commencé les expériences; elles sont délicates et exigent du temps et de la patience; mais les approximations obtenues font entrevoir un résultat favorable. »

Parafoudre de M. Bianchi.—Pour préserver les télégraphes électriques de l'influence perturbatrice de l'électricité atmosphérique, M. Barthélemy Bianchi a imaginé un appareil qu'il propose d'établir à chaque station. Il se compose d'une sphère en métal, traversée par le fil du circuit de la pile, et maintenue au centre d'une autre sphère en verre, formée de deux hémisphères réunis par un large anneau en cuivre armé intérieurement de pointes équidistantes, se dirigeant vers le centre de la sphère métallique jusqu'à une petite distance de sa surface. Les deux hémisphères sont terminés par des douilles dans lesquelles le fil conducteur passe et où il est masqué. La partie inférieure de l'anneau de cuivre est munie d'un robinet métallique qui permet de faire le vide dans l'appareil et de l'y conserver si on le juge nécessaire. Ce robinet porte un pas de vis qui doit recevoir la tige métallique, destinée à mettre l'appareil en communication directe avec le sol, tout en isolant complétement le fil du circuit engendré par la pile et la sphère qui en fait partie.

Avec cet appareil, on conçoit que toute l'électricité atmosphérique qui se porte sur le fil conducteur de l'appareil télégraphique est transmise au sol par l'intermédiaire des pointes dont est armé l'anneau qui est en communication avec lui. — En présentant un modèle de cet appareil à l'Académie, M. Becquerel a ajouté que, d'après les expériences faites par l'auteur, on peut faire passer dans le conducteur télégraphique muni de ces deux appareils, la décharge d'une batterie de huit bocaux sans affecter le courant dynamique, et toute l'électricité satique passe dans le sol sous l'influence des pointes fixées à l'armature de l'appareil.

Horloge électrique de M. Vérité.—M. Vérité est un très habile et très ingénieux horloger de Beauvais, qui a souvent de très heureuses idées, mais auquel il manque seulement d'être au courant des travaux de ses devanciers. Ainsi, le principe de l'horloge électrique qu'il a construite dernièrement, quelques perfectionnements d'ailleurs qu'il y ait apportés, appartient à M. Liais, du moins pour l'application électrique. Loin de nous la pensée de décourager par là M. Vérité, mais qu'il me permette de lui dire que si, dans la description qu'il a fait faire de son horloge, il eût mentionné le nom de son rival, il eût acquis à sa cause toutes les sympathies. Quoiqu'il en soit, voici en quoi consiste l'horloge électrique de M. Vérité :

Le pendule régulateur porte, comme dans le système de M. Liais, une traverse métallique disposée en croix, seulement cette traverse est beaucoup plus longue et peut rencontrer à chaque oscillation du pendule, dans un sens ou dans l'autre, une petite boule métallique suspendue à portée par un fil d'argent très-fin. Chacune de ces boules et le fil auquel elles sont attachées, sont en relation électrique avec des électro-aimants droits placés de chaque côté du pendule, et sont, d'ailleurs , supportées par les deux branches d'une grande bascule oscillante placée parallèlement au-dessus de la traverse du pendule. Les deux branches de cette bascule sont isolées métalliquement l'une de l'autre, et se terminent par une petite palette de fer doux qu'attirent les électro-aimants quand le courant électrique les traverse. Enfin, l'un des pôles de la pile communique au point d'oscillation du pendule, tandis que l'autre communique directement aux deux électro-aimants. Voici alors ce qui arrive quand le pendule est écarté de la verticale : la branche transversalle se trouve alors inclinée et vient rencontrer l'une des deux boules, mais en ce moment le courant est fermé dans l'électro-aimant correspondant à cette boule, et le balancier qui la supporte se trouve abaissé; la boule appuie donc alors de tout son poids sur la traverse du pendule et tend à faire prendre à celui-ci un mouvement rétrograde. A peine cette traverse est-elle arrivée au point extrême de sa course qu'elle abandonne la boule et rompt par là la continuité du circuit électrique à travers l'électro-aimant qui avait agi sur elle. Mais en ce moment elle rencontre du côté opposé l'autre boule et rend actif le second électro-aimant. Celui-ci abaisse donc la bascule et fait appuyer de tout son poids cette dernière boule sur la traverse du pendule qui est forcé, par cela même, de rétrograder. On voit donc que, par ce moyen, le mouvement du pendule se trouve sans cesse entretenu d'une manière régulière sans que les pièces du commutateur soient soumises à aucun frottement.

Cette absence de frottement est un des grands avantages du système de M. Vérité et qui le rend supérieur à tous ceux qui ont été jusqu'à présent imaginés. Aussi a-t-il pu faire fonctionner depuis un an son horloge avec un seul élément de pile à grande surface, sans que celle-ci ait eu besoin d'être renouvelée.

Comme principe, il est évident qu'un mouvement entretenu par la chûte d'un même poids tombant toujours d'une hauteur constante, devra être d'une régularité parfaite. Or, ce principe avait été établi dès l'année 1851 par M. Liais, et c'est pour cela que nous avions réclamé la priorité en son nom. Sans doute son commutateur était moins parfait et l'échappement de son pendule moins libre que ceux de M. Vérité, mais nous devons faire observer qu'avant la publication du système de ce dernier dans mon premier volume, M. Liais avait apporté des modifications importantes à son horloge électrique; c'est ce qui résulte du procès-verbal de la séance du 22 août 1853 de la Société des Sciences Naturelles de Cherbourg. On y trouve, en effet, « qu'à l'occasion de son système d'horloge électrique qui est décrit dans le travail de M. Th. Du Moncel, M. E. Liais annonce qu'il est parvenu par une disposition récente à en *supprimer l'encliquetage et à en simplifier beaucoup le mécanisme.* » (Mémoires de la Société des Sciences Naturelles de Cherbourg, page 358).

Voici du reste les détails dans lesquels M. Liais entre à cet égard, dans la séance du 13 mars 1854 :

« M. E. Liais soumet à la société quelques nouvelles remarques sur l'emploi de l'électricité pour l'horlogerie de précision. Cet emploi n'est possible dans ce but qu'autant que l'intensité du courant ne peut influer sur la marche du pendule; on obtient aisément ce résultat en ne faisant intervenir l'électro-magnétisme que pour soulever un poids constant d'une quantité constante à chaque oscillation du pendule, la chute seule du poids entretenant le mouvement. Ce principe est la seule base sur laquelle puisse reposer l'horlogerie-électrique de précision, et il a été indiqué pour la première fois par M. Liais, en 1851, dans un mémoire adressé à l'Institut et publié au printemps de 1852. A cette époque, l'auteur a décrit une série de dispositions dans lesquelles le mouvement du pendule est à la fois indépendant : 1° de l'intensité du courant; 2° des variations des instants de rupture et d'établissement de ce courant ; 3° des frottements que ces ruptures peuvent occasionner; 4° de la force coërcitive du fer des électro-aimants; 5° des variations d'élasticité des ressorts de suspension des lames pesantes et du guide du pendule sur lequel elles agissent, résultat obtenu en dirigeant les ressorts lorsqu'ils sont détendus, suivant la bissectrice de l'angle du jeu des lames; 6° des frottements des rouages du compteur (qui est entièrement séparé du régulateur) et, par conséquent, des variations de frottement dues à la décomposition et au changement de température des huiles, car dans les pièces des régulateurs, il n'en est pas besoin; 7° des variations de la température et de la pression barométrique par la compensation des lames pesantes et du pendule, mais surtout par le placement du régulateur dans une couche de température invariable et dans une enveloppe renfermant de l'air à densité constante. Enfin la perfection de ces appareils surpasse celle des meilleures horloges astronomiques; aussi s'est-on empressé d'imiter ces dispositions, et dernièrement encore M. Vérité a construit une horloge sur ce modèle.

» La disposition que M. Liais préfère pour ce régulateur est celle dont il a parlé, mais sans détails, à la Société, dans la séance du 22 août 1853, disposition dans laquelle il n'existe aucun frottement pouvant réagir sur le pendule. Elle consiste en un pendule qui met en mouvement un guide à potence en forme de T. De part et d'autre de ce guide qui est en communication continue avec l'un des pôles de la pile au moyen d'un fil de platine plongeant dans une capsule pleine de mercure, existe une lame pesante dont l'axe de suspension est l'axe même du balancier, et dont les ressorts de suspension sont dirigés suivant la bissectrice de l'angle de jeu de ces lames, celles-ci communiquent avec l'autre pôle de la pile au moyen de fils plongeant dans des capsules pleines de mercure. Quand le courant est rompu, ce qui a lieu dans le milieu de la course du pendule, les lames sont maintenues soulevées par des bras de levier attachés à des armures qui font contrepoids, mais quand le pendule arrive aux extrémités de sa course, il y a contact entre le guide et une des lames que ce guide soulève; l'armature est attirée et abaisse le bras de levier de sorte que, pendant le retour du pendule, la lame presse sur le guide jusqu'à ce qu'elle rencontre un buttoir qui l'arrête. Alors le courant est de nouveau rompu; l'armature tombe et soulève la lame pour l'oscillation suivante. La disposition donnée aux fils qui amènent le courant dans le guide et dans les lames est telle que ce courant ne passe pas par les ressorts de suspension, et que les variations de température qu'il produit ne peuvent changer la distance des centres d'oscillation à l'axe de suspension.

Horloges électriques de M. Jaspar. — M. Jaspar, fabricant d'instruments de physique à Liège, a proposé, dans une notice adressée à l'Académie de Bruxelles, de modifier ainsi qu'on va le dire sommairement quelques-unes des dispositions adoptées en plusieurs villes de la Belgique (Gand, Bruxelles), pour l'établissement des horloges électriques.

Les points traités dans cette notice sont les suivants :

1° Adoption d'un contact oblique et à glissement en vue d'éviter, sans devoir recourir à l'emploi du platine, les perturbations qui peuvent résulter de l'oxydation des métaux, dans les points où s'effectue le contact entre l'horloge régulatrice et le fil conducteur destiné à transmettre les mouvements de celle-ci aux diverses horloges électriques;

2° Usage de courants alternatifs, en sens opposés, pour remédier, mieux que par l'interposition d'une couche mince de matière isolante, à l'inconvénient de la persistance de l'aimantation dans le fer doux des électro-aimants, après que le courant moteur a cessé d'agir. M. de Vaux dans un rapport sur la notice de M. Jaspar, doute que l'on puisse, malgré cela, rendre le contact immédiat, attendu qu'une fois l'adhérence contractée, une répulsion électrique pourrait bien ne pas suffire pour la détruire instantanément;

3° Assurer autant que possible la marche de tout un ensemble d'horloges électriques commandées par une même horloge régulatrice et puisant le fluide à un même fil conducteur, dans le cas où, par accident, par malveillance ou autrement, le fil qui arrive à l'un quelconque des appareils de la série viendrait à faire défaut. M. Jaspar met, à cet effet, le fil principal hors de toute atteinte, et il le continue au passage devant chaque horloge par un fil de platine assez mince et assez long pour offrir au courant une résistance au moins égale à celle de l'horloge elle-même ;

4° Dispositions assez simples pour l'échappement et pour la conduite des aiguilles ;

5° Détails d'exécution et explication de la marche des appareils ;

6° Enfin, M. Jaspar recommande, quand il s'agit de faire fonctionner un certain nombre d'horloges, d'avoir à côté du type régulateur une horloge électrique moins bien partagée que les autres en puissance motrice. Par ce moyen, dit-il, si la pile faiblit, l'horloge *contrôleur* s'arrêtera la première, et l'on sera averti, plus commodément que par des mesures réitérées à l'aide de la boussole, qu'il est temps de ranimer l'action du courant. M. Jaspar donne la préférence à la pile Daniell.

La notice dont nous rendons un compte succinct, ajoute le rapporteur, est brève et précise; elle n'admet point d'analyse.

Nous n'entendons pas garantir le succès ou la nouveauté de tous les moyens qui y sont proposés; nous ne chercherons même pas à établir la supériorité des procédés de M. Jaspar sur les dispositions adoptées dans plusieurs villes, notamment à Gand et à Bruxelles, pour l'organisation d'un système d'horloges électriques: non plus que sur les indications récemment produites à ce sujet par M. Glœsner, dans un ouvrage publié en 1853, sous le titre de *Recherches sur la télégraphie électrique.*

La question dont il s'agit nous semble trop neuve encore, et l'expérience a jeté jusqu'ici trop peu de jour sur les divers points que comporte sa solution, pour que nous osions nous prononcer à ce sujet. Nous nous bornerons donc à dire que nous voyons quelques idées spéciales dans la notice de M. Jaspar, particulièrement en ce qui concerne les moyens : 1° d'empêcher que la marche de tout un système d'horloges électriques soit compromise si l'une d'elles fait défaut; 2° de s'assurer en tout temps que le courant électrique suffit à la marche des horloges.

Ressorts antagonistes d'horloges électriques. — Nous avons déjà dit que l'accroissement considérable de la force électro-magnétique avec le rapprochement des pièces qui en subissent l'action, avait pour résultat de donner aux aiguilles des grands compteurs électro-chronométriques une impulsion telle que peu d'encliquetages pourraient lui résister. Nous avons encore vu que M. Froment avait employé pour corriger cet effet, un système de ressorts qu'il n'avait pas fait connaître, mais qu'on pouvait aisément deviner. Dernièrement un industriel, appellé M. Callande, a pris un brevet pour un système de ressort antagoniste qui peut être applicable dans ce but.

Ce système consiste à faire les armatures des électro-aimants assez longues pour qu'elles puissent basculer en dehors de l'électro-aimant sous l'influence d'une lame de ressort, maintenue par cinq buttoirs différents.

Ces buttoirs ou vis de rappel échelonnés les uns au-dessus des autres doivent être réglés de manière à ce que la lame de ressort appuie successivement sur chacun d'eux à mesure qu'elle se trouve soulevée par l'armature à laquelle elle correspond. Or, comme cette lame perd de sa flexibilité à chacun des buttoirs qu'elle rencontre, puisqu'elle devient plus courte, elle offre à l'armature attirée une résistance de plus en plus grande que l'on peut rendre aussi considérable que l'on veut (puisque les buttoirs peuvent être réglés). De cette manière l'armature peut se trouver soumise à une même force d'attraction sur toute l'étendue de sa course.

Machines magnéto-électriques de M. Nollet. — M. Nollet a imaginé plusieurs combinaisons de machines magnéto-électriques qui, suivant lui, ont un grand avantage sur celles actuellement en usage. Ces combinaisons sont de trois sortes : une dans laquelle les bobines d'induction tournent devant les barreaux aimantés, une autre dans laquelle elles oscillent entre deux systèmes de barreaux, enfin une troisième dans laquelle elles sont portées par un chariot animé d'un mouvement de va et vient et qui les fait passer au-dessus des barreaux. Ces trois systèmes sont, ce que M. Nollet appelle son système tournant, son système oscillant et son système roulant. En général, pour rendre l'action électrique plus énergique, il combine ensemble le système de Clarke et le système de MM. Breton frères, c'est-à-dire qu'il couvre les barreaux de bobines d'induction et emploie pour armature tournante l'électro-aimant de Clarke. Il en résulte un double dégagement d'électricité qu'il régularise et réunit en un centre commun. Il emploie aussi comme bobines d'induction deux fils métalliques de section carrée roulés ensemble et fait passer son courant par un condensateur. Ce condensateur consiste en plateaux métalliques recouverts d'une surface isolante. Il paraîtrait, d'après M. Nollet, que les courants gagneraient à cette disposion une beaucoup plus grande tension et une propriété particulière pour décomposer l'eau, parce que, dit-il, le liquide se trouve maintenu électrisé durant les intermittences.

Gouverneur électrique de M. Jaxton. — Souvent, et principalement pour la lumière électrique, il est important de pouvoir modérer ou activer la force du courant électrique sans pour cela toucher à la pile. Voici comment M. Jaxton a résolu le problème.

Il prend un ballon de verre à trois tubulures, dont deux sont montées sur des supports métalliques. La troisième est disposée en l'air comme une cheminée. A travers l'une des garnitures métalliques des premières tubulures, il fait passer une tige métalique platinée et munie d'un pas de vis. Ce pas de vis correspond à un écrou fixé sur la garniture, et à l'aide d'un bouton on peut avancer ou reculer la tige. Le ballon est rempli d'eau et l'un des pôles de la pile communique à la garniture qui porte la vis, tandis que l'autre garniture est en rapport avec le régulateur de lumière électrique. Au commencement de l'action électrique on éloigne un tant soit peu la tige de cette dernière garniture, alors la communication électrique est obligée de se faire par l'eau, et le courant se trouve affaibli; mais à mesure que la pile s'use on rapproche la tige, et comme on diminue la résistance opposée à la transmission du courant, celui-ci se trouve avoir gagné par là ce qu'il avait perdu par l'usure de la pile.

M. Jaxton a, de plus, surmonté son appareil d'un *indicateur,* espèce de demi-boussole des tangentes, à l'aide duquel il gradue plus sûrement l'intensité de son courant.

Régulateur de lumière électrique de M. Jaspar. — Ce régulateur ne diffère de celui de M. Archereau, que nous avons étudié dans notre premier volume, qu'en ce que les deux charbons sons mobiles et peuvent avoir leur marche réglée proportionnellement à leur usure par la combinaison de poulies de renvoi d'inégal diamètre. Cette modification fait que le système de Staite qui ne nécessite, comme on le sait, aucun mécanisme d'horlogerie, jouit des avantages des autres régulateurs en présentant un point fixe et invariable de lumière.

Dans cet appareil, l'hélice magnétisante est placée dans le support ou le socle du régulateur et, la tige de fer, au lieu d'être sollicitée à monter sous l'effet d'un contre-poids *spécial* agissant sur sa partie inférieure, se trouve soulevée par l'intermédiaire d'un fil et de cinq poulies de renvoi, sous l'influence même du contre-poids qui tend à abaisser le charbon supérieur. Il en résulte donc de la part des charbons un double mouvement qui peut être transporté d'un côté ou de l'autre, suivant le diamètre qu'on donne à la poulie de traction et qui doit correspondre à l'usure plus grande de l'un ou l'autre des deux charbons.

Extérieurement, cet appareil ne présente qu'un socle surmonté d'une seule colonne de cuivre à l'intérieur de laquelle circule le fil régulateur et sur laquelle se trouve monté le support du porte charbon supérieur. Celui-ci, maintenu par un guide et circulant entre deux galets ainsi que le porte charbon inférieur, est muni d'un épaulement sur lequel on place les disques de plomb ou de cuivre destinés à servir de contre-poids au double système.

Les divers appareils proposés comme régulateurs de la lumière électrique, ont, dit le journal l'*Institut,* entr'autres inconvénients les suivants : 1° ils exigent pour marcher l'emploi d'une pile extrêmement puissante, afin que les intermittences auxquelles les astreint leur construction soient assez peu apparentes pour être négligées; 2° la fragilité et souvent la complication du mécanisme d'horlogerie qui une fois dérangé exige beaucoup de temps et un ouvrier exercé pour être remis en état ; 3° leur prix élevé et la difficulté de leur emploi.

» M. Jaspar croit avoir paré à ces inconvénients. L'appareil décrit ci-dessus marche bien avec 20 couples Bunsen petit modèle exigeant, pour être chargé, une dépense en acides d'environ 3 francs. Par sa construction même, on voit qu'il agit sans intermittences et d'une manière continue. Le mécanisme en est même d'une extrême simplicité. Il se règle avec la plus grande facilité, puisqu'il suffit seulement d'ajouter ou d'enlever les rondelles de cuivre pour arriver à une marche parfaitement régulière. Le prix moins élevé que celui d'aucun appareil de ce genre n'est que de 125 francs, et pourra probablement encore être réduit par la suite.

Plusieurs autres régulateurs de lumière électrique ont été construits par MM. Deluil, Jaxton, Allman, etc.; mais comme ils se rapprochent de ceux que nous avons déjà décrits, je n'en parlerai pas.

Nouvelle détermination de la différence de longitude entre les observatoires de Paris et de Greenwich. — La détermination de la différence de longitude, dit M. Leverrier, entre deux lieux du globe repose, comme on le sait, sur celle de la différence du temps que l'on compte dans les deux stations à un moment donné; celui, par exemple, où l'on observe un même signe en ces deux stations. Lorsqu'on fait ainsi usage de signaux, l'opération se divise en deux parties distinctes, celle de la détermination des pendules et celle de l'observation des signaux. Disons, dès à présent, que, dans la circonstance présente, on a fait usage de signaux transmis par le télégraphe électrique.

La détermination de l'heure et l'observation des signaux sont sujettes à des erreurs de plus d'un genre, et qui pourraient vicier le résultat que l'on se propose d'obtenir, si l'on ne prenait soin de les éliminer ou de les apprécier de manière à pouvoir en tenir compte. Nous allons rappeler en peu de mots en quoi consistent ces erreurs, et indiquer comment on a conduit l'opération pour se mettre à l'abri de leur influence. Le soin avec lequel ont été éliminées toutes les erreurs constantes est sans doute ce qui distingue la détermination actuelle de celles qui l'ont précédée.

La détermination de l'heure d'un lieu par l'observation des passages des étoiles à la lunette méridienne présente une grave difficulté provenant des erreurs personnelles des observateurs, erreurs qui peuvent produire des discordances s'élevant jusqu'à une seconde de temps entre les déterminations de l'heure d'un même lieu faites par divers astronomes. Les déterminations de longitude dans lesquelles on ne s'est point mis à l'abri de cette cause d'incertitude doivent nécessairement inspirer fort peu de confiance.

On peut échapper à cet inconvénient en calculant la longitude au moyen de deux séries d'opérations dans lesquelles on fait l'échange des observateurs.

S'il était nécessaire que l'on connût l'instant précis auquel un signal électrique est donné par l'une des stations, on pourrait éprouver quelques difficultés à le fixer avec précision. On évite cet embarras en donnant le signal à un instant quelconque et le faisant observer de la même manière dans les deux stations. Dans le cas où il existerait une différence entre les deux observateurs relativement à la constatation de l'heure des signaux, cette différence disparaîtrait du résultat final par l'échange des observateurs.

Un retard peut aussi être dû à la durée nécessaire pour la transmission du courant électrique, et on a plus de raison de le craindre lorsque le courant doit traverser une grande étendue d'eau. On échappe à l'incertitude qui en pourrait résulter, en faisant partir les signaux successivement de l'une et de l'autre station. Cette disposition permet en outre de mesurer le retard en question. On pourra même, pour plus de sécurié, varier convenablement le sens physique du courant.

Enfin on eût pu craindre quelque erreur provenant tant de l'inertie des appareils que du changement d'intensité du courant. Après avoir reconnu par des expériences directes que les appareils qui vont être décrits n'étaient pas sujets à cet inconvénient, on a jugé inutile de les échanger entre les stations.

Ces explications générales étant données, on comprendra mieux le sens de la convention intervenue entre les deux observatoires, et dont nous allons rappeler quelques-unes des principales dispositions.

L'appareil à signaux, observé dans chaque station, était une simple aiguille recevant l'action directe d'un courant électrique. On s'attachait à observer le commencement sensible du mouvement de l'aiguille.

Chaque observatoire disposait d'une pile électrique composée d'un grand nombre d'éléments. On pouvait à volonté renverser le sens du courant qu'on envoyait à l'autre observatoire; ce courant, d'ailleurs, traversait toujours les appareils des deux stations.

L'appareil dont on se servait pour donner les signaux était placé dans une autre salle que l'aiguille, afin que l'astronome qui observait celle-ci ne pût ni voir ni entendre la personne qui donnait les signaux.

Ces signaux ont été donnés par groupes dont le nombre et l'instant approché étaient indiqués télégraphiquement quelques moments à l'avance; cette disposition ayant pour but de ménager l'attention de l'observateur et de lui éviter une fatigue préjudiciable à l'exactitude des observations. Chaque groupe comprenait dix signaux environ, donnés de 10 à 15 secondes d'intervalle.

Les observations des signaux ont duré une heure, chaque jour. L'heure a été divisée en quatre quarts d'heure : dans le premier et le troisième quart d'heure, les signaux étaient donnés par l'une des stations ; dans le deuxième et le quatrième, par l'autre station. On avait le soin, dans chaque station, de renverser le sens du courant dans la seconde série de signaux.

Pour faciliter l'élimination des erreurs personnelles par l'échange des observateurs, ces observateurs ont été chargés d'observer les passages des étoiles et les signes électriques.

L'état des pendules a été, dans les deux stations, fixé précisément à l'aide des mêmes données astronomiques ; ou bien l'on n'a fait usage que des mêmes étoiles, auquel cas leurs positions absolues n'ont aucune importance ; ou bien, si l'on a fait usage d'étoiles dont quelques-unes pouvaient n'avoir point été observées dans les deux stations, on ne l'a fait qu'à l'égard des étoiles dites *fondamentales,* et dont les positions relatives sont connues avec la dernière précision. Il a été convenu qu'on calculerait séparément les résultats fournis par les deux méthodes.

Tout en estimant que, dans le cas où le temps se prêterait convenablement aux observations astronomiques, il suffirait peut-être de continuer les signaux pendant trois jours pour chacune des deux positions relatives des observateurs, il avait été convenu que les observations seraient continuées chaque nuit jusqu'à ce que l'un et l'autre observatoire eussent fait connaître qu'ils regardaient l'opération comme terminée.

En conséquence de ces conventions, M. Dunkin, assistant

de l'observatoire de Greenwich, s'étant rendu à Paris, et M. Faye, astronome de l'observatoire de Paris, s'étant rendu à Greenwich, les observations de la première série ont pu commencer dans la soirée du 26 mai dernier. Elles n'ont pas été favorisés par l'état de l'atmosphère : les nuages ont souvent entravé les observations astronomiques, et la tempête a quelquefois empêché la transmission des signaux électriques. On a dû en conséquence prolonger la première série d'observations jusqu'au 4 juin.

Si l'on s'astreint à n'employer que les jours d'observation dans lesquels un nombre suffisant d'étoiles communes ont été observées dans les deux stations, quatre jours seulement peuvent être mis à profit, pendant lesquels il a été échangé 563 signaux télégraphiques utilement observés.

Si, au contratre, on fait usage de toutes les étoiles fondamentales indifféremment, on a cinq jours d'observation et 708 signaux utiles. La moitié de ces signaux est partie de Greenwich, l'autre de Paris.

Ajoutons qu'on peut, pour détruire le retard que subit la transmission du courant électrique, faire usage de signaux transmis les jours où il n'a pas été fait d'observations astronomiques. Ces signaux sont au nombre de 252.

Les observations de la deuxième série ont commencé le 12 juin et ont été faites à Greenwich par M. Dunkin, et à Paris par M. Faye. Contrariées, comme les premières, par l'état de l'atmosphère, elles ont été continuées jusqu'au 24 juin. Sept jours d'observation ont pu être utilisés, soit qu'on n'emploie que les étoiles communes, soit qu'on ait recours à toutes les fondamentales indistinctement, 995 signaux ont été utilement échangés.

L'ensemble de toutes ces données ayant été discuté séparément à Greenwich et à Paris, on est arrivé aux conclusions suivantes, dans lesquelles nous distinguerons par les lettres

A et B les résultats optenus : 1° en faisant usage de toutes les étoiles fondamentales indistinctement; 2° en employant seulement les étoiles observées le même jour dans les deux observatoires.

Résultats obtenus à Greenwich.

	Nombre des signaux.	Différence de longitude.	
Date 1854		A	B
1ʳᵉ série. Mai 27	146	9ᵐ 20ˢ,40	9ᵐ 20ˢ,38
29	146	20 ,59	20 ,56
31	147	20 ,54	25 ,56
Juin 3	145	20 ,45	»
4	124	20 ,49	20, 53
Moyennes:		9ᵐ 20ˢ,49	9ᵐ 20ˢ,51
2ᵉ série. Juin 12	132	9ᵐ 20ˢ,77	9ᵐ 20ˢ,76
13	132	20 ,79	20 ,77
17	140	20 ,77	20 ,75
18	137	20 ,69	20 ,73
20	148	20 ,74	20 ,75
22	155	20 ,79	20 ,74
24	151	20 ,84	20 ,84
Moyennes:		9ᵐ 20ˢ,77	9ᵐ 20ˢ,76
Long. conclue		9ᵐ 20ˢ,63	9ᵐ 20ˢ,63

Résultats obtenus à Paris.

	Nombre des signaux.	Différence de longitude.	
Date 1854		A	B
1ʳᵉ série. Mai 27	145	9ᵐ 20ˢ,38	9ᵐ 20ˢ,36
29	145	20 ,58	20 ,55
31	147	20 ,54	20 ,56
Juin 3	145	20 ,44	»
4	125	20 ,49	20 ,53
Moyennes:		9ᵐ 20ˢ,49	9ᵐ 20ˢ,50

2ᵉ série. Juin	12	130	9ᵐ 20ˢ,79	9ᵐ 20ˢ,76
	13	133	20 ,78	20 ,76
	17	140	20 ,77	20 ,75
	18	137	20 ,69	20 .73
	20	150	20 ,75	20 ,76
	22	154	20 ,80	20 ,74
	24	151	20 ,84	20 ,84

Moyennes: 9ᵐ 20ˢ,77   9ᵐ 20ˢ,76

Longitude conclue   9ᵐ 20ˢ,63   9ᵐ 20ˢ,63

Si l'on veut rapporter la position de l'observatoire de Greenwich à l'ancienne méridienne de France, il faudra retrancher du résultat précédent la quantité 0ˢ,12, qui représente la distance entre cette méridienne et la situation actuelle de la lunette méridienne de l'observatoire de Paris. On aura ainsi :

Différence de longitude entre l'observatoire de Greenwich et la méridienne de France, 9ᵐ20ˢ,51.

Le temps de la transmission du courant électrique a été trouvé en moyenne de 0ˢ,086 à Greenwich et de 0ˢ,079 à Paris. Nous ne ferons sur ces nombres que deux remarques:

1° La différence de longitude 9ᵐ20ˢ,63 ainsi trouvée entre Paris et Greenwich diffère de près de 1ˢ de temps de celle déduite de l'observation de signaux de feu en 1825.

2° La durée 0ˢ,08 du temps nécessaire à la transmission du courant électrique n'est sans doute si considérable qu'à cause de la disposition du câble au travers duquel le courant traverse la mer.

Télégraphe-imprimeur de M. Th. du Moncel. — J'avais publié, en 1851, dans les Mémoires de l'Académie de Cherbourg, la description d'un système extrêmement simple de télégraphe-imprimeur que j'avais fait construire et qui fonctionnait sans mécanisme d'horlogerie sous l'influence seule du courant. Ce télégraphe ne devant servir que comme télégraphe de démonstration, je m'étais peu préoccupé alors de la simplification des conducteurs électriques, et j'en employais deux. Mais c'est précisément là où se trouve la difficulté du problème quand on veut rendre ces instruments susceptibles d'application. J'ai donc dû chercher une nouvelle combinaison ; car, bien que je n'aie guère de croyance, comme je l'ai déjà dit, dans l'application avantageuse des télégraphes-imprimeurs, j'ai voulu aussi avoir mon système comme les autres.

D'après les descriptions que nous avons données dans notre premier volume des télégraphes-imprimeurs de MM. Brett, Bain, Siemens, etc., on a pu remarquer que la grande difficulté pour faire agir l'appareil avec un seul fil était de rendre le mécanisme-imprimeur inerte pendant le passage successif des lettres et de le rendre actif seulement au moment de l'arrêt du caractère désigné. Nous avons vu que pour cela M. Bain avait employé un système de double enraiement résultant d'un régulateur à force centrifuge, que M. Brett avait employé un appareil hydraulique à ascension rapide et à descente retardée, que M. Siemens avait eu recours à l'inertie d'aimantation des gros aimants, principe fort peu rigoureux pour les combinaisons mécaniques. Mais il est facile de comprendre que tous ces systèmes fondés sur une appréciation de temps doivent avoir des inconvénients ; car si l'employé de la station qui parle reste trop longtemps sur le caractère signalé, il peut se faire qu'au lieu d'une lettre imprimée il y en ait deux. D'un autre côté, si le temps d'arrêt du transmetteur est trop court, la lettre peut n'avoir pas le temps de s'imprimer. Il faudrait donc pour ces télégraphes des employés très exercés et non susceptibles de distraction. Par le système que j'emploie, toute erreur de ce genre est impossible, comme on va le voir.

D'abord mon appareil se compose de deux systèmes entièrement distincts l'un de l'autre : l'un, qui est chargé de
faire arriver à un point de repère fixe la lettre qu'on veut
signaler, l'autre, qui doit l'imprimer. Le premier système
n'est autre qu'un télégraphe à cadran ordinaire, dont l'aiguille indicatrice est remplacée par une roue très légère, sur
l'exergue de laquelle sont fixés les différents caractères de
l'alphabet et les chiffres. Bien entendu, ce télégraphe, comme
ceux de M. Breguet, est mû par un mouvement d'horlogerie.
Comme les lettres, sur la roue-type, sont disposées en sens
inverse de l'ordre alphabétique, c'est-à-dire de droite à gauche, aucun changement peut ne pas être apporté au mécanisme du manipulateur ou du transmetteur du télégraphe, et la
lettre signalée arrivera toujours au point de repère.

Le second système se compose d'un piston (élastique), se
mouvant horizontalement dans une coulisse et dont la tige
articulée correspond à une manivelle. Cette manivelle peut
être mise en mouvement par un mécanisme d'horlogerie ;
mais en temps normal, elle est maintenue dans une position
fixe par un encliquetage soumis à l'action d'un électro-
aimant spécial. La palette ou l'armature de cet électro-aimant
est en acier trempé et aimantée, de manière à ce que la réaction du courant qui met en mouvement le premier système
produise sur elle une répulsion, lorsqu'il vient à passer à
travers l'électro-aimant auquel elle correspond (1). La bande
de papier sur laquelle doit être imprimée la dépêche, descend
verticalement entre la roue et le piston qui est précisément
vis-à-vis le point de repère ; elle glisse sur deux tambours et
vient s'enrouler sur un troisième cylindre qui est muni d'un
système d'encliquetage et de roue à rochet, disposé de manière

(1) Inutile de rappeler qu'ici, comme dans les appareils silencieux
de M. Breguet, le courant passe par les électro-aimants des deux
appareils à la fois.

qu'à chaque mouvement de recul du piston la bande soit entraînée de l'espace d'un intervalle de lettres. Cette partie du système est d'ailleurs la même que celle du télégraphe de M. Brett. Inutile de dire que les caractères de la roue-type, en passant devant un rouleau recouvert d'encre d'imprimerie, se trouvent toujours encrés avant la réaction du mécanisme imprimeur.

Le transmetteur, c'est-à-dire la partie de l'appareil qui envoie la dépêche, se compose, comme je l'ai déjà dit, d'un transmetteur ordinaire de télégraphe à cadran ou d'un transmetteur à clavier auquel est adjoint un commutateur à renversement de pôles analogue à celui que M. Mirand a construit pour les avertisseurs des concierges. La manipulation de celui-ci, comme on le sait, est très facile, puisqu'il suffit d'appuyer le doigt sur un bouton pour le faire agir.

Tel est tout le mécanisme de mon télégraphe dont le jeu est d'ailleurs fort simple à comprendre.

Pour le faire fonctionner, on fait d'abord arriver la lettre au point de repère, par la manipulation connue du transmetteur, puis on presse sur le commutateur, et la lettre se trouve imprimée. On passe ensuite à la lettre suivante, puis à une autre, et ainsi de suite jusqu'à la fin du mot. Alors on fait arriver l'espace blanc.

Pour comprendre le jeu de l'appareil, rappelons-nous que le mécanisme imprimeur n'est enrayé que sous l'influence de l'armature aimantée d'un électro-aimant, dont l'action attractive, par rapport à elle, est précisément inverse de celle qui réagit sur le télégraphe. Il arrive donc que tant que celui-ci fonctionne, le mécanisme imprimeur est inactif; mais qu'aussitôt qu'on a touché le commutateur à renversement du courant, ce mécanisme devient libre, sans pour cela réagir sur le télégraphe. Il fait alors avancer le piston contre la lettre de la roue-type qui se trouve en ce moment devant le point de repère. La lettre se trouve donc imprimée sur la bande de papier interposée, et celle-ci est repoussée d'un cran, par suite du retour du piston à sa position fixe.

Télégraphe sous eau sans conducteurs. — Si nous n'étions pas habitués depuis longtemps aux magnifiques *canards* insérés dans les journaux, surtout à l'article des Sciences, notre étonnement serait à son comble par la nouvelle suivante insérée dans le *Morning Chronicle :* « On essayé, à Portsmouth, la semaine passée, un nouveau télégraphe électrique, au moyen duquel on expédierait des dépêches au travers d'un fleuve, sans employer de fils conducteurs. On a choisi pour l'expérience deux points séparés par une masse d'eau de 500 pieds ; deux portions de l'appareil ont été établies sur l'un et l'autre bord, en face l'une de l'autre, et on a submergé deux fils métalliques terminés par une plaque établie tout exprès. Des messages ont été transmis rapidement et avec exactitude à travers toute la masse d'eau. L'inventeur de ce télégraphe est un savant d'Edimbourg. »

Il est évident pour nous que, posé de cette manière, le problème est insoluble, et nous croyons plutôt que l'auteur de cet article, d'ailleurs fort incomplet, n'aura pas compris le système.

Télégraphes de campagne. — Lorsqu'au mois de janvier dernier j'écrivais, dans le *Journal de l'Arrondissement de Valognes,* que la télégraphie électrique pouvait être d'un grand secours dans les opérations militaires, je ne me doutais guère que mon idée serait appliquée dès notre première campagne en Russie. Car, en France surtout, l'esprit de routine est tel, qu'il faut des années pour faire adopter une invention, quelque importante qu'elle soit, d'ailleurs. Pourtant ce genre d'application vient d'être réalisé; mais c'est l'Angleterre qui en a pris l'initiative. Ainsi, on vient d'envoyer en Orient deux chariots contenant chacun un assortiment complet d'instruments, de piles et d'appareils électriques, ainsi que des fils préparés. En un instant pourront être établies des communications à une distance de dix à douze milles sur terre ou sous l'eau. Chacun de ces chariots sera attelé de six chevaux et sous escorte de sapeurs et de mineurs que l'on instruit en ce moment pour ce service spécial. Déjà ils connaissent les signaux.

Les moyens de fixer les fils sur un terrain irrégulier et à travers des marais et des rivières sont, à ce qu'il paraît très ingénieux, et les instruments sont entièrement portatifs. Cet auxiliaire nouveau, qui permettra en outre de correpondre du rivage à l'escadre, sera de la plus grande utilité.

X.

Dispositions diverses de la pile. — Sa manipulation. — Son montage, etc. — Question économique.

Depuis l'époque de sa découverte, la pile de Volta a subi, comme je l'ai déjà dit, de nombreuses et importantes modifications ; mais de toutes ces modifications, de tous ces perfectionnements, nous ne considérerons que ceux apportés aux piles de Bunsen et de Daniell, les seules qui selon nous doivent être employées dans les applications physiques et mécaniques de l'électricité.

PILES BUNSEN.

La pile de Bunsen ou à charbon consistait primitivement

dans un cylindre de charbon préparé, à l'intérieur duquel se trouvait un vase poreux en porcelaine demi-cuite et que l'on immergeait dans un vase extérieur contenant de l'acide azotique. Dans le vase poreux, au contraire, se trouvait de l'eau acidulée et dans cette eau était plongé un cylindre de zinc amalgamé constituant le pôle négatif de la pile. Le pôle positif était représenté par le charbon, mais pour recueillir l'électricité on entourait celui-ci d'un cercle en cuivre auquel était soudée une lame du même métal et c'était cette lame qui servait de pôle positif.

Les inconvénients de ce système étaient nombreux. D'abord le charbon qu'il fallait préparer de toutes pièces et tourner, était une dépense considérable de main-d'œuvre. En second lieu, le collier de cuivre qui entourait ce charbon se trouvait bientôt rongé par l'acide azotique ou tout au moins oxidé à tel point que l'électricité avait bien de la peine à se faire jour au travers. D'un autre côté la surface oxydante, par conséquent celle qui déterminait le dégagement électrique, ne pouvait jamais être assez grande avec cette disposition, pour correspondre à la désoxydation qui pouvait être faite de l'acide azotique. Ces inconvénients furent bientôt reconnus par M. Archereau habile expérimentateur auquel la science électrique doit une grande partie de sa vulgarisation.

Ce physicien commença d'abord par disposer ses piles d'une manière inverse à celles de Bunsen, c'est-à-dire par mettre les zincs à la place des charbons et réciproquement. Il obtint dès lors, comme il l'avait prévu, un dégagement infiniment plus grand d'électricité. Il s'assura ensuite que les charbons de cornue des usines à gaz, non seulement possédaient la vertu des charbons composés de la pile de Bunsen, mais encore conduisaient mieux l'électricité; il les employa donc de préférence et pour les unir à l'appendice métallique devant servir de pôle positif, il les ligatura fortement sur la lame métallique avec du fil de cuivre sur lequel il versait ensuite de la soudure d'étain. Enfin pour empêcher le plus possible l'oxydation, il dut tremper l'extrémité du charbon où se trouvait la ligature dans un bain de cire à bouteille. Des piles construites de cette manière sont peu dispendieuses et peuvent durer longtemps, surtout si les zincs sont épais et bien amalgamés. Il faut, par exemple, avoir soin de retirer de leurs acides les zincs et les charbons aussitôt que la pile ne fonctionne pas et de placer les derniers *debout* afin que l'acide azotique ne glisse pas sur le charbon et ne vienne pas attaquer directement la ligature. Malgré ces précautions, il arrive qu'au bout de quelque temps il se forme, par l'endosmose de l'acide, un nitrate d'étain et de cuivre qui soulève la cire à bouteille et finit par tellement s'interposer entre le charbon et la lame de cuivre, que la transmission électrique n'est plus possible; il faut alors refaire une autre ligature. Quant au zinc, on a bien trouvé à la vérité un moyen de l'amalgamer sans cesse en versant dans l'eau acidulée du nitrate de bioxyde de mercure; mais, malgré son amalgame, ce métal finit par s'user assez promptement. Pour adapter au zinc la lame métallique qui doit servir de pôle négatif, il est important de ne pas la souder sur le zinc, car elle ne tiendrait pas; il faut qu'elle soit fixée sur le métal par un rivet de fer ou de cuivre; encore est-il nécessaire que cette opération se fasse avant que le zinc soit amalgamé, car, une fois combiné au mercure, ce métal devient tellement cassant, que les coups de marteau pourraient le mettre en morceaux.

Comme on le voit, les piles d'Archereau sont d'une simplicité extrême, et leur force est généralement supérieure à celle de deux éléments Bunsen de mêmes dimensions réunis soit en tension, soit en surface. Inutile, par conséquent, de dire que ce système a prévalu et que c'est lui qui est main-

tenant adopté partout. Comment se fait-il que le nom de
l'auteur d'un aussi beau perfectionnement ne soit cité dans
aucun cours de physique ? Est-ce parce que M. Archereau
n'a pas un brevet de capacité signé par une faculté ? Mais je
connais beaucoup de physiciens qui ont ce brevet et qui ne
savent pas même charger une pile. Est-ce parce que M.
Archereau vend modestement de belles et bonnes piles dont
tout le monde se sert et que tous les fabricants imitent,
malgré le brevet (d'invention s'entend) qu'il a pris? Mais un
grand nombre de nos célébrités scientifiques n'ont-elles pas
pris naissance dans le laboratoire d'un pharmacien ou l'atelier d'un constructeur? Qu'on rende à César ce qui appartient à César, et je ne vois pas pourquoi le nom d'Archereau
ne pourrait être accolé à celui de M. de Bunsen, quand il
s'agit d'un perfectionnement aussi important apporté à sa
pile.

Quand une invention a fait sensation dans le public, il se
trouve toujours des personnes qui perfectionnent ou qui
croient perfectionner. Pour la pile en question, le nombre
en est incommensurable. Tantôt c'est M. Deleuil qui reprend
en sous-œuvre le charbon préparé pour l'introduire dans la
pile d'Archereau, en pratiquant à sa partie supérieure un
trou propre à recevoir un bouchon métallique soudé à l'extrémité du pôle négatif de l'élément suivant; tantôt c'est le
charbon de cornue, de la pile d'Archereau, qui, au lieu
d'être ligaturé avec la lame de cuivre, est fendu de manière à
ce que cette lame de cuivre s'y trouve introduite de force;
tantôt c'est une pince de cuivre, avec vis de pression, qui
sert d'attache aux lames polaires. Tous ces perfectionnements
n'ont été faits qu'en vue d'empêcher l'oxydation des lames
polaires et de diminuer, par conséquent, la résistance opposée à la transmission du fluide. Mais y est-on bien parvenu
par ces différents moyens? le bouchon métallique, la lame

introduite dans la fente du charbon, la pince qui saisit le charbon comme dans un étau, sont-elles moins sujettes à s'oxyder que la simple ligature d'Archereau?... On peut, dira-t-on, les nettoyer... Sans doute ; mais y pensera-t-on ou voudra-t-on prendre ce soin? Pour qui connaît les expérimentateurs de physique, la réponse à cette question ne sera pas douteuse... A côté de ces prétendus perfectionnements, je vais aussi hazarder le mien ; car, en ma qualité de physicien et par conséquent d'homme sujet aux illusions, je ne dois pas me séparer de mes confrères, surtout quand je les attaque dans une infirmité que je partage. Donc, voici le perfectionnement que j'ai apporté à ce système de monture de pile :

Je pratique, à la partie supérieure du charbon, un trou d'environ 4 centimètres de profondeur. J'introduis dans ce trou quelques gouttes de mercure et je le bouche avec un bouchon métallique adapté comme dans le système de Deleuil au pôle négatif de l'élément suivant. Seulement, j'ajoute à ce bouchon un petit fil de fer assez long pour plonger dans le mercure. On conçoit que par l'effet de sa mobilité extrême, le mercure est toujours en contact parfait avec le charbon. Or, comme le mercure est lui-même en contact assuré avec le bouchon, par l'intermédiaire du fil de fer, l'oxydation n'est jamais à craindre. Si elle se fait par suite de l'endosmose de l'acide azotique, le nitrate de bioxyde de mercure qui se forme alors, se superpose sur le mercure et peut être employé pour servir à l'amalgame des zincs. C'est ce système que j'ai adopté pour mes piles permanentes, dont j'aurai à l'instant occasion de parler.

Manipulation des piles Bunsen. — La charge des piles Bunsen est longue, ennuyeuse, et donne toujours lieu à des émanations nitreuses, qui sont malsaines : leur manipulation facile et prompte est donc un des problèmes les plus importants de la science électrique. Depuis longtemps, cette question a préoccupé les physiciens, mais ce n'est que dernièrement qu'elle a reçu une entière solution.

Ce problème peut être résolu de deux manières: soit par un procédé mécanique à l'aide duquel on peut charger ou décharger en peu d'instants les divers éléments de la pile (tout prêts montés) de ses acides; soit par un procédé au moyen duquel la pile puisse être maintenue toujours en état de fonctionner instantanément au gré de l'expérimentateur, sans qu'il y ait pour cela altération des éléments producteurs de l'électricité quand la pile est inactive.

Le premier de ces systèmes, imaginé par **M. Archereau**, convient à de fortes batteries ; le second, imaginé par **moi**, ne peut guère s'approprier qu'à des batteries de 8 ou 10 éléments au plus.

Système d'Archereau. — Le système d'Archereau consiste à employer deux pompes qui injectent, dans les compartiments des piles où ils doivent être versés, les liquides excitants, et cela au moyen de tubes verticaux plongeant jusqu'au fond des vases. Ces tubes en gutta-percha, au nombre de deux pour chaque élément de pile, sont soudés à deux conduits horizontaux qui se trouvent reliés aux pompes et qui sont d'un diamètre assez grand pour que les liquides injectés puissent être distribués à la fois dans tous les tubes verticaux. Les pompes employées par M. Archereau sont construites de manière à ce que le tube aspirateur devient, au gré de l'expérimentateur, tube injecteur et vice versa. Il en résulte que sans déranger les conduits on chasse le liquide d'un réservoir dans la pile ou on le fait revenir de la pile dans le réservoir.

La pompe a pour effet, il est vrai, de lancer une quantité de liquide moindre dans les vases les plus éloignés que dans les vases les plus rapprochés ; mais comme les systèmes de tubes verticaux et horizontaux se trouvent remplis d'un seul coup par les pompes, il s'établit par l'action syphoïdique de tout le système de conduits un niveau parfaitement égal dans tous les vases de la pile, pendant les injections intermittentes de la pompe ou plutôt pendant que la pompe agit pour aspirer le liquide du réservoir. On peut vider la pile par le seul effet des conduits formant le siphon composé. Le liquide revient au réservoir de lui-même si l'on ne ferme pas le tube principal. Le système syphoïdique étant une fois amorcé, il y aurait à craindre qu'il ne s'établît par les liquides une communication électrique qui empêcherait le fonctionnement de la pile ; mais il est facile de prévenir cet inconvénient en vidant les tuyaux, ce que l'on peut faire en soulevant simplement hors des liquides un des tubes plongeurs.

Une pile de 100 éléments dit M. Archereau, peut avec ce système être chargée en cinq minutes. Il suffit d'un coup ou de deux coups de pompe pour réamorcer le système syphoïdique, et tout se vide ensuite sans aucune manipulation.

Ce système, comme on le voit, est excessivement simple et peut s'appliquer tout aussi bien aux piles à un seul liquide qu'aux piles à deux liquides.

Dans le cas où l'on ne voudrait pas employer de pompes, M. Archereau a proposé un autre système excessivement ingénieux, par lequel les liquides se déversent d'eux-mêmes dans les différents vases où il doivent être distribués.

Voici en quoi il consiste :

La batterie toute montée, comme dans le système précédent, est placée dans une grande caisse recouverte d'un enduit imperméable et inattaquable à l'eau acidulée. Cette caisse est placée au-dessous des deux réservoirs dans lesquels se trouvent en provision les liquides excitateurs et peut d'autre part communiquer avec un troisième réservoir.

Les vases extérieurs des piles en grès bien vernissé sont tous percés à leur partie inférieure d'un petit trou à travers lequel passe un bouchon de caoutchouc. Ces bouchons, suffisamment retenus à l'extérieur des vases, sont fortement attachés à des ficelles et ces ficelles sont toutes fixées à des traverses de bois appuyées sur les bords de la caisse. Avec cette disposition, l'eau acidulée qui remplira la caisse ne pourra pénétrer dans les vases qu'autánt que les bouchons de caoutchouc auront été soulevés par un moyen quelconque; il ne s'établira donc à l'état normal aucune communication liquide entre les différents éléments de la batterie. Pour soulever les bouchons, il suffit simplement de tirer les traverses de bas en haut, car le caoutchouc en s'allongeant s'amincit et laisse par cela même un facile accès au liquide.

Tous les vases extérieurs se trouvent donc remplis de cette manière presque instantanément. Pour l'acide azotique, l'opération est plus délicate en ce qu'elle exige une combinaison de siphons, sans cesse amorcés et susceptibles d'offrir à un moment donné un isolement complet des liquides contenus dans chacun des vases poreux de la pile. Pour obtenir cet amorcement permanent, M. Archereau vernit la partie inférieure des vases poreux de manière à ce qu'il reste toujours au fond de ces vases une assez grande quantité d'acide azotique pour que l'air n'entre pas dans les siphons. Ceux-ci, qui communiquent d'un vase poreux à l'autre, peuvent être en verre ou mieux en gutta-percha rendue inattaquable à l'action de l'acide azotique. Ces siphons présentent en leur point de courbure un petit robinet en matière non conductrice de l'électricité qui peut, étant fermé, intercepter la communication des liquides dans les deux branches des siphons. Le jeu de l'appareil est alors facile à concevoir. Au moment où l'on veut charger la pile, on ouvre le robinet du réservoir d'acide azotique et ce liquide, par l'intermédiaire d'un conduit; s'écoule dans le premier vase poreux; mais comme le siphon qui réunit ce vase au suivant est amorcé, le liquide s'écoule dans ce dernier, puis de la même manière dans le troisième, le 4me, etc. juqu'au dernier. Il faut par exemple, comme on le comprend aisément, que la grosseur des tuyaux soit calculée de manière à ce que le niveau du liquide dans les différents vases s'établisse le plus régulièrement possible.

Quand les différents vases poreux se trouvent remplis, on ferme les robinets pour empêcher la communication des liquides et la pile est en état de fonctionner.

Pour la décharger, il suffit d'un siphon que l'on tient toujours amorcé, et par l'intermédiaire duquel on réunit le dernier vase poreux de la batterie au réservoir de décharge. On ouvre les robinets des siphons et les vases se vident absolument de la même manière qu'ils s'étaient remplis.

Pour les vases extérieurs où se trouve déversée l'eau acidulée, ils se vident, comme on l'a déjà deviné, en faisant écouler l'eau acidulée de la caisse et en tirant de nouveau les tringles de bois, afin d'ouvrir les orifices de communication.

M. Jaxton, dans un brevet qu'il a pris pour un régulateur de lumière électrique, décrit un système de pile à peu près de ce genre; néanmoins, le système que nous venons d'étudier me paraît préférable, et, dans cette conviction, je me borne simplement à mentionner celui du physicien Américain.

Système de M. Th. du Moncel. — Étudions maintenant le second mode de montage des piles par lequel celles-ci sont toujours maintenues chargées, sans qu'il y ait pour cela altération des éléments producteurs de l'électricité quand la pile ne fonctionne pas. On comprendra facilement l'importance de cette question pour peu que l'on réfléchisse que quelquefois les expériences de physique bien faites durent plusieurs semaines, que souvent elles n'exigent de la pile qu'une activité très passagère et de peu de durée, et que l'ennui de monter et de démonter une pile a été, pour les expérimentateurs, une cause qui les a souvent empêchés de faire des recherches qui auraient pu les conduire à un résultat important. Voici comment j'ai résolu le problème pour une petite pile de huit éléments destinée à faire marcher (pour la curiosité des visiteurs) les différentes machines électro-magnétiques placées dans mon cabinet de physique.

Dans mon système, rien n'est changé à la disposition de l'élément Bunsen. C'est toujours la disposition Archereau avec le zinc au dehors, seulement trois combinaisons mécaniques doivent y être adaptées : 1° une combinaison pour le transport simultané de tous les vases poreux avec leur charbon ; 2° une combinaison de récipients ou de réservoirs d'acide nitrique dans lesquels doivent plonger tous les vases poreux après qu'ils ont été enlevés : 3° une combinaison pour le transport des zincs.

1ʳᵉ combinaison. — La première combinaison consiste dans une simple planche de bois résineux percée de larges trous dans lesquels s'emboîtent exactement les vases poreux par leur partie supérieure. Ces trous sont faits, bien entendu, de manière à correspondre aux vases poreux suivant la position qu'ils occupent dans la pile. De plus, la planche est entièrement recouverte, ainsi que les rebords des trous, d'une couche épaisse de cire à bouteille ou de gutta-percha. Cette dernière substance doit être choisie de préférence pour être interposée dans les trous entre les vases poreux et le bois, car les émanations et les infiltrations de l'acide nitrique détruisent le bois avec la plus grande facilité. Les charbons restent dans leurs vases poreux respectifs et sont maintenus dans une position fixe par de petites cales de bois sur lesquelles on coule de la cire à bouteille. Il en résulte que les émanations si désagréables de l'acide nitreux se trouvent confinées à l'intérieur du vase et ne viennent pas empoisonner les expérimentateurs, pas plus pendant le travail de la pile que pendant son repos. Les appendices métalliques servant de pôles positifs sont fixés sur la planche par des vis, et communiquent aux charbons par le système de bouchon métallique trempant dans le mercure que j'ai décrit précédemment.

Par cette disposition tous les vases poreux de la batterie, ainsi que leurs charbons, peuvent être enlevés simultanément et transportés en dehors de la batterie; mais pour opérer ce transport sans démonter la pile une condition indispensable restait à remplir: c'était de rendre les attaches des pôles positifs aux pôles négatifs susceptibles de se prêter à ce transport. C'est ce à quoi je suis parvenu en unissant les appendices métalliques servant de pôles aux divers éléments, par un, deux ou trois fils recouverts de gutta-percha, d'une longueur suffisante pour que le transport des vases puisse s'effectuer. Ainsi, avec cette combinaison, un seul mouvement accompli de la pile aux récipients permet de mettre la pile en état de fonctionner ou de ne pas fonctionner.

2ᵉ combinaison. — Si je m'étais contenté de transporter seulement les vases poreux avec leur acide et leur charbon en dehors de la pile, l'acide azotique en filtrant à travers les pores du vase poreux se serait bien vite perdu et évaporé. Il était donc nécessaire qu'au sortir de la pile les vases poreux plongeassent dans des récipients remplis eux-mêmes d'acide nitrique. De cette manière, l'acide nitrique des vases poreux au lieu de s'affaiblir par son contact avec l'eau acidulée, comme cela aurait lieu si on les laissait dans les vases extérieurs, ne fait que réparer ses pertes par son endosmose avec l'acide plus concentré des récipients. Un petit trou pratiqué dans le vase poreux, un peu au-dessous de la planche-support, permet d'ailleurs qu'un niveau constant s'établisse toujours dans les vases poreux après qu'ils ont été plongés dans leurs récipients respectifs.

Ces récipients consistent dans de petits bocaux de verre, un peu plus grands que les vases poreux eux-mêmes, et sont maintenus dans une position fixe pour être toujours à portée de ces derniers.

Afin d'éviter une évaporation trop grande de l'acide de ces récipients, chacun des vases poreux se trouve encadré au-dessous de la planche-support par une rondelle de caoutchouc qui assure une fermeture plus exacte entre les bords supérieurs des récipients et la planche-support elle-même.

3ᵉ combinaison. — Pour faire sortir les zincs des vases à l'eau acidulée, la disposition que nous avons indiquée pour les vases poreux peut être employée ; seulement elle est dans ce cas beaucoup plus simple, puisqu'il suffit d'un cadre en bois qui circonscrive extérieurement ces zincs. Ceux-ci s'y trouvent fixés par leur appendice polaire à l'aide d'une vis, afin qu'on puisse aisément les remplacer quand ils sont usés; de plus, ils ont leur amalgame entretenu par du nitrate de bioxyde de mercure.

En résumé, on voit que deux mouvements suffisent pour faire marcher ou arrêter la pile, et, au besoin, ces mouvements pourraient être combinés mécaniquement pour obtenir ce résultat d'un appartement à un autre où serait la pile.

Pour plus de sûreté et de commodité, la pile et les récipients doivent être placés dans une même caisse à bords très bas.

Système de M. Fabre de Lagrange. — Les piles Bunsen sont réputées constantes, parce qu'elles sont à deux liquides; mais dans la pratique il est loin d'en être ainsi; leur action diminue très promptement et cela tient en grande partie au sulfate de zinc qui se forme successivement et qui altère à tel point l'eau acidulée que celle-ci n'a plus de force oxidante. D'un autre côté, l'acide azotique s'affaiblit assez rapidement, d'abord par sa désoxigénation qui est la conséquence de l'effet électrique, mais surtout par son endosmose avec l'eau acidulée. Pourtant, cette dernière cause d'affaiblissement est bien minime, comparativement à la première. Ainsi, j'ai vu des piles, avec de l'acide azotique complètement usé et ayant servi pendant plusieurs mois, reprendre une énergie toute nouvelle avec de l'eau acidulée, nouvellement préparée.

M. Fabre de Lagrange, par une disposition mécanique particulière, a cherché à rendre constante l'action de ces piles aussi bien que celle des couples de Volta. « Cette continuité d'action, dit M. Fabre de Lagrange, s'obtient comme on obtient la continuité de l'action calorifique d'un fourneau garni en bas d'une grille pour laisser tomber les cendres, et qu'on alimente continuellement de combustible par le haut. Ce moyen est simple, et loin d'augmenter la dépense, il la diminue. On va en juger.

» Envisageons d'abord la disposition d'un seul couple à un seul liquide. Soit un vase percé d'un trou au milieu du fond, comme un pot à fleurs ; dans ce vase, un diaphragme cylindrique en toile à voiles un peu moins élevé ayant le même axe et fixé, par la partie inférieure, au moyen d'un mastic. Dans le diaphragme est un crayon de charbon de cornue très dense, entouré de petits grains de ce même charbon, et autour du diaphragme, un cylindre de zinc amalgamé et de l'eau acidulée qui a été fournie goutte à goutte par un réservoir supérieur. Joignons maintenant les deux pôles par un fil conducteur et voyons ce qui se passe dans l'intérieur de l'appareil. L'eau acidulée, qui continue d'arriver goutte à goutte, se déversera, d'une part, par dessus le bord du diaphragme de toile sur les charbons, qui seront ainsi continuellement lavés par le mouvement du liquide, sans être inondés, en sorte que la polarisation sera suspendue et que les bulles d'hydrogène se dégageront librement par les interstices des grains ; d'autre part, les couches inférieures d'eau acidulée, par l'effet de la pression qu'elles supportent, filtreront lentement à travers la toile, ce que ne feront pas notablement les couches supérieures et moyennes. Or, ces couches inférieures sont précisément celles qui contiennent le sulfate de zinc qu'il s'agit d'éliminer. Le résultat est un courant électrique tout-à-fait constant jusqu'à l'entière disparition du zinc, obtenu sans autre soin que celui d'alimenter le réservoir.

» Voici maintenant comment on réunit un grand nombre de couples. Les capsules de grès qui les contiennent, longues de 3 à 4 centimètres et ayant, par conséquent, l'apparence de tubes sont réunies et cimentées en faisceau, en bloc facilement transportable ; la surface supérieure est horizontale ; de petites rigoles amènent l'eau acidulée à chaque capsule. Avec cette disposition, en plaçant au-dessus de la pile un second réservoir et en changeant la nature et l'élévation des diaphragmes, il est facile d'employer un second liquide que l'on fait tomber directement et goutte à goutte sur les charbons, soit, par exemple, de l'acide azotique ; on l'emploie avantageusement affaibli et lorsqu'il ne peut plus servir pour les piles Bunsen ordinaires, parce qu'il n'absorbe plus l'hydrogène. Les liquides à leur sortie des capsules sont recueillis et peuvent reservir jusqu'à saturation. »

MODIFICATIONS APPORTÉES AUX PILES BUNSEN ET D'ARCHEREAU.

Le prix très élevé de l'acide azotique et son usure prompte

rendent les piles de Bunsen d'un emploi tellement dispendieux qu'on ne peut guère les utiliser dans les applications
mécaniques de l'électricité. Pourtant la grande quantité d'é-
lectricité qu'elles fournissent sous un petit volume devrait les
rendre préférables à toutes les autres piles. On a donc dû
rechercher le moyen de remplacer l'acide nitrique par un
autre acide moins dispendieux ; mais les résultats qu'on a
obtenus jusqu'à présent, quoique présentant des avantages,
n'ont pu encore faire renoncer à l'emploi de l'acide azotique.
Quoi qu'il en soit, nous allons passer en revue les différents
systèmes qui ont été proposés dans ce but :

Système de MM. E. Liais et L. Fleury. — MM. E. Liais
et L. Fleury, dans un mémoire adressé par eux à l'Institut
au mois de décembre 1852, font connaître deux dispositions
différentes qu'ils ont données à la pile de Bunsen, pour en
augmenter d'une part la conductibilité intérieure et de
l'autre la tension.

» Lorsqu'on supprime, dit M. Liais, le diaphragme dans
une pile de Bunsen dont le charbon est poreux, et maintenu
imprégné d'acide nitrique, la conductibité intérieure est augmentée de cinq fois; ce qui d'après les lois des courants électriques correspond à un accroissement semblable de surface,
sans augmentation de dépense, comme dans ce dernier cas.
Ce fait a été constaté par l'expérience suivante : Un élément
ainsi modifié a fait porter 58 kilogrammes à un électro-aimant.
Pour lui faire porter le même poids par l'accroissement de
surface de l'ancienne pile, il a fallu réunir cinq éléments de
Bunsen par leurs pôles semblables, de manière à former un
élément de surface quintuple. »

Pour maintenir imprégné d'acide nitrique le charbon poreux, MM. Liais et Fleury ont employé la disposition suivante:

Le cylindre de charbon, au lieu d'être percé de part en
part comme ceux des piles Bunsen, est bouché à son extré-

mité inférieure ; il forme alors une espèce de gobelet, et c'est dans ce gobelet qu'on verse l'acide nitrique. Le zinc, comme dans les piles d'Archereau, enveloppe le charbon, et celui-ci plonge sans intermédiaire dans l'eau acidulée. Cette disposition n'est en définitive que celle de l'élément d'Archereau dans lequel le vase poreux serait constitué par du charbon.

Pour que l'effet avantageux de ce système soit bien manifeste, il faut que le charbon soit préparé et très poreux. Celui de cornue ne donne aucun résultat. Dès-lors, l'acide nitrique filtrant plus facilement se trouve desoxigéné plus vite ; mais si on obtient par ce moyen un plus grand dégagement d'électricité dans un temps donné, il y a une plus grande dépense d'acides, de sorte que la question économique ne se trouve pas résolue par cette disposition. Pour être juste, je dois dire que ce système avait été adopté antérieurement à la communication de MM. Liais et Fleury, par M. Duchenne, dans son appareil Volta-féradique. Seulement, le charbon, au lieu de former un gobelet, était disposé comme une assiette creuse.

Dans l'autre disposition de MM. Liais et Fleury, les vases poreux sont rétablis à l'intérieur des charbons, comme dans les piles Bunsen ; seulement, ces charbons sont entaillés d'une rigole circulaire dans laquelle se trouve l'acide nitrique. L'on charge du côté du charbon avec de l'acide sulfurique concentré, et du côté du zinc, avec de l'acide dilué comme à l'ordinaire. De cette manière, la conductibilité de la pile est presque la même que dans la pile de Bunsen, mais la tension est presque doublée. Si, au lieu de faire agir directement à l'aide d'un seul diaphragme l'acide sulfurique concentré sur l'acide à 12°, on interpose plusieurs diaphragmes, de manière à faire agir l'acide concentré sur un acide à un degré moindre, celui-ci sur un autre un peu plus étendu et ainsi de suite jusqu'à l'acide à 12° environ, dans lequel on plonge le zinc, on trouve qu'il y a un accroissement considérable de tension. Un élément de cette dernière pile se comporte donc, comme une pile de Bunsen, de plusieurs éléments de même surface, et elle coûte beaucoup moins.

Système de M. Le Roux. — On sait, dit M. Le Roux, que dans la pile de Bunsen, le dégagement de l'électricité est dû principalement à la combinaison de l'hydrogène provenant de la décomposition de l'eau par le zinc avec l'oxigène dégagé par la source de ce gaz contenu dans le diaphragme, que cette source soit d'ailleurs de l'acide azotique, ou un corps, ou mélange quelconque. Les expériences que j'avais entreprises à ce sujet m'amenèrent naturellement à penser que tout autre corps, capable de s'unir à l'hydrogène, pourrait jouer le rôle de l'acide azotique dans la pile de Bunsen. Or, il est un corps, le chlore, remarquable par son affinité avec l'hydrogène et qui semblait réunir les conditions nécessaires. Pour le vérifier, je mis, dans le diaphragme d'un élément et autour d'un charbon neuf, un mélange de peroxyde de manganèse et d'acide chlorhydrique étendu d'assez d'eau (moitié environ) pour ne plus émettre de vapeurs ; j'obtins ainsi un courant de même intensité à peu près qu'avec l'acide azotique ordinaire. Si l'on élève un peu la température du mélange jusque vers 35° environ de manière à activer le dégagement du chlore, celui de l'électricité augmente considérablement. Le dégagement de l'électricité est dû, dans ce cas, à la combinaison de l'hydrogène avec le chlore, combinaison qui regénère l'acide chlorhydrique. Avec la disposition actuelle des éléments, lorsqu'on opère avec une petite quantité de bioxyde de manganèse et à la température ordinaire, il se produit un affaiblissement assez rapide de l'intensité du courant qui diminue environ de moitié au bout d'une demi-heure. Cet effet tient à la précipitation dans le diaphragme de tout le bioxyde du manganèse; de sorte que, l'oxide interposé s'affaiblissant graduellement et n'étant plus renouvelé, la production du chlore diminue; il suffit alors, pour faire reprendre à la pile son énergie primitive, d'agiter le charbon de manière à troubler le mélange.

» Cette action du chlore explique ce qui se passe lorsqu'on remplace l'acide azotique dans la pile de Bunsen par l'acide chlorhydrique du commerce. On a pendant quelque temps un courant assez fort qui finit par se réduire à celui produit par la dissolution du zinc; on remarque aussi que la coloration de l'acide disparaît, parcequ'en même temps le chlore est absorbé.

» Lorsqu'on emploie de l'acide chlorhydrique à la place de l'acide azotique et de l'eau accidulée par l'acide sulfurique pour dissoudre le zinc, on remarque, lorsqu'une partie de l'acide sulfurique s'est mêlée à l'acide chlorhydrique à travers le diaphragme, un dégagement d'hydrogène sulfuré et souvent même un dépôt de souffre. Cette effet est dû à la décomposition de l'acide sulfurique par l'hydrogène à l'état naissant et à la faveur du courant. »

Nous trouvons, dans *Le Cosmos* du 21 octobre 1853, ce qui suit, par rapport à cette communication de M. Le Roux :

» Il y a déjà plusieurs mois qu'un employé du laboratoire de Chimie de l'école polythecnique, a eu l'idée de substituer l'emploi de l'acide chlorhydrique dans la pile de Bunsen à l'emploi des acides sulfurique et nitrique. Cette substitution, qui serait excellente au point de vue économique, a été déjà expérimentée en grand dans les ateliers de M. Christofle pour le galvanoplastie et chez M. Dubosc pour la reproduction de la lumière électrique. Les résultats de ces expériences sont satisfaisants, le courant est intense et suffisamment constant; mais il se dégageait beaucoup de vapeurs de chlore, et nous attendrons une dernière expérience complétement décisive pour prononcer en dernier ressort. »

Système de M. Guignet.— M. Guignet pense que pour éviter les inconvénients qui résultent de l'emploi de l'acide azotique dans la pile de Bunsen, on pourrait substituer à cet acide les sels de peroxyde de fer, qui sont facilement réduits par l'hydrogène. Le corps oxidant qui lui parait devoir être préféré, au point de vue de l'économie et de la simplicité des manipulations, est un mélange d'acide sulfurique et de peroxyde de manganèse qui ne dégage pas d'oxigène, il est vrai, à la température ordinaire mais qui absorbe facilement l'hydrogène à l'état naissant. Il a fait au laboratoire de l'école polythecnique des expériences comparatives d'un même nombre d'éléments contenant l'un de l'acide azotique, l'autre un mélange d'acide sulfurique et de peroxyde de manganèse; il a reconnu d'abord qu'il n'était pas nécessaire d'employer de l'acide sulfurique concentré. Il a pris de l'acide à 52°, tel qu'il sort des chambres de plomb avant la concentration. Quant au peroxyde de manganèse, il était en poudre grossière. Les zincs étaient amalgamés à la manière ordinaire. Dans ces conditions, voici les résultats qu'il a obtenus: La déviation produite sur l'aiguille des sinus a été exactement la même pour les deux piles. Toutes les deux ont décomposé la même quantité d'eau dans le même temps. Ainsi , le courant ne différait pas en intensité dans les deux cas. De plus, cette intensité restait constante jusqu'à ce que l'action de l'acide sulfurique sur le zinc fût épuisée.

D'après M. Guignet, l'emploi de ce nouveau système présenterait pour avantages : 1° une économie de 50 pour 100 sur les frais d'entretien, d'après les prix courants actuels des acides azotique et sulfurique et du peroxyde de manganèse; 2° la suppression des vapeurs rutilantes qui sont incommodes et même dangereuses pour les opérateurs.

En reprennant les expériences de M. Guignet, M. Le Roux a été loin de retrouver les mêmes résultats avantageux et il a reconnu, dit-il:

1° Que l'effet du bioxyde de manganèse, mêlé à l'acide sulfurique concentré , n'était pas comparable, à la température ordinaire , à celui qu'on obtient avec de l'acide azotique, et qu'il n'augmente pas sensiblement la production de l'électricité dûe à l'oxidation du zinc; de sorte que, dans ce cas, l'acide sulfurique contenu dans le diaphragme n'agit plus que comme conducteur ;

2° Que, lorsqu'on a laissé plusieurs heures le mélange abandonné à lui-même, et qu'on vient à l'introduire dans la pile, on remarque pendant les premiers instants un courant presqu'aussi énergique qu'avec l'acide azotique, mais que l'intensité de ce courant décroît rapidement, de sorte qu'au bout de dix minutes, 1/4 d'heure au plus, il est aussi faible qu'il a été dit plus haut ;

3° Que cette augmentation d'intensité signalée plus haut, étant le résultat d'un dégagement abondant d'oxigène, il convenait, pour augmenter la force de ce genre de pile, de la soumettre à une température élevée (75° environ).

D'après ces contre-expériences, il s'ensuivrait qu'il faudrait une température de 70 à 80°, pour que le mélange d'acide sulfurique et de manganèse proposé par M. Guignet, pût remplacer l'acide azotique dans la pile de Bunsen. Je ne sais néanmoins jusqu'à quel point on doit ajouter foi aux assertions de M. Le Roux, car, d'après des expériences réitérées faites, il y a déjà longtemps, par M. Payerne, à Cherbourg, il paraîtrait, au contraire, que le mélange d'acide sulfurique et de peroxyde de manganèse, remplaçant le charbon et l'acide nitrique de la pile de Bunsen, aurait produit d'excellents résultats. Quoi qu'il en soit, ce système de pile que s'attribue M. Guignet, a été expérimenté bien longtemps avant lui, comme le témoignent les comptes-rendus des travaux de la Société des Sciences Naturelles de Cherbourg.

Autre système de M. Le Roux. — Dans les expériences qu'il avait faites pour s'assurer de la valeur du système de pile précédent, M. Le Roux avait reconnu qu'en trempant le charbon d'une pile de Bunsen, préalablement imprégné d'acide azotique, dans le vase poreux d'un élément de pile rempli d'acide sulfurique concentré, il obtenait un courant beaucoup plus intense que celui qui était fourni, quand ce même vase était rempli d'acide azotique. Il en conclut naturellement qu'en mêlant à l'acide azotique des piles ordinaires de Bunsen, de l'acide sulfurique concentré, il devait obtenir un effet beaucoup plus énergique. C'est en effet ce que l'expérience lui démontra. Ce fait d'ailleurs s'explique facilement ; car la grande affinité de l'acide sulfurique pour l'eau, fait que cet acide, mêlé à de l'acide azotique, affaiblit le désydrate complètement et lui rend toute sa force. C'est absolument le même effet chimique que celui qui s'opère dans la fabrication de la poudre-coton, quand on prépare celle-ci dans un mélange d'acide nitrique et d'acide sulfurique.

Quand donc l'acide azotique des piles Bunsen est par trop affaibli, il suffit, pour stimuler son énergie, d'y mêler quelques gouttes d'acide sulfurique concentré.

Système de M. Croissant. — Le perfectionnement que M. Croissant, pharmacien, de Laval, a apporté à la pile Bunsen, consiste à recouvrir d'oxide de Tungstène le charbon qui plonge dans l'acide nitrique et de le calciner après qu'il a été ainsi enduit. La pile acquiert alors, assure-t-il, une tension considérable, mais la réaction qui se produit est difficile à expliquer.

Système de l'abbé de Laborde. — M. l'abbé de Laborde, voulant utiliser la réaction électrique qui se manifeste au moment de la combinaison de l'acide sulfurique avec l'eau, réaction qu'on néglige toujours, puisqu'on fait d'avance ce mélange, dispose la pile de manière à ce que cette réaction s'effectue au travers d'un diaphragme.Voici, en conséquence, comment il dispose sa pile: On verse de l'eau pure dans le vase qui contient le zinc, puis on y plonge un diaphragme cylindrique en porcelaine dégourdie, dans lequel on a mis de l'acide sulfurique étendu de deux fois son volume d'eau; on introduit dans ce diaphragme le vase, le charbon ou la lame de platine qui doit fournir l'appendice polaire (1). Le courant qui résulte de cette pile est très-énergique et se soutient à peu près constant pendant plusieurs jours. Ce courant ne provient pas seulement du zinc qui plonge dans l'eau, mais aussi, comme je l'ai déjà dit, de l'action que l'acide sulfurique exerce sur l'eau à travers le diaphragme, action dans laquelle l'acide sulfurique prend l'électricité positive, et l'eau, l'électricité négative ; en sorte que cet appareil simple se compose, par le fait, de deux couples agissant dans le même sens, comme l'élément de Bunsen. A mesure que l'action de l'acide sulfurique sur l'eau diminue, celle de l'eau sur le zinc augmente par l'acide dont elle s'empare peu à peu, et cette compensation progressive contribue à maintenir au même degré la force du courant.

M. l'abbé de Laborde a essayé l'acide sulfurique concentré; mais outre qu'il est moins bon conducteur, il se décompose, et l'hydrogène sulfuré qui s'exhale, rend très incommode le maniement de la pile ; il faut qu'il contienne assez d'eau pour échapper à une décomposition qui porte alors presqu'entièrement sur l'eau; il se dégage encore, il est vrai, un peu d'acide sulfureux, mais ce dégagement indique une action favorable, car l'hydrogène naissant tend à envelop-

(1) Comme M. l'abbé de Laborde destine principalement la pile à la galvanoplastie, il substitue au charbon ou à la lame métallique un vase de cuivre contenant la solution saturée de sulfate, et dans lequel plonge la lame métallique servant d'appendice polaire.

per d'une mousse gazeuse le parois extérieur du vase de cuivre (quand l'appareil est disposé pour la galvanoplastie), et à former ainsi un obstacle à la circulation électrique. Cet hydrogène est enlevé par l'acide sulfurique qui perd à cela un équivalant d'oxygène; de là, la production d'acide sulfureux.

Quand on emploie ces piles pour la galvanoplastie, on peut réunir en pile plusieurs de ces appareils ainsi construits, en faisant communiquer la plaque métallique qui plonge dans le bain avec le zinc de l'appareil suivant et ainsi de suite; le métal du bain se réduit dans chaque cellule, et l'on obtient ainsi de chaque couple un effet utile et aidé par les effets de tous les autres. Il n'est pas nécessaire que chacun d'eux contienne les mêmes éléments : on peut cuivrer dans le premier, argenter dans le second, dorer dans le troisième, et ces couples formés d'anodes solubles, et de liquides différents, étant disposés par série, ne s'en prêteront pas moins un mutuel appui. On pourra adopter cette disposition, toutes les fois qu'on voudra donner au dépôt métallique telle ou telle qualité dépendant d'un courant plus fort, où lorsque les solutions ne conduisent pas assez facilement l'électricité ; mais généralement un seul couple suffit.

Les vases de cuivre formant les anodes solubles, se détruisent promptement. Pour éviter cet inconvénient, on applique sur leur contour intérieur une feuille de cuivre, cette dernière est seule attaquée et fournit le cuivre à la solution. On peut facilement la renouveler lorsqu'elle est hors de service.

QUESTION ÉCONOMIQUE DE LA PILE.

Lorsqu'une réaction chimique, provoquée dans un but quelconque, offre pour résidu des substances susceptibles

d'être utilisées, elle n'est plus une dépense et peut être appliquée avec avantages; mais lorsque, pour créer un effet physique, on est obligé d'allier ensemble des corps dont la
combinaison n'est susceptible d'aucun produit, la spéculation
ne peut être que mauvaise. Or, c'est précisément là le cas
des piles à acides, dont le résidu est d'une part de l'acide
azotique hydraté et de l'autre du sulfate de zinc, qui n'a
aucune valeur. Transformer ces matières en produits venda-
bles, ou combiner la pile de manière à les fournir directement : telle est la question qui depuis longtemps occupe
les chimistes et les physiciens, mais qui est encore loin d'être
résolue. Néanmoins plusieurs essais ont été tentés, et nous
allons les passer successivement en revue.

Procédé d'Achereau.— Le sulfate de zinc est un produit
de nulle valeur, où à peu près, comme nous l'avons déjà dit,
mais il n'en est pas de même du sulfate de cuivre, qui
depuis la suspension des ateliers d'affinage est devenu d'un
prix exorbitant. Que faut-il changer à la pile de Bunsen,
pour obtenir du sulfate de cuivre, au lieu de sulfate de zinc,
telle a été la question que s'est faite **M.** Archereau, et à
laquelle il a répondu en remplaçant le zinc de sa pile par
du cuivre. Il a obtenu en effet, de cette manière, de très
beaux cristaux de sulfate de cuivre, mais la question économique était-elle résolue pour cela? C'était là tout le problême. Pour la décider, il fallait calculer si le sulfate de
cuivre obtenu pouvait compenser le prix du métal usé, où
si l'action physique par son importance pouvait balancer la
différence. Or, l'expérience a prouvé que, toute somme, les
avantages de ce système étaient loin de compenser la dépense qui était, à peu de chose près, la même que celle des
piles ordinaires. En effet, ces sortes de piles ne donnaient,
volume pour volume, que le quart de l'électricité produite
par les piles à zinc.

Système de MM. Glukeman, Payerne, etc. — Dans le système adopté par ces Messieurs, le zinc de la pile de Bunsen est remplacé par le fer, tantôt en éponges, tantôt en copeaux, tantôt en limaille. On obtient alors pour résidu du sulfate de fer ou de la couperose verte du commerce. Mais il se manifeste dans ces sortes de piles des effets de passivité et d'activité qui rendent le courant électrique, non seulement irrégulier, mais encore très faible.

Système de M. Watson. — M. le docteur Watson croit être parvenu à produire pour rien ou à très bas prix la lumière électrique, en faisant servir le courant de la pile qui illumine les charbons, à préparer des matières colorantes dont la vente couvre, dit-il, les dépenses d'entretien de la pile. « Si nous en croyons le *Scientific American Journal,* dit le *Cosmos,* la matière précipitée par la pile de M. Watson serait du chromate de plomb au lieu de sulfate de zinc sans valeur, obtenu jusqu'ici. Cela supposerait que dans la nouvelle pile on a substitué des lames de plomb aux lames de zinc et le bichromate de potasse à l'acide sulfurique. Nous n'osons pas croire à cette économie merveilleuse et nous avions chargé un ami de nous procurer une pile du nouveau modèle. Il n'a pas été plus heureux que M. Fisher ; il a bien vu, apposée sur les murs de Londres, en grosses capitales, une affiche avec ces mots : *Electric power and color Company ;* mais, il n'a pu rencontrer nulle part, pas même à Wandsworth, où on les disait établis, ni les directeurs de la compagnie ni même M. Watson.

Système de M. Martins-Roberts. — La pile de M. Martins-Roberts se compose de cinquante plaques d'étain de six pouces de hauteur sur quatre pouces de largeur, placées chacune entre deux plaques de platine de mêmes dimensions. Les plaques d'étain avec leur enveloppe en platine plongent dans des auges en porcelaine de deux pieds de profondeur, remplies d'acide nitrique étendu d'eau. La profondeur de ces auges peut paraître effrayante, mais elles ont été établies ainsi pour recueillir un produit résidu qui, selon l'inventeur, doit couvrir à lui seul les frais de production de l'électricité. Sous l'influence, en effet, du courant l'étain donne naissance à un oxyde d'étain hydraté qui tombe à mesure au fond des auges et se combine avec de la soude, en donnant naissance à un stannate de soude, sel employé en grande quantité, comme mordant, dans la teinture des toiles et cotons.

L'intensité de cette pile de cinquante éléments était très considérable : on s'en est servi pour produire la lumière électrique et elle a donné de très brillants effets. Essayée pour la décomposition de l'eau, elle a donné neuf pouces cubes par minute du mélange d'oxygène et d'hydrogène ; son action est sensiblement constante pendant cinq ou six heures et on peut la comparer, sous ce rapport comme sous celui de l'intensité, à une pile de Grove dont les éléments seraient en même nombre et de même grandeur.

Comme on le voit, les systèmes économiques ne manquent pas ; mais, les avantages paraissent encore si peu certains qu'ils n'ont pas, en général, été adoptés. D'un autre côté, il ne faut pas non plus par trop s'exagérer la dépense des piles Bunsen ordinaires. Il résulterait, en effet, d'un calcul de M. Deleuil que, pour certaines applications, cette dépense serait bien minime. Ainsi, pour les travaux de nuit des docks Napoléon, où huit cents ouvriers étaient employés et où les tranchées étaient éclairées par deux régulateurs de lumière électrique, alimentés chacun par une pile de cinquante éléments (grand modèle), le prix de revient de cet éclairage ne revenait pas à plus de 38 fr. pour chaque nuit, ce qui, réparti sur 800 ouvriers, fait moins de 5 centimes par chaque ouvrier. La lumière était vive, parfaitement répartie, et aucun accident n'est venu interrompre la campagne qui a duré plus de quatre mois.

PILES DE DANIELL.

Les piles de Daniell, si importantes par leur constance, leur longue durée d'action et leur absence d'odeur pour les applications mécaniques de l'électricité, avaient, dans l'origine, comme les piles de Bunsen, leur pôle positif en dehors et leur zinc au dedans du vase poreux. Dès qu'on put reconnaître les avantages du système Archereau, on leur appliqua le même retournement; de telle sorte, qu'aujourd'hui, les piles de Daniell ne diffèrent en forme des piles de Bunsen que par la substitution au charbon d'une tige de cuivre munie d'une grille. Néanmoins, plusieurs précautions doivent être prises pour leur bon fonctionnement. Il faut d'a-d'abord que la grille ou godet, percée de trous et destinée à soutenir les cristaux de sulfate de cuivre à la partie supérieure du liquide, soit construite de façon à ne pas toucher les parois du vase poreux, sans quoi, le dépôt de cuivre qui se forme pendant le travail de ces sortes de piles, la souderait fortement au vase poreux, et il serait impossible plus tard de l'enlever. En second lieu, il faut, par la même raison, que toutes les tiges de cuivre ne descendent pas trop profondément dans le vase. Enfin, comme les éléments de ces sortes de piles ne peuvent jamais être employés isolément, il faut que les tiges de cuivre soient soudées aux appendices polaires des zincs.

Pour satisfaire à la première de ces conditions, plusieurs constructeurs, entr'autres M. Paul Garnier, font leur grille en gutta-percha, d'autres la vernissent avec de la gomme laque, d'autres, comme M. Mirand, en font un véritable godet en porcelaine dont les rebords viennent s'appuyer sur ceux du vase poreux.

La manière de charger la pile n'est pas non plus indiffé-
rente, et, à ce sujet, je dois dire en commençant, que beaucoup de physiciens et de professeurs de physique sont à cet
égard dans une déplorable erreur; ils vous disent, en effet,
de joindre à l'eau qui remplit le vase extérieur quelques
gouttes d'acide sulfurique ou du sel marin. A quoi bon cet
acide et ce sel?...

Le sulfate de cuivre en contact avec le zinc, par suite de
sa filtration à travers les pores du vase poreux, n'abandonne-
t-il pas son acide sulfurique dans une proportion convenable
pour le dépôt de cuivre qui se fait au pôle positif? Pourquoi
donc troubler cette double réaction par un excès d'acide?
Depuis longtemps je me sers des piles de Daniell, et pour les
charger, je n'emploie jamais que de l'eau pure, aussi bien
pour les vases poreux que pour les vases extérieurs; la seule
différence que je fais pour la charge de ces deux systèmes de
vases, c'est que je ne remplis les derniers qu'à moitié, tandis
que les autres sont entièrement pleins pour noyer les cristaux
de sulfate de cuivre que l'on place sur les grilles (avec assez
de précaution pour qu'il n'en tombe pas dans les vases extérieurs). Une pile ainsi chargée ne donne de l'électricité qu'au
bout de six heures, et le dégagement électrique augmente
progressivement pendant trois jours, après lesquels il a atteint
son maximum d'intensité.

Une pile de Daniell dont le courant n'est pas mis très souvent en activité peut fournir de l'électricité pendant six
semaines sans qu'il soit besoin de s'en occuper en aucune
façon. Mais quand le courant est constamment fermé, il faut
charger la pile tous les huit jours. Pour cela, il n'est besoin
que de jeter sur les grilles quelques cristaux de sulfate de
cuivre (50 grammes environ chaque fois). Du reste, comme
tous les vases en porcelaine demi-cuite ne sont pas également
poreux, il est difficile d'assigner une période fixe pour re-

nouveler le sulfate de cuivre ; toutefois, l'inspection de la pile suffit pour reconnaître quand il est urgent, de le faire. Si la dissolution de sulfate de cuivre est restée bleue, il n'est pas besoin de remettre des cristaux ; si, au contraire, elle devient incolore, il faut immédiatement et sans retard recharger la pile.

Comme l'eau qui tient en dissolution le sulfate de cuivre passe en partie dans les vases de verre, il devient urgent de temps en temps (tous les deux mois environ), de retirer l'excès d'eau qui s'y trouve, ce que l'on fait à l'aide d'une petite seringue. Par la même raison, il est quelquefois nécessaire de verser quelques gouttes d'eau dans la dissolution pour réparer les pertes qu'elle a faites. Cependant, il arrive rarement qu'on soit obligé de le faire, surtout si on abandonne la pile à elle-même jusqu'à ce que la dissolution se décolore ; car, alors, il y a endosmose du liquide extérieur à l'intérieur du vase poreux, et le liquide de celui-ci, au lieu d'avoir son niveau abaissé, se trouve au contraire l'avoir élevé. Dans ce cas, il est évident qu'il n'est pas besoin de retirer de l'eau des vases extérieurs ni d'en ajouter dans les vases poreux, puisque la permutation se fait par suite des réactions physiques elles-mêmes. Toutefois, ces effets peuvent varier suivant la nature des vases poreux, et c'est pour cela que j'ai cru devoir indiquer le moyen d'y remédier, le cas échéant. On a déjà compris, sans doute, que c'est à cause de ces infiltrations que les vases extérieurs ne doivent être remplis d'eau qu'à moitié.

L'entretien d'une pile de Daniell de huit éléments ne revient pas à plus de 4 francs par an, quand le courant n'est pas constamment fermé. Dans le cas contraire, il peut s'élever jusqu'à 10 et 12 francs, sans compter l'usure des zincs. Mais ceux-ci, quand ils sont suffisamment épais, peuvent durer facilement deux ans. Il faut seulement avoir soin, au moins une fois par an, de nettoyer tous les vases et de gratter les zincs pour leur ôter les dépôts qui s'y trouvent incrustés.

Les résidus de la pile de Daniell sont, d'une part, du sulfate de zinc, comme dans les piles de Bunsen ; mais, d'autre part, du cuivre à l'état natif qu'on peut vendre avantageusement. Quand les piles sont bien faites, ce dépôt de cuivre forme des espèces de stalactites volumineux à l'extrémité des tiges de cuivre qui plongent dans la dissolution.

Les piles de Daniell sont employées, comme je l'ai déjà dit, pour les télégraphes électriques, l'horlogerie électrique, les sonneries, en un mot, tous les appareils qui marchent d'une manière régulière, à grande distance et sans exiger une grande force électrique. Les conducteurs peuvent être fins et très longs, sans que la force du courant éprouve un notable affaiblissement.

En Allemagne, les piles de Daniell, employées pour les télégraphes, sont, pour ainsi dire, microscopiques : 20 éléments tiennent dans une boîte de 30 centimètres carrés, et pourtant ils peuvent faire marcher les télégraphes à une distance considérable. Pourquoi, en France, préfère-t-on les grands éléments qui dépensent beaucoup plus de sulfate de cuivre ?... C'est sans doute pour éviter de les charger aussi souvent, car les constructeurs de nos télégraphes doivent savoir que, d'après les lois de Wheatstone, la grandeur des éléments ne signifie absolument rien, relativement à la tension des courants électriques. Or, ce n'est que la tension du courant qui est nécessaire pour obtenir des effets mécaniques à grande distance.

Certains rêveurs ont voulu perfectionner les piles de Daniell à la manière dont M. Fabre de Lagrange avait perfectionné celles de Bunsen. On trouve même, aux brevets d'invention, un système dans ce but, qui est singulièrement conçu ; mais ils ne se sont pas aperçus, ces bons inventeurs, qu'ils ont pris un cric pour déboucher une bouteille. Quand donc la raison finira-t-elle par avoir raison !...

En Angleterre, les piles des télégraphes sont des piles à sable ; elles fournissent un courant constant, comme celles de Daniell, mais encore moins énergique. Il est vrai que les télégraphes anglais n'exigent pas, pour fonctionner, une force aussi considérable que celle que nous employons pour les nôtres.

Les piles à sable consistent dans des lames, cuivre et zinc, alternées et réunies en plus ou moins grand nombre, que l'on plonge dans du sable imprégné de chlorhydrate d'ammoniaque dissous. L'inconvénient de ces sortes de piles, c'est que le sable, en faisant corps avec le sel, quand celui-ci vient à se sécher, forme des espèces de croûtes peu propres au fonctionnement de la pile. Néanmoins, comme ce système est très économique, on peut l'employer concurremment avec les piles de Daniell.

Pile hydrodynamique du docteur Carosio, de Gênes.— J'ai réservé, pour la fin de ce chapitre, sur les piles propres aux actions physiques et mécaniques de l'électricité, la fameuse pile hydrodynamique du docteur Carosio, à laquelle sont venus se brûler bon nombre de moutons de Panurge, que nous avons bien peur de voir prochainement cruellement désapointés.

Comme notre rôle, à nous, est d'être, avant tout, les historiens fidèles des découvertes électriques susceptibles d'application, nous ne devons rien omettre, et c'est pourquoi nous avons fait figurer dans cet ouvrage quelques inventions dont nous ne voudrions pas garantir la perfection. Mais le public auquel nous nous adressons pourra facilement distinguer ces dernières. On ne devra donc pas s'étonner si nous consacrons ici quelques pages à une découverte qui, au dire du *Cosmos*, ne s'est présentée, jusqu'à présent, que sous la forme de mystification, et qui est une sorte de réminiscence du mouvement perpétuel.

Quoi qu'il en soit, nous allons rapporter ce qui a été publié à ce sujet dans le *Moniteur;* car nous serions fâchés de défleurir, en y touchant, les magnifiques espérances qu'on nous annonce si haut, et que des gens prudents n'avoueraient que bien bas, si toutefois ils pouvaient les concevoir.

Un Génois, dit le *Moniteur,* dont le nom semble destiné à représenter une nouvelle gloire italienne, le docteur Augustin Carosio, vient de faire une invention qui sera, par elle-même, toute une révolution dans le monde scientifique et industriel.

Il s'agit tout bonnement de détrôner la vapeur par l'application de la *pile hydrodynamique,* qui, d'après l'idée de M. Carosio, produit indéfiniment la force motrice.

Voici en quoi consiste cette invention :

Comme tous les grands principes, la découverte dont nous parlons est simple en apparence.

L'appareil électro-magnétique, que M. Carosio a appelé *pile hydrodynamique,* est basé sur la théorie des équivalents électro-chimiques, et sur la loi dite de Faraday, savoir: que le courant électrique est en raison directe de l'action chimique, et, par conséquent, que l'électricité qui sert à décomposer un gramme d'eau dans ces deux éléments, gaz oxygène et gaz hydrogène, est égale à celle qui résulte de la combinaison de ces deux mêmes gaz, quand ils s'unissent pour former un gramme d'eau. La preuve évidente et incontestable de cette théorie est la pile à gaz de M. Grove, dans laquelle la quantité de gaz qui sert pour recomposer l'eau est exactement égale à celle qui se forme par la décomposition de l'eau elle-même, M. Pouillet est tellement de cet avis, qu'il l'a démontré de la manière la plus claire dans ses *Éléments de physique expérimentale et de météorologie.* (6ᵉ éd., Paris, 1853).

Appuyé sur ces faits, voici comment M. Carosio s'exprime dans la demande des brevets qu'il a obtenus en France, en Angleterre, dans les Etats-Unis de l'Amérique et dans presque tous les Etats de l'Europe ;

« D'après ces principes, je me suis appliqué à former un ensemble d'appareils auxquels j'ai donnée le nom de *pile hydrodynamique*.

» Ces appareils se composent:

» 1° D'une batterie électrique formée de plusieurs cellules sur le principe de celle connue sous le nom de *pile à gaz de Grove*, où se produit le courant électrique ;

» 2° D'une série de cellules où l'eau se décompose et produit les gaz oxygène et hydrogène ;

» 3° De deux réservoirs où les deux gaz s'accumulent sous une pression de plusieurs atmosphères ;

» 4° De deux cylindres où le mouvement est produit par la force élastique des deux gaz ;

» 5° De deux autres réservoirs où les gaz, après avoir produit le mouvement, sont reconduits de nouveau, pour être distribués ensuite dans les cellules de la batterie, et produire le courant électrique ;

» De plusieurs autres appareils secondaires qui servent à l'équilibre de la pression des gaz, à la distribution de l'eau acidulée, et aux autres fonctions de la machine.

» A l'aide de ces appareils j'obtiens :

» 1° La formation de l'eau par la combinaison du gaz oxygène et du gaz hydrogène ;

» 2° Un courant électrique toujours en proportion de la dite combinaison ;

» 3° La décomposition de l'eau en gaz oxygène et hydrogène proportionelle au courant électrique, et égale à la quantité d'eau recomposée ;

» 4° J'obtiens la séparation des gaz à l'endroit même où

ils se développent ; je les fais passer dans deux réservoirs où ils sont retenus sous la pression d'un nombre donné d'atmosphères, et, par l'augmentation de leur élasticité, je produis le mouvement en me servant d'un mécanisme semblable à celui des machines à vapeur ordinaires ;

» 5° Enfin, après avoir obtenu l'effet mécanique, je reconduis les deux gaz séparément dans l'appareil où a lieu la recomposition de l'eau, pour répéter la même série de phénomènes, savoir : le courant électrique, la décomposition de l'eau et le mouvement.

» Si je le crois à propos, je puis diriger le courant électrique de manière à obtenir aussi le mouvement d'un appareil électro-magnétique sur le principe de celui de M. Jacobi, que je fais servir, soit conjointement à l'élasticité des gaz, soit séparément à la production du mouvement des machines. »

Pour mieux comprendre le principe et l'application de cette admirable invention, il faudrait mettre ici sous les yeux du lecteur la description complète du dessin dont l'appareil est composé. Mais nous nous bornerons, pour l'abréger, à citer textuellement les propres expressions par lesquelles M. Carosio finit la demande qu'il a adressée au gouvernement français pour obtenir son brevet :

« Ayant donné l'explication de la nature de mon invention, et de la manière de l'appliquer, je désire qu'il soit parfaitement entendu que je ne me limite pas à la forme et aux dimensions de l'appareil que je viens de décrire, et qui est représenté dans le dessin qui est annexé, ni à l'usage des matériaux que j'ai dit pouvoir être employés dans la construction des appareils, parce que tout cela peut être varié dans la forme et dans la matière, pourvu que le caractère particulier de mon invention soit maintenu complètement »

M. Siemens, ingénieur prussien très-distinguée, membre

de l'académie des ingénieures civils de Londres et de plusieurs autres, connu par de nombreuses œuvres autant que
par ses découvertes en physique et en mécanique, s'étant
chargé d'activer l'invention Carosio, a fait à cette égard un
rapport dans lequel il s'exprime en ces termes :

« Ils ne sera peut-être pas considéré comme superflu de
terminer ces remarques par un aperçu sur la *rationabilité
générale* de l'invention Carioso, suivant les vues du soussigné.

» Au premier abord le principe semblerait prétendre à
un *mouvement perpétuel* qui sera toujours impossible à
réaliser , parce qu'il donnerait à la matière un pouvoir
créateur, ce qui est en contradiction avec la philosophie ra-
tionnelle.

» Dans ces dernières années, il a été prouvé, par les recherches de MM. Clapeyron, Holzmann, Mayer, Joule, Grove,
Thompson et d'autres, que la chaleur, l'électricité, la lumière, le son, l'affinité chimique et la force dynamique ne
sont que les différentes manifestations d'une grande cause
universelle, le mouvement.

» Ces philosophes ont même réussi à établir un rapport
numérique entre plusieurs de ces forces, et principalement
entre la chaleur, l'électricité et la force dynamique.

» Cette théorie, que l'on peut appeler la théorie dynamique, porte que, pour obtenir un effet mécanique, une quantité établie d'électricité ou de chaleur ou d'autre manifestation du mouvement doit être sacrifiée.

» Dans toutes les machines électro-magnétiques, l'électricité est dépensée; et, comme elle est produite à un prix
beaucoup plus fort que la chaleur par la combustion, il
s'ensuit naturellement que ces machines doivent être plus
chères pour l'entretien qu'une machine à vapeur ou toute
autre machine calorique.

» Le même argument s'applique contre la production de la lumière ou de la chaleur par l'électricité ; peu importe que la transformation soit directe (par l'ignition d'un conducteur imparfait), ou indirecte (par la décomposition de l'eau et de la combustion du gaz hydro-oxygène).

» Mais dans la machine Carosio, le courant électrique est employé comme un agent suppléatoire pour transporter les gaz d'un récipient à l'autre. Ces gaz, dans leur expansion derrière le piston de la pompe, perdent leur chaleur précisément dans la même proportion dynamique de l'effet obtenu. Cette chaleur doit être complètement redonnée aux gaz avant qu'ils entrent dans l'appareil recompositeur.

» En d'autres termes, la machine Carosio est essentiellement une machine calorique, avec cet important avantage sur les autres, que les gaz étant permanents peuvent être employés à une température au-dessus de celle des corps environnants, savoir, l'air ou l'eau, qui peuvent être, en conséquence, un médium pour céder une portion de leur chaleur, tandis que, pour des machines qui opèrent à une température élevée, cette chaleur doit être produite artificiellement.

» La seule force électrique dépensée dans ce cas est celle de la résistance des médiums conducteurs du courant ; ce qui, même sous les plus favorables circonstances, rend nécessaire un supplément continuel de gaz d'une source étrangère pour maintenir la quantité.

» La réalisation finale du principe contenu dans l'invention Carosio semble au soussigné une chose certaine. »

Dans un autre rapport postérieur, M. Siemens dit : « que maintenant il lui semble bien possible de construire un appareil de composition et de décomposition d'une puissance considérable, sans s'exposer à une dépense inutile et préjudiciable aux intérêts des associés. »

Il y a déjà 15 ans que M. Carosio s'occupe de sa merveilleuse invention. Cela est tellement vrai, qu'en 1840, M. le marquis de Brignole-Sales, à cette époque ministre de Sardaigne à Paris, présenta à M. Arago, alors secrétaire de l'académie des sciences, un exposé fait par M. Carosio lui-même, comme il résulte du compte rendu des séances de ladite académie du 2 mai 1853. Toutefois des difficultés imprévues, qui toujours semblent devoir naître sur les pas des inventeurs, des obstacles multiples que l'on voit à l'origine de toute grande création surgir inévitablement comme pour servir d'épreuves au génie et mesurer la force de son œuvre, avaient malheureusement trop longtemps retardé les expérimentations décisives de la découverte Carosio.

Mais le patriotisme des Génois ne tarda pas à venir en aide aux efforts persévérants de leur compatriote. L'année dernière, une société anonyme, approuvée par un décret spécial du roi de Sardaigne, se forma, comme par enchantement, à Gênes, et l'on parvint à réunir, en très peu de temps, la somme de 2 millions de francs pour l'application pratique de cette heureuse découverte. Ce fut alors que M. Carosio, précédé d'une recommandation officielle du gouvernement sarde pour tous ses agents à l'étranger, se hâta de partir pour Londres, afin de soumettre à des mécaniciens et à des ingénieurs expérimentés l'exécution de sa machine.

Ces ainsi qu'après une année d'expériences les plus heureuses, une première machine, construite pour le compte de la société de Gênes, sous les ordres de l'ingénieur Siemens, sera en état de fonctionner à Londres avant la saison d'hiver.

Chose admirable! cette machine ne consume que ce qu'elle produit par sa propre force, et cette force, par oposition à celle de la vapeur, n'est pas limitée par la limitation des résitances; enfin elle n'entraîne ni les frais ni les dangers du combustible.

L'application de la *pile hydrodynamique* à la locomotion navale donnera à son inventeur le droit de pouvoir dire avec un juste orgueil : « Si mon compatriote Colomb a découvert l'Amérique, j'ai découvert le véritable moyen de la rapprocher de l'Europe. »

Historique de la découverte des piles à deux liquides. — Il ne sera pas sans intérêt de retracer ici, en quelques mots, les transformations successives auxquelles les principales piles que nous avons étudiées ont dû leur naissance. Voici comment M. Becquerel les raconte :

La première pile à courant constant a été présentée par M. Becquerel, en août 1826, à l'Institut; elle se composait de deux liquides différents, acide nitrique et solution de potasse, séparés par un diaphragme poreux, et de deux lames de platine, plongeant chacune dans un de ces liquides. D'après la nature des effets électriques produits au contact de l'acide et de l'alcali, et de l'action électro-chimique qui en résultait, les lames étaient sans cesse dépolarisées, et le courant qui en résultait était à force constante. M. Grove, en 1839, modifia cette pile en substituant à la solution de potasse de l'acide sulfurique étendu, et à la lame de platine qui plongeait dedans une lame de zinc. En 1843, M. Bunsen remplaça la lame de platine en contact avec l'acide nitrique par un cylindre de charbon.

En 1829, M. Becquerel fit connaître à l'Académie une pile également à force constante, fondée sur un autre principe, et dont il n'a pas cessé de faire usage depuis cette époque pour la reproduction des substances minérales et la formation de composés insolubles. Chaque couple était formé d'un tube en U, au fond duquel était placée de l'argile humectée d'eau; dans une des branches se trouvait une solution saturée de sulfate ou de nitrate de cuivre, et dans l'autre une solution saline neutre; dans la première plongeait une lame de cuivre et dans la seconde une lame de métal oxydable dont la nature dépendait du produit que l'on voulait former. Le pyrite, la galène, etc., ont été produits par ce moyen.

En 1836, M. Daniell a rendu cette pile pratique en lui donnant une autre forme, et substituant à l'argile le diaphragme dont M. Becquerel avait fait usage dans la pile à acide nitrique ; mais le principe était évidemment le même.

PILES A LARGE SURFACE POUR LES APPLICATIONS CHIMIQUES.

Nous avons souvent dit que pour les applications mécaniques et physiques de l'électricité, la pile, ayant à fournir de l'électricité de tension, devait être composée d'un certain nombre d'éléments, grands ou petits, unis par leurs pôles dissemblables ; mais il n'en est plus de même pour les applications chimiques, qui exigent surtout de l'électricité de quantité. Pour ces sortes d'applications, les éléments des piles doivent donc présenter à l'action physico-chimique de grandes surfaces génératrices de l'électricité ; car il ne faudrait pas croire que l'action électrique d'une pile, composée de plusieurs éléments unis par leurs pôles semblables, fût *identiquement la même* que celle d'un seul élément, représentant en surface les autres réunis. Théoriquement parlant, le fait est vrai, mais pratiquement, il n'en est plus de même.

Comme les réactions chimiques opérées par l'électricité n'exigent pas une grande force électrique, les piles à un liquide, telles que les piles de Smée, de Wolaston, etc., peuvent être employées avec avantage. Elles sont beaucoup moins chères d'entretien, et leur disposition peut comporter de très grandes surfaces, sans encombrement dans leur installation et sans frais d'accessoires.

Pourtant, dans beaucoup d'ateliers, on donne la préférence aux piles de Bunsen. Nous discuterons cette question dans le troisième volume ; toujours est-il que la véritable application actuelle des piles de Smée, de Wolaston, etc., est pour les réactions électro-chimiques.

Pile de Smée. — Dans sa construction la plus simple, l'élément de Smée se compose d'une large lame de platine, comprise entre deux lames de zinc amalgamé, dont la largeur est seulement un tiers de la largeur de la lame de platine. Ces deux lames plongent dans de l'eau acidulée, et les bandes métalliques, en rapport avec elles, déterminent les deux pôles. Le pôle négatif, bien entendu, est fourni par le zinc, et le pôle positif, par le platine. Pour activer la réaction chimique, la lame de platine est elle-même platinée, de manière à présenter une surface rugueuse à l'action du liquide. La réaction s'explique facilement dans ce cas ; car elle résulte de l'électrisation en sens contraire communiquée à l'eau et au platine, par suite de la décomposition partielle de l'eau et de l'oxydation du zinc.

On a cherché à modifier la construction de ces sortes de piles, tantôt en plaçant les éléments horizontalement dans la cuvette, tantôt en remplaçant le platine par du charbon, tantôt en variant les liquides. Chaque inventeur prétend que son système est le meilleur...; mais, pour nous, qui n'avons pas de parti pris et qui n'avons d'ailleurs pas expérimenté suffisamment ces sortes de piles, nous nous contenterons, jusqu'à ce que les avantages des autres systèmes nous soient prouvés, de la pile de Smée, telle que nous l'avons décrite.

Pile de Wolaston. — La pile de Wolaston est exactement la même que la précédente, sauf que le cuivre est substitué au platine et que le zinc n'est pas amalgamé, ce qui en rend l'action inégale et moins énergique, à cause de l'usure prompte des acides et de l'adhérence des cristaux de sulfate de zinc au métal électro-négatif.

Les piles de Wolaston, qui ont été montées, comme tout

le monde le sait, de différentes manières, ont été l'une des premières modifications de la pile de Volta. Elles étaient presque uniquement employées il y a une quinzaine d'anzaine d'années, soit sous la forme de piles à auges, soit sous celle de piles à hélice, de Munch ou d'Young, soit sous celle de piles à engrenages mécaniques. Aujourd'hui elles n'existent plus qu'à l'état d'élément simple, et l'on s'en sert, comme je le disais, pour les réactions électro-chimiques. Je n'insisterai pas davantage sur ces piles ni sur celles de Sturgeon, du prince Bagration, de Becquerel, de Schœnbein, de Grove, de De la Rive, de Wheatstone, etc., car elles sont suffisamment décrites dans tous les cours de physique. D'ailleurs, ces dernières, sauf la pile de Grove, celle de Wheatstone et celle de Munch, ne sont que très rarement employées.

Il est encore d'autres piles, d'invention récente, qu'on ne connaît guère que quand on consulte les dossiers des brevets d'invention. Ces piles, qui portent les noms de MM. Defonvielle, Canat, Parelle, Leyris, Dehaye, etc., ne sont guère que des modifications plus ou moins heureuses ou malheureuses de celles que nous avons déjà décrites. L'une d'elles, dont le titre, *pile pouvant fonctionner dans la mer,* semble attirer l'attention, est une conception tellement originale, qu'on se demande si le but de l'inventeur, en l'imaginant, était de créer des usines flottantes d'électricité. Dans ce cas, il serait difficile d'admettre cette idée comme économique et réalisable.

GÉNÉRATION DE L'ÉLECTRICITÉ.

Si l'on considère que la plupart des phénomènes physiques ou chimiques, qui se manifestent à la surface du globe, ont pour résultat un dégagement d'électricité, et que cette électricité se trouve perdue parce que les éléments sur lesquels elle se développe ne sont pas isolés les uns des autres, on arrive à cette conclusion : qu'en prenant des dispositions convenables, on pourrait créer, sans dépense, des foyers d'électricité qu'on pourrait utiliser de mille manières. La vapeur qui soulève les pistons des machines, la pluie qui tombe sur les toits, le charbon qui brûle dans les foyers, les émanations qui se dégagent des fabriques, toutes les réactions qui se produisent dans la fabrication des substances chimiques, le frottement exercé par les chûtes d'eau ou les corps solides entre eux, etc., etc., sont autant de causes productrices de l'électricité. M. Chenot, dans un très intéressant mémoire qui accompagne la description du brevet qu'il a pris pour son électro-métreur et son électro-trieur, entre dans de nombreux détails sur les procédés à employer pour obtenir la manifestation des électricités ainsi développées. Je n'entrerai dans aucuns détails à cet égard, car je m'écarterais du but que je me suis proposé. Je renverrai donc les amateurs que cette question intéresse au brevet de **M. Chenot**.

APPAREILS DÉPOLARISATEURS.

Afin de rendre rigoureusement constants les courants hydro-électriques, M. Becquerel a imaginé des appareils auxquels il a donné le nom de dépolarisateurs, et dont l'effet est de dépolariser continuellement deux lames de platine en communication avec la source électrique.

L'un des systèmes de ces appareils est formé d'un vase en verre cylindrique renfermant un liquide et dont le bord supérieur est recouvert d'une garniture métallique interrompue en deux points. Chacune des moitiés est mise en communication avec l'un des éléments d'un couple à force constante. Sur la garniture viennent s'appliquer avec pression les deux extrémités d'une traverse horizontale mobile en laiton, destinée à prendre les électricités de la source. La traverse est interrompue sur une longueur d'un centimètre, par une tige d'ivoire servant d'isolant. A chacune des branches de la traverse est fixée une lame de platine qui vient plonger dans le liquide du vase. De chacune de ces mêmes branches part une lame de cuivre formant ressort, qui vient s'appliquer sur un interrupteur cylindrique mobile placé au-dessus et mis en rapport avec une boussole des sinus ou un multiplicateur. On imprime à tout le système un mouvement de rotation au moyen d'un engrenage et d'un moteur électro-magnétique. A l'aide du double interrupteur, les deux lames de platine étant sans cesse dépolarisées, et la même espèce d'électricité entrant toujours par le même bout du fil formant le circuit de la boussole ou du multiplicateur, le courant est constant. Bien entendu, la boussole ou le multiplicateur n'entre dans cet appareil que comme moyen de contrôle. Il faudrait donc, dans l'application, substituer à ces appareils accessoirs ceux qui doivent recevoir l'effet du courant.

Le second appareil est d'une application beaucoup plus étendue : il est pourvu également de deux interrupteurs, mais il est construit de telle sorte, que les deux lames de platine se trouvent chacune dans un vase séparé, renfermant le même liquide, ou un liquide différent. Ces lames peuvent, au moyen d'un mécanisme particulier, passer d'un vase dans l'autre, où elles se dépolarisent. Entre les deux vases se trouve un support en verre où l'on place les deux liquides qui doivent réagir l'un sur l'autre, et qui sont en relation avec les liquides des vases, au moyen de mèches de coton imbibées d'eau. Avec ces dispositions, le courant électrique résultant de la réaction chimique est constant.

XI.

Organisation et disposition des conducteurs pour les applications physiques et mécaniques de l'électricité.

Nous avons déjà dit plus d'une fois que la grosseur des conducteurs devait être en rapport avec la nature de la pile et les dérivations établies sur le circuit, mais beaucoup d'autres considérations doivent entrer en ligne de compte quand il s'agit d'établir ces conducteurs d'une manière définitive et durable; aussi, je dois le dire tout d'abord, cette question, en apparence bien minime, est peut-être l'une des plus délicates des applications électriques et celle qui donne le plus de mécomptes; on pourra en juger.

CONDUCTEURS SIMPLES.

Tout fil ou tout corps métallique peut être employé comme conducteur électrique, mais les effets sont quelquefois bien différents : ainsi tout le monde sait que l'électricité conduite par un fil de fer fournit, quand on ferme le courant, des étincelles beaucoup plus fortes que quand elle suit un fil de cuivre et mieux encore un fil d'argent; c'est pourquoi ce dernier métal est toujours préféré pour les commutateurs.

Les fils conducteurs peuvent être arrondis ou applatis. **M.** Nollet prétend qu'il y a avantage à se servir de ces derniers, mais cet avantage n'est pas encore bien constaté. Quoiqu'il en soit, on peut employer les conducteurs isolés ou non isolés, c'est-à-dire recouverts d'une substance plus ou moins isolante ou livrés à leur brillant métallique. Au premier abord, on peut croire qu'il y a avantage à se servir des premiers; mais on verra que le fait est contestable. Quand on emploie les fils non isolés, il importe qu'ils soient recouverts d'une préparation qui les empêche de subir les effets détériorants de l'oxydation; les fils de fer galvanisés sont excellents pour cela.

Les fils isolés avec du coton ne présentent d'avantages sur les autres que par la possibilité qu'ils donnent de les croiser les uns sur les autres et de les mettre plus ou moins en contact sans qu'il y ait déperdition d'électricité ou mélange de courants. Pourtant il ne faut pas toujours se fier à cet isolement, surtout dans les endroits humides. On a bien essayé de les recouvrir en outre de gomme laque ou de gutta-percha liquide ; mais les résultats qu'on a obtenus sont loin d'être satisfaisants.

Les fils recouverts de gutta-percha sont meilleurs, mais ils sont très chers et ont une grosseur qui les empêche d'être employés dans les appartements. Ils sont de diverses espèces : ceux qui sont recouverts avec des bandes minces de gutta-percha, soudées ensemble dans l'eau bouillante, sont de plus petite dimension que les autres, mais ils ont l'inconvénient lorsqu'ils sont exposés à l'air ou au soleil de se fendre et de tomber en poussière. M. Prudhomme en a cependant construit dernièrement qui sont beaucoup meilleurs et qui peuvent résister d'avantage.

Les fils recouverts d'une couche épaisse de gutta-percha pâteuse, tels que ceux qui sont sortis des fabriques de M. M. Herkman, Ratier et Guibal, sont beaucoup plus résistants et peuvent s'employer avec avantage dans les endroits humides. Pourtant il faut pour qu'ils puissent être enterrés qu'ils soient revêtus d'une deuxième couche de gutta-percha dite *vulcanisée*. Leur isolement est alors beaucoup plus grand et l'action décomposante du sol n'a plus d'action sur eux.

Pour fixer les conducteurs à l'intérieur d'un appartement et les dissimuler le plus possible à la vue, on les entortille ordinairement sur de petits clous d'épingle que l'on a placés aux différents angles des pièces qu'ils doivent contourner ; mais ce système est radicalement mauvais. D'abord, si les clous sont fixés sur du plâtre ils s'oxydent sous l'influence du courant et le fil lui-même se trouve bientôt rompu. En second lieu, la moindre humidité du mur suffit pour donner au fil cette trempe dont j'ai parlé dans mon mémoire sur cette matière inséré dans le 1er volume, et qui occasionne au bout de peu de temps sa rupture. Une chose assez curieuse, c'est que, dans ce cas, les bouts du fil des deux côtés de la solution de continuité se trouvent appointis comme s'ils avaient été rongés par un acide. Pour éviter ces différents cas de rupture il faut :

1° Que les fils conducteurs soient maintenus à une certaine distance des murs.

2° Qu'ils soient recouverts d'une enveloppe imperméable, telle que le gutta-percha, quand ils traversent les murs, les platras ou des milieux humides.

3° Que leurs points de suspension ou d'attache soient eux-mêmes revêtus d'une enveloppe isolante.

Après bien des essais onéreux et pénibles, M. Mirand est parvenu à trouver un système d'installation qui ne laisse rien à désirer. Ce système consiste principalement à employer de petits pitons en fer, dont l'anneau est vitrifié, et que l'on substitue aux clous d'épingle dont nous avons parlé. On pratique donc dans les murs, aux différents points où doivent se trouver ces pitons, de petits trous dans lesquels on introduit de petites chevilles en bois, et c'est sur ces chevilles que sont vissés les pitons. Comme l'anneau de ces pitons est suffisamment grand pour permettre l'introduction de plusieurs conducteurs à la fois, on évite, en les employant, la répétition des supports pour chaque conducteur.

Ce système de pitons peut être employé avec le même avantage pour les fils extérieurs non isolés; ils sont un diminutif heureux des supports en porcelaine employés pour les lignes télégraphiques.

En général, il faut employer pour conducteurs des fils assez gros en raison des causes de destruction que nous avons signalées. Le n° 4 du commerce pour les courants de Daniell et le diamètre de 2 millimètres pour les courants Bunsen sont les grosseurs qui conviennent le mieux.

Les fils recouverts de coton peuvent être de la couleur des papiers de tenture contre lesquels ils doivent être appliqués dans les appartements; cependant, il faut, autant que possible, les employer sans teinture car, pour peu qu'il y ait des acides dans la teinture, le métal ne tarde pas à s'oxyder sous l'influence du courant, et cette cause, suivant M. Mirand, influe beaucoup dans les cas de rupture des fils que nous avons signalés. Bien plus même, craignant de la part du courant un effet de réduction, ce même constructeur emploie les fils de fer de préférence aux fils de cuivre. Je ne sais jusqu'à quel point ces soupçons sont susceptibles d'être justifiés.

Je ne parlerai pas des lignes télégraphiques, ni de leurs supports, ni de leurs poteaux de soutien, car j'ai eu occasion d'entrer à cet égard dans des détails assez étendus, au chapitre de la télégraphie électrique, dans mon premier volume. Je terminerai ce qui a rapport à ces conducteurs simples par les conducteurs flexibles et extensibles.

Il arrive souvent dans plusieurs des applications que nous avons exposées, que les conducteurs, tout en se maintenant tendus, doivent se prêter à des mouvements exercés par certaines pièces des appareils auxquels ils sont liés ; il est donc nécessaire alors que les conducteurs soient susceptibles de flexion ou d'extension.

Dans le premier cas, le moyen le plus simple à employer est de les rouler en spirale et de les placer normalement au plan dans lequel s'exécute le mouvement qui doit les faire fléchir ; les plis de l'hélice s'abaissent alors les uns sur les autres sans motiver une résistance considérable et sans provoquer dans le fil une action mécanique qui amènerait infailliblement sa rupure.

Dans les appareils électro-médicaux et plusieurs autres d'un autre genre, il importe que les conducteurs soient aussi flexibles que des cordons ordinaires, sans quoi leur manipulation deviendrait longue et difficile : on a donc dû chercher le moyen de combiner les fils métalliques avec les fils de soie pour faire du tout un cordon très flexible. **MM.** Breton, frères, ont atteint ce but pour leurs appareils électro-médicaux, dans lesquels l'électricité dégagée est de l'électricité de tension, en substituant aux fils métalliques des feuilles de clinquant ; mais, employés comme conducteurs ordinaires, ces cordons offraient une trop grande résistance au courant. **M.** Herkman a mieux réussi en formant une tresse de petits fils de cuivre extrêmement fins et en grand nombre, et en enveloppant la tresse, de coton, de soie ou de gutta-percha. Ces conducteurs sont excellents, mais ils sont trop chers pour qu'on puisse les substituer aux conducteurs ordinaires. Nous avons vu un exemple d'application de conducteurs de ce genre dans le système de **M.** Mirand pour les chemins de fer. (Chapitre III.)

Les conducteurs, extensibles dans toute leur simplicité, peuvent être obtenus avec de simples élastiques en laiton ; mais, comme il est souvent nécessaire qu'ils soient isolés, il faut que ces élastiques soient elles-mêmes enveloppées dans un tube de caoutchouc extrêmement mince; tout devient alors extensible dans le conducteur.

Conducteurs liquides et terrestres.

Nous avons vu, dans notre premier volume, que les liquides et la terre pouvaient transmettre l'électricité et que l'on pouvait, par ce moyen, épargner un fil dans le circuit des lignes télégraphiques. Si ce moyen réussit pour de grandes distances, à plus forte raison peut-il réussir pour de petites. Cependant, comme la résistance apportée par le sol à la transmission électrique, paraît être une quantité constante la transmission par les fils, pour de *petits circuits,* est infiniment préférable.

Ce que nous disons du sol peut s'appliquer aux liquides. Reste à savoir maintenant comment ceux-ci agissent, quand ils interviennent fortuitement à travers des circuits établis.

On sait que si l'on plonge dans une cuvette remplie d'eau les deux conducteurs d'un courant voltaïque de faible tension, celui-ci éprouvera de la part de l'eau une telle résistance que c'est tout au plus si on pourra accuser sa présence à l'aide d'appareils très sensibles. D'après cela, on pourrait conclure que le *parfait isolement* des conducteurs sur une ligne télégraphique ne serait pas indispensable. Pourtant, l'expérience a démontré le contraire. Quelle est la cause de cette anomalie ?... La voici :

Dans l'expérience que j'ai citée, le courant n'est pas complètement fermé par le liquide, parce que celui-ci qui est un très médiocre conducteur n'est pas impressionné sur une assez grande étendue de sa masse. Augmentez la surface des conducteurs et vous suppléerez à la mauvaise conductibilité de l'eau par la grandeur de la section que vous impressionnerez ; c'est ainsi qu'en adaptant aux extrémités des deux conducteurs d'un courant deux plaques métalliques d'une étendue suffisante, on peut rendre l'eau susceptible de conduire le courant aussi bien que le fil lui-même. Voulant m'assurer comment variait l'intensité du courant, suivant la surface des plaques immergées et suivant l'épaisseur de la nappe d'eau interposée entre elles, j'ai entrepris des expériences qu'il n'est pas sans intérêt de rapporter ici :

J'ai enroulé sur deux cylindres de bois de 30 centimètres de diamètre une assez grande quantité de fil de fer galvanisé pour représenter en surface une plaque de zinc de dimensions supérieures à celles qu'on emploie ordinairement dans les transmissions par le sol ; j'ai eu soin de bien isoler les unes des autres toutes les spires du fil métallique, et j'ai plongé ensuite dans un étang, en deux points opposés, les deux cylindres, après les avoir mis en communication avec les conducteurs très courts d'une pile de Daniell de 8 éléments (petit modèle) très faiblement chargée. J'ai pris pour organe régulateur une sonnerie électrique de Mirand, car, ce que je désirais avant tout était d'avoir un résultat pratique. Voici les résultats que j'ai obtenus :

Quand les deux cylindres étaient totalement immergés, j'obtenais à peu près la même intensité de courant qu'avec le contact immédiat des deux conducteurs, le bruit de la sonnerie était le même. Mais, à mesure que je soulevais les cylindres hors de l'eau, le bruit diminuait et l'appareil finissait par ne plus marcher ; toutefois, la longueur du fil immergé, dans ce dernier cas, ne répondait pas à celle qui était nécessaire pour mettre l'appareil en marche.

Dans ce dernier cas, la longueur du fil immergé était d'environ 34 mètres pour chaque cylindre. Or, comme la circonférence de mon fil était de $0^m,0055$, la surface en contact avec le liquide était équivalente à une plaque métallique qui aurait eu environ 9 décimètres carrés de surface ou 30 centimètres de côté. Ces chiffres sont tout-à-fait arbitraires et dépendent essentiellement de la force de la pile, car, dans d'autres circonstances, j'ai trouvé que l'immersion de deux fils de même diamètre que les précédents, et seulement de deux mètres de longueur suffisait pour mettre la sonnerie en marche.

En mettant les deux cylindres à une distance plus grande, je me suis assuré que les surfaces métalliques immergées, susceptibles de mettre la sonnerie en marche, quand elles étaient rapprochées l'une de l'autre, ne suffisaient plus quand la couche d'eau interposée devenait plus épaisse, et qu'il fallait les augmenter jusqu'à une limite maximum après laquelle les variations devenaient peu sensibles.

De ces différentes expériences, il est résulté :

1° Que si deux conducteurs immergés ne donnent pas lieu à une fuite d'électricité sensible pour la marche des appareils, cela provient de ce que la surface de ces conducteurs est trop petite; mais que cet effet peut avoir lieu si les conducteurs sont mouillés sur un assez grand nombre de points pour constituer une surface immergée d'une certaine étendue. Alors la déperdition d'électricité est proportionnelle au nombre de points immergés du fil conducteur; ce fait rend compte de la déperdition qui se manifeste sur les lignes télégraphiques, par suite du mauvais isolement du fil ;

2° Que la conductibilité des liquides augmente avec la surface des plaques immergées jusqu'à une certaine limite, qui est en rapport avec la tension de la pile et l'épaisseur de la couche liquide interposée ;

3° Que cette conductibilité diminue à mesure que l'épaisseur de la couche liquide interposée augmente, jusqu'à une certaine limite qui représente probablement le coefficient constant de la résistance apportée par le globe à la transmission de l'électricité ;

4° Qu'il résulte de là, qu'il faut, autant que possible, pour les lignes télégraphiques, les sonneries et autres appareils électriques, éviter les points où il pourrait y avoir des communications humides, soit entre deux conducteurs, soit, à plus forte raison, avec le sol.

Nous avons déjà dit que le degré de conductibilité des liquides, pour une même surface de conducteurs métalliques immergés, dépendait de la tension de la pile ou du courant. On peut en avoir une preuve palpable avec une batterie de Bunsen un peu puissante; alors, non seulement le courant peut-être fermé par le liquide, avec l'intermédiaire seul des conducteurs immergés, mais on peut même obtenir au milieu du liquide lui-même de la lumière électrique. Avec l'appareil de Rumkorff le phénomène est encore plus manifeste : ainsi on peut, en exposant les deux conducteurs au dessus de la surface d'un liquide, échanger des étincelles avec le liquide lui-même. Ces étincelles sont généralement violettes avec l'eau pure, rouges avec les liquides conducteurs tels que l'eau acidulée, la dissolution de sulfate de cuivre; mais le plus souvent elles se ramifient à la surface du liquide et donnent lieu à de petits sillons de feu plus ou moins contournés qui indiquent bien la part que prend le liquide dans la transmission électrique.

Il ne faudrait pourtant pas croire que tous les liquides soient également conducteurs; les huiles et les essences ne le sont pas en général, pas même pour les courants de forte tension. Cette propriété peut quelquefois être mise à profit dans certaines applications électriques. Elle prouve qu'il n'est pas avantageux pour la marche des appareils que ceux-ci soient par trop huilés, surtout lorsque les communications électriques se font par les axes de rotation ou les articulations des pièces mobiles.

Nous nous sommes étendus au chapitre de la conductibilité de la terre, dans notre premier volume, sur la manière d'établir les communications électriques avec cet élément. Pourtant, cette question comporte plusieurs éclaircissements qu'il nous paraît important d'exposer ici.

D'abord, la transmission par le sol n'est possible que quand les puisards (d'un mètre et demi de profondeur), dans lesquels on enterre les plaques, sont pratiqués dans un terrain qui n'est pas barré par des couches superposées de pierres. Dans ce cas, il faudrait, pour que la conductibilité ait lieu, que le puisard en question fût un *immense* réservoir d'eau, un étang, par exemple. Dans les terrains secs et pierreux, sur des hauteurs rocailleuses, par exemple, la transmission électrique est assez difficile ; mais, à l'aide de certaines précautions, on peut surmonter la difficulté. Dans ce cas, il faut établir le puisard sous un égout quelconque et avoir soin d'interposer entre la plaque de zinc enterrée active et la superficie du sol une terre facilement perméable à l'eau, du sable de mer ou de rivière, par exemple. Mais, comme le sable n'est pas bon conducteur, que la plaque de zinc elle-même n'est pas en contact assez intime avec la terre pour établir une conductibilité parfaite, il faut y suppléer en faisant intervenir un conducteur pulvérulent. On entoure donc la plaque de zinc, qu'on a eu soin de rouler comme les zincs des piles de Bunsen, de charbon pilé, et, après avoir arrosé celui-ci, on bouche le trou, en ménageant, comme il a été dit, un petit puisard de sable. On est sûr de cette manière que toutes les fois qu'il vient de la pluie, le terrain, qui entoure la plaque de zinc, se trouve humidifié.

Pour terminer avec les conducteurs simples, je dirai que toutes les fois qu'on a à greffer sur les conducteurs des fils appartenant à des circuits dérivés, il ne faut jamais manquer de les souder à l'étain. Sans doute, en mettant bien à nu le métal au point d'attache, on peut rendre bonne la communication; mais les points de contact peuvent s'oxyder par la suite. Enfin, il ne faut pas perdre de vue que la plus mauvaise des soudures est préférable au meilleur des contacts.

Conducteurs complexes.

Il est une foule d'applications de l'électricité où l'on a besoin de plusieurs conducteurs et où il devient important, si on veut les dissimuler à la vue ou les rendre d'une manipulation facile, de les réunir en faisceau. Nous avons déjà vu un exemple de ces conducteurs complexes au sujet de mon anémographe électrique. Les câbles sous-marins qui existent déjà entre Douvres et Calais, entre l'Angleterre et la Belgique, et bientôt entre la France et l'Afrique, sont également des conducteurs de cette espèce. Quel est le meilleur système d'organisation de ces conducteurs? Telle est la question qui va maintenant nous occuper.

Quand il s'agit de conducteurs fixes réunis en grand nombre et qui ne sont pas d'une grande longueur, nous avons vu que le système qui m'avait le mieux réussi était de les entortiller dans une forte enveloppe de taffetas gommé ou de gutta-percha en feuilles et de les introduire, au moyen d'un appareil aspiratoire, dans un tube de plomb que l'on passait ensuite, ainsi muni de ses fils, dans une filière. De cette manière, le tube de plomb faisait corps avec le câble, et l'on n'avait pas à craindre l'usure de l'enveloppe très friable des conducteurs, par suite de leur ballottement à l'intérieur du tube. Ce système, parfaitement exécuté par M. Herkman, a rempli complètement mon but : mais il est facile de comprendre que, pour des conducteurs très longs, ce moyen ne serait pas applicable, car le frottement d'un câble de 50 ou 60 mètres de long contre les parois d'un tube peut être facilement vaincu, tandis qu'il n'en est plus de même quand ce câble atteint des dimensions plus considérables. Dans ce dernier cas, le seul moyen à employer est de faire passer le câble au travers de la filière à la gutta-percha, et de le recouvrir de cette substance, comme on le ferait d'un simple fil de cuivre.

La question des câbles électriques de petites dimensions **est, comme on le voit,** assez facile à résoudre ; mais quand **il s'agit de** les établir en grand et de les mettre à l'abri des **accidents,** le problème devient plus difficile. Plusieurs **fois on a** échoué pour le câble de Douvres à Calais, et dernièrement encore ce câble a subi des avaries tellement graves, **que les** communications électriques se sont trouvées interrompues.

Plusieurs constructeurs ont proposé des systèmes plus ou moins ingénieux pour résoudre cette question importante ; plusieurs brevets ont même été pris à ce sujet. Mais comme ces systèmes n'ont pas encore subi l'épreuve de l'expérimentation, je me bornerai à indiquer la manière dont a été construit le câble de Douvres à Calais, par MM. Brett.

Ce câble se compose de cinq fils de cuivre d'environ 1 **millimètre de diamètre** recouverts chacun en particulier de **gutta-percha** à la manière des fils ordinaires. Ces cinq fils se **trouvent juxta-posés** deux par deux, de façon à ce que le **cinquième** se trouve au centre. Dans cette position, on leur a **fait subir un** commencement de fusion, et cette fusion, en **augmentant** leur adhérence réciproque et en les faisant prendre corps les uns avec les autres, a permis de les envelopper tous ensemble dans une seconde gaine de gutta-percha très-

épaisse. Pour mettre le câble-conducteur ainsi composé à l'abri
des accidents et des coups mer, on l'a recouvert d'un câble de
fer, composé de fils de fer (d'environ 8 millimètres de diamètre) tordus à la façon des câbles ordinaires. Malgré cette ca-
rapace de fer, ce câble a pu se plier suffisamment pour être
enroulé sur un tambour et être transporté ainsi à bord d'un
bateau à vapeur.

On a vu dans les journaux tous les détails de la pose de
ce câble, et de son inauguration ; je n'en parlerai pas ici,
car ces détails ne sont plus une question de science ; je me
contenterai de dire que, plusieurs fois, des navires en dérive
l'ont accroché, en passant le détroit, sans l'endommager. Cependant, quelque solide qu'il soit, il ne l'est pas encore assez,
puisque dernièrement les communications télégraphiques
entre Paris et Londres se sont trouvées interrompues pendant
un temps assez long.

Dernièrement M. Herkmann avait proposé un système de
câble sous-marin dans lequel la gutta-percha, substance
dont le prix augmente tous les jours en raison de la
rareté des arbres producteurs, était en partie remplacée
par du carton. Pour cela, il faisait avec cette matière des
cylindres plus ou moins longs, qu'il cannelait à l'aide d'une
machine et qu'il maintenait les uns au bout des autres à
l'aide d'un fil qui les traversait suivant leur axe. Les fils
conducteurs se trouvaient placés dans les cannnelures de
ces cylindres de carton, et le tout était recouvert de gutta-
percha, d'après les procédés ordinaires. Les avantages que M.
Herkmann trouve à ce système seraient : 1° d'économiser la
gutta-percha et de la remplacer par une substance beaucoup
moins chère ; 2° de pouvoir introduire dans le câble et sans
plus de dépense un très grand nombre de fils (10 ou 12) ;
3° de rendre les réparations beaucoup plus faciles. Quant à
la question de la solidité du câble elle est toujours la même

que pour les câbles sous-marins existants, et ne peut être résoulue que par des moyens mécaniques tout-à-fait en dehors de la science électrique.

Je termine ici mon second volume, me réservant de mentionner les découvertes futures qui pourraient avoir trait aux applications physiques et mécaniques dans des appendices spéciaux que j'ajouterai au troisième volume actuellement sous presse.

APPENDICES.

Appendice n° 1 au chapitre I, sur la disposition à donner aux électro-aimants suivant les applications auxquelles on veut les soumettre.

Dans un récent travail qu'il vient de publier sur les conditions de force des électro-aimants, M. Nicklès est arrivé à la conclusion suivante :

« Au nombre des diverses conditions auxquelles il faut avoir égard dans la construction des électro-aimants rectilignes bifurqués ou circulaires, il faut placer le soin de donner aux pôles un écartement approprié à l'intensité magnétique que l'on se propose de développer; car la force des électro-aimants dépend beaucoup de cet écartement. Plus les pôles sont rapprochés l'un de l'autre, plus la force magnétique se trouve neutralisée ; en les écartant, au contraire, cette force augmente jusqu'à une certaine limite d'écartement après laquelle elle change de signe, et cette limite dépend de l'intensité magnétique développée. La distance moyenne que l'on peut admettre pour les électro-aimants bifurqués, de dimension ordinaire peut varier entre 6 et 12 centimètres, ce qui représente la distance généralement usitée. Il faut absolument rejeter des dispositions du genre de celles dont on trouve un exemple dans l'ouvrage intitulé : *le Télégraphe électro-magnétique américain*, disposition dans laquelle on s'efforce de rapprocher les pôles, de manière à les amener jusqu'au contact. »

J'avais déjà émis en 1852, du moins relativement à l'influence de l'écartement des pôles des aimants sur la force magnétique, la même conclusion, et je l'avais formulée en ces termes :

..... Il résulte de ce principe que toutes les molécules qui composent un aimant ont toutes été aimantées dans le principe, et par conséquent constituent autant d'aimants individuels dont les effets extérieurs se trouvent neutralisés les uns par les autres, mais qui réagissent à travers leur propre substance, de manière à renforcer dans les deux sens opposés leur vertu magnétique, et à *accumuler vers les extrémités du barreau (du moins jusqu'à une certaine limite qui dépend de la résistance apportée par la matière à cette action)* tout l'effet dont elles sont susceptibles. (Voir *Journal de Cherbourg* du 11 novembre 1852).

Quant à la condamnation que fait M. Nicklès des électro-aimants à pôles rapprochés, elle est au moins prématurée ; car, dans certains cas, et notamment dans celui qu'il cite, cette disposition était commandée et les déductions de ses expériences, prouvent même que l'on a bien fait de l'adopter. En effet, le télégraphe américain se compose, comme on le sait, d'un grand levier ou fléau de balance, aux extrémités duquel se trouvent d'un côté, l'armature de l'électro-aimant, de l'autre, le style destiné à imprimer les points ou les lignes sur la bande de papier qui se déroule au dessus. Or, pour obtenir toute la vitesse désirable de la part d'un appareil de ce genre, il faut, en raison de la force d'inertie de la matière, que les pièces mobiles soient le plus légères possibles, et c'est pourquoi, dans le télégraphe américain, on a réduit considérablement les dimensions de l'armature. Dans cette circonstance, on a cherché à suppléer à la masse de cette armature en augmentant celle de l'électro-aimant et pour que celui-ci pût agir par ses deux pôles à la fois, force a été de les rapprocher au préjudice même de la force magnétique développée. D'un autre côté, il ne faut pas se dissimuler que le magnétisme rémanent dans les électro-aimants, est plus nuisible à la marche des appareils que l'affaiblissement de la force magnétique. Or, d'après les expériences mêmes de **M.** Nicklès, il résulte que les électro-aimants à pôles rapprochés ont moins de magnétisme rémanent que les électro-aimants à pôles écartés. Il n'y a donc pas de raisons pour condamner la forme des électro-aimants du télégraphe de Morse et je répéterai ici ce que j'ai déjà publié dans le 1er chapitre, auquel ceci sert d'appendice : « que l'on doit quelquefois sacrifier les bénéfices de la force à l'action plus vive et plus prompte de l'appareil; qu'enfin, il faut avant tout, dans le choix que l'on fait de la forme des électro-aimants et de leurs armatures, considérer le but qu'on se propose. »

Appendice n° 2 au chapitre VIII, sur le régulateur électrique de chaleur.

Le régulateur électrique de la température décrit page 197 avait été imaginé par moi dès l'année 1852, comme le témoigne un article sur les applications de la pile inséré dans le *Phare de la Manche* du 21 octobre 1852, dans lequel il est mentionné ; il a été ensuite décrit tel que je l'ai présenté à l'Institut dans le *Journal de l'arrondissement de Valognes* du 19 mai 1854. Je donne ici ces renseigne-

ments parcequ'un jeune inventeur, M. Jules Maistre,
qui n'avait pas eu, il est vrai, connaissance de mes travaux
à cet égard, avait présenté à la société d'encouragement un
appareil de ce genre avant l'envoi de ma note à l'Institut.
J'ai donc pour cette application une priorité de longue date.

Dans la description que j'ai faite de cet appareil, je ne
m'étais préoccupé que de l'idée de l'appliquer à maintenir
constante la température d'une enceinte extrêmement limitée.
Depuis j'ai cherché le moyen de l'appliquer à des appartements et j'ai dû lui apporter quelques modifications.

Pour qu'une application électrique du genre de celle que
nous décrivons soit réellement utile, il faut que le courant
employé, provienne d'une pile de Daniell. Mais comme ces
piles sont peu énergiques, comme les électro-aimants ne sont
pas susceptibles d'une longue course attractive telle que celle
qui serait nécessaire pour mettre en mouvement de grandes
bouches de chaleur, il faut y suppléer en ayant recours à
l'horlogerie. Voici donc comment je dispose ces bouches de
chaleur dans le cas en question :

L'orifice du tuyau communiquant soit au calorifère soit
à la cave, suivant que c'est la chaleur ou le froid que l'on
veut introduire, est muni d'une plaque fixe découpée en six
ou huit secteurs qui fournissent par conséquent six ou huit
ouvertures à la chaleur ou au froid. Devant cette plaque s'en
trouve une autre découpée exactement de la même manière,
mais qui peut tourner devant elle en s'appliquant à frottement sur elle. Pour empêcher encore l'introduction de la
chaleur, un rebord enveloppant hermétiquement l'orifice de
la bouche lui est adapté ainsi qu'une circonférence dentée.

De cette manière, cette seconde plaque, qui se trouve
d'ailleurs fixée sur des coussinets solidement établis, peut
jouer le rôle d'une roue dentée. Cette roue s'engrène avec
l'une des roues d'un mouvement d'horlogerie placé à côté et

qui se trouve commandé par l'électro-aimant sur lequel doit agir le thermomètre télégraphe. L'armature de cet électro-aimant a pour support le prolongement d'un ancre d'encliquetage qui réagit sur un disque soumis au mouvement d'horlogerie et armé d'un buttoir d'arrêt. Le mouvement de ce disque doit être tel, par rapport à l'engrènement de la bouche de chaleur, qu'un tour complet accompli par lui doit correspondre à un sixième ou à un huitième de tour de la bouche. Ainsi disposé l'appareil peut fonctionner. En effet, supposons que la bouche soit fermée, c'est-à-dire que les secteurs pleins dans les deux disques ne soient pas superposés, ce qui correspond à une interruption du courant. Le mouvement d'horlogerie sera alors butté par la branche que j'appellerai A de l'ancre d'encliquetage soumis alors à l'effet du ressort antagoniste. Mais au moment ou le courant sera fermé dans le thermomètre, le mouvement d'horlogerie deviendra libre jusqu'à ce qu'il soit butté par la branche B de l'ancre d'encliquetage; alors un tour du disque d'embrayage se sera accompli et, par conséquent, la bouche aura tourné sur elle-même d'un sixième ou d'un huitième de tour, les secteurs vides se trouveront donc alors superposés et laisseront ainsi une issue à la chaleur ou au froid.

Appendice n° 3 au chapitre IX. sur le télégraphe imprimeur de M. Th. du Moncel.

Plusieurs personnes m'ayant demandé comment j'organisais la partie mobile de mon télégraphe-imprimeur pour que l'arrêt du caractère ne fût pas troublé par la circulation en sens contraire du courant, j'ai cru devoir entrer dans quelques détails à ce sujet.

Je ferai d'abord observer que cette partie du télégraphe peut être construite, et c'est ainsi que je l'avais entendu, de manière à ce que le signalement de chaque lettre corresponde à une interruption du courant. Mais si l'on craignait que, par ce système, le télégraphe ne pût fonctionner assez vite, parce que le nombre de mouvements de l'armature serait doublé, on pourrait lui faire subir les changements suivants:

D'abord, l'armature de l'électro-aimant du télégraphe, au lieu d'être en acier aimanté serait en fer doux et enroulée de fil conducteur isolé de manière à constituer un électro-aimant. Les deux extrémités de ce fil communiqueraient l'une au métal du support de l'armature, l'autre à un bouton d'argent isolé porté par ce même support. A portée de ce bouton d'argent mobile s'en trouverait un autre qui serait fixe et qui serait en rapport avec un interrupteur fixé sur l'axe de la roue des types. Cet interrupteur, qui consisterait dans une roue dentée, serait disposé de manière que les pleins et les vides, par rapport aux caractères de la roue, fûssent en parfaite correspondance, mais en rapport inverse avec ceux du transmetteur. Il serait destiné à réagir sur le courant de la pile locale du récepteur, de manière à envoyer alternativement ce courant dans l'armature électro-aimant, au moment où celle-ci est buttée sous l'effort seul de son ressort antagoniste.

Le manipulateur aurait lui-même, dans ce cas, une disposition commandée; il serait mis en mouvement par un mécanisme d'horlogerie, et en outre du ressort interrupteur se mouvant circulairement dans un plan horizontal, il porterait une aiguille d'argent qui participerait au même mouvement que ce ressort, dont elle serait d'ailleurs isolée métalliquement. A cet effet, l'axe du ressort qui serait en ivoire, serait traversé par le pivot de l'aiguille. Celui-ci serait en rapport avec l'un des pôles de la pile, le pôle positif, je suppose, tandis que le ressort interrupteur serait en rapport avec le pôle négatif par l'intermédiaire d'un frotteur.

Les plaques interruptrices du courant seraient constituées par des chevilles de cuivre placées circulairement autour de l'interrupteur, à l'extrémité de bascules à ressort terminées du côté opposé par des touches sur lesquelles seraient gravées les différentes lettres de l'alphabet. En temps ordinaire, ces touches seraient élevées, et l'extrémité des chevilles se trouverait au-dessous de l'aiguille d'argent ; elles pourraient être, par conséquent, rencontrées par le ressort interrupteur placé au-dessous de cette aiguille. Mais en abaissant l'une ou l'autre des touches, la cheville serait soulevée et viendrait arrêter l'aiguille d'argent. Comme cette cheville ainsi soulevée laisse vide l'endroit qu'elle occupait, le ressort interrupteur ne peut plus agir sur elle.

Toutes les bascules des touches correspondant aux lettres pairs de l'alphabet porteraient en dessous, à leurs extrémités, deux petites plaques d'ivoire; et sur la planche, précisément au-dessous de ces plaques, se trouveraient deux boutons d'argent mis en rapport avec les deux pôles de la pile. Entre ces boutons et les plaques d'ivoire se trouveraient deux lames de ressort mises en communication avec un même bouton d'attache (celui en rapport avec le sol ou avec la ligne). Une liaison métallique serait ensuite établie entre le 2e bouton d'attache du circuit et les bascules. Enfin, un ressort à boucle, en maintenant la touche du point de repère abaissée, arrêterait le mouvement d'horlogerie pendant l'inaction de l'appareil.

Voici comment s'opèreraient alors les transmissions électriques :

Au moment où le mécanisme d'horlogerie serait dégagé, le ressort interrupteur serait mis en mouvement, et rencontrant les différents buttoirs, il fermerait et ouvrirait alternativement le courant, et le sens de celui-ci serait dirigé des buttoirs au ressort, car les bascules étant toutes abaissées, celles qui appartiendraient aux lettres pairs recevraient l'électricité positive par les boutons d'argent correspondants et leur ressort superposé dont elles opéreraient le contact en s'appuyant sur eux tandis que le ressort interrupteur serait négatif, comme on l'a vu. Les bascules impairs n'étant pas dans cette position en rapport avec la pile joueraient le rôle des solutions de continuité.

Tant que l'aiguille d'argent n'aurait pas été arrêtée, l'interrupteur, en rompant et fermant alternativement le courant, ferait arriver successivement devant le point de repère de l'appareil récepteur les différents caractères de la roue des types. Mais une fois arrêtée par suite de l'abaissement d'une des touches, le courant, au lieu d'être fermé dans le même sens ou de ne pas être fermé dutout, se trouverait fermé en sens anormal. En effet, par l'effet de son abaissement qui mettrait en contact le bouton d'argent extérieur avec le ressort qui se trouve au-dessus, la bascule, au lieu d'être positive, serait devenue négative, et comme l'aiguille d'argent serait positive, le courant se trouverait fermé dans le sens de l'interrupteur au buttoir, c'est-à-dire dans un sens précisément inverse à celui qui aurait agi auparavant.

Voyons maintenant ce qui se passerait à l'appareil récepteur, et pour fixer les idées, supposons qu'on voulût imprimer la lettre C. On abaisserait donc la touche C, et on obtiendrait de la part de l'interrupteur une fermeture de courant dans son sens normal, une interruption de ce même courant et une fermeture dans un sens renversé.

La première fermeture du courant, surprenant l'armature électro-aimant au moment où celle-ci n'est pas aimantée, aurait pour effet son attraction ; l'interruption subséquente la laisserait abandonnée à l'effort de son ressort antagoniste ;

enfin, la deuxième fermeture du courant en sens inverse aurait pour effet une nouvelle attraction. Mais alors l'électro-aimant du mécanisme-imprimeur, ayant le courant dans un sens qui conviendrait à son armature, dégagerait ce mécanisme, et celui-ci imprimerait la lettre C. Supposons maintenant qu'il s'agisse de la lettre D, le manipulateur fournirait à la fois une interruption et une fermeture de courant en sens inverse ; mais remarquons que cette fermeture se serait faite sur une répulsion de l'armature électro-aimant, c'est-à-dire au moment où celle-ci aurait été buttée et aurait reçu, par conséquent, de la part de la roue des types, un courant antagoniste à l'effet magnétique de l'électro-aimant du télégraphe. La fermeture du courant opérée par le manipulateur n'aurait donc pas d'action sur l'armature de cet électro-aimant, mais elle réagirait sur le mécanisme-imprimeur, comme dans le premier cas. Ainsi, dans le cas d'attraction de l'armature de l'électro-aimant du télégraphe comme dans le cas d'inertie, le passage du courant inverse peut réagir sur le mécanisme-imprimeur sans changer la position de la roue des types.

Dans le cas où l'action du manipulateur serait maintenue trop longtemps, on empêcherait la double impression de la même lettre par un levier coudé articulé à celui de la détente, lequel aurait pour effet de fournir derrière elle un arrêt secondaire contre lequel viendrait butter la cheville d'embrayage au moment où la détente se trouverait soulevée.

Pour rendre le plus court possible le temps d'impression de la lettre, la détente ne devrait dégager le mouvement du mécanisme imprimeur que quand l'excentrique n'aurait plus qu'un quart de révolution à accomplir. Pendant les trois autres quarts de la révolution, on pourrait, sans inconvénient, changer la lettre; or, comme un tour de l'excentrique s'accomplirait en moins d'une seconde, on voit qu'on pourrait toucher instantanément la touche du transmetteur, sans occasionner le moindre trouble dans l'appareil.

Avec une disposition supplémentaire fort simple, qui aurait pour effet de ramener la roue des types au point de repère, après chaque impression de lettre, on pourrait rendre les causes d'erreur plus rares encore. Il suffirait pour cela d'articuler les supports de l'ancre d'encliquetage et de les faire soulever de bas en haut par une excentrique qui serait mise en mouvement ascensionnel par le mécanisme d'horlogerie du mécanisme imprimeur, au moment où le piston presse serait sur son retour. La roue des types se trouverait alors dégagée, et un buttoir d'arrêt abaissé, par suite de ce mouvement ascensionnel de l'ancre d'échappement, viendrait rencontrer un buttoir spécial porté par cette roue. Il résulterait de la rencontre de ces deux buttoirs, l'arrêt momentané de la roue des types, jusqu'à ce que l'excentrique ayant accompli entièrement sa révolution eût abaissé le support de l'ancre d'échappement et eût rétabli celui-ci dans ses fonctions. Alors le buttoir de l'arrêt provisoire qui ne s'était abaissé que par l'effet du mouvement ascensionnel de l'ancre d'encliquetage se trouverait, par le même effet, soulevé.

Comme la fermeture du courant dans l'armature électro-aimant du télégraphe, correspond aux interruptions du courant faites à la station qui transmet, on se trouverait dans l'impossibilité, en maintenant le point de repère dans les conditions ordinaires, d'interrompre le courant supplémentaire quand l'appareil doit être inactif. Mais cet inconvénient peut être facilement surmonté en ménageant sur la roue des types deux places, l'une pour l'espace blanc, l'autre pour le point de repère. Il y aurait alors pour ce dernier et la première lettre A, un vide double à l'interrupteur de la roue des types.

Enfin pour que ce télégraphe pût servir de télégraphe ordinaire, une aiguille pourrait être montée sur le prolongement de l'axe de la roue des types et désigner sur un cadran extérieur les différentes lettres qui arrivent au point de repère.

Les télégraphes imprimeurs par leur mécanisme compliqué exigent en général une force plus grande que les télégraphes ordinaires. En les employant donc, sur nos lignes télégraphiques, il faudrait les faire réagir par l'intermédiaire d'un relais sous l'influence de la pile locale de la station du récepteur. Quand le sens du courant n'exerce pas d'effet sur la marche des appareils le problème est facile a résoudre, comme on l'a vu; mais il n'en n'est plus de même dans le cas actuel ou l'appareil fonctionne sous l'influence des deux sens du courant. Voici alors le système de relais qn'on pourrait adopter.

Deux barreaux aimantés très-minces, montés sur deux axes différents, seraient placés parallèlement l'un au-dessous de l'autre, entre les deux branches d'un électro-aimant; ils auraient chacun un buttoir et un ressort antagoniste différents, l'un des pôles de la pile locale corresponderait à l'un des pivots, l'autre pôle à l'autre pivot, et les deux bouts du circuit du télégraphe se bifurqueraient en correspondant d'une part avec les buttoirs d'arrêt, de l'autre avec deux buttoirs d'argent sur lesquels viendraient appuyer les ressorts relais, au moment de leur attraction. Il arriverait alors que suivant le sens du courant dans l'électro-aimant relais, l'une ou l'autre des armatures serait abaissée; alors le courant entrant par cette armature ressortirait par le buttoir et l'armature inactive. Par ce procédé extrêmement simple qui n'exigerait qu'un seul contact à la fois de la part du relais, on aurait l'inconvénient il est vrai, que le courant de la pile locale serait fermé pendant l'inaction du télégraphe, mais cet inconvénient pourrait être facilement évité par un interrupteur que l'employé de la station devrait tourner au moment de la correspondance, ce dont il serait averti par une sonnerie électrique de Mirand mise en rapport avec ce relais. D'ailleurs en ajoutant à chaque armature un second contact, comme dans le commutateur décrit page 95, on pourrait tout à fait éviter cette précaution.

Comme on le voit, avec ce système de télégraphe imprimeur, plus d'appareils fondés sur des appréciations de temps, plus de crainte que le mécanisme imprimeur n'intervienne au moment du passage d'une lettre non désignée, plus de double impression de lettres ; au contraire manipulation facile, mécanisme très-simple et non susceptible de dérangements, tels sont les avantages qu'il présente.

Autre système. — En employant pour le transmetteur et le récepteur du télégraphe précédent, des mouvements d'horlogerie *parfaitement synchroniques*, comme l'a fait **M. Theïler**, on pourrait rendre le mécanisme de cet appareil beaucoup moins compliqué et plus expéditif dans son jeu ; mais les variations que peuvent présenter pour deux mouvements synchroniques la différence de tension des ressorts, les nombreux mécanismes que nécessite la régularité *parfaite* de ces mouvements, rendue alors indispensable, font de ce problème de l'impression des dépêches, devenu alors très simple, une question d'horlogerie de précision.

Quoi qu'il en soit des avantages et des difficultés que présente ce système, voici, selon moi, comment les réactions physiques devraient être alors combinés ; je ne sais si mes idées à ce sujet concordent avec celles de **M. Theïler**, car, comme je l'ai déjà dit, le mécanisme de son télégraphe ne m'a pas été montré ; mais, je suis autorisé à croire que le mécanisme que je propose diffère assez du sien pour constituer un système à part, puisque **M. Theïler** emploie deux roues pour l'impression de la dépêche.

Dans le système en question, rien n'est changé au mécanisme imprimeur du télégraphe précédent, c'est toujours un petit piston élastique mobile dans une coulisse et mis en mouvement par une bielle articulée à une excentrique qui constitue la presse ; c'est toujours un levier articulé sur la tige de ce piston et sur une tige verticale mobile entre quatre galets, qui, en décrivant son arc de cercle, soulève de bas en haut la tige verticale, et, par cela même, réagit sur une roue à rochet qui fait tourner un premier cylindre formant laminoir avec un second, pour entraîner la bande de papier. Cette bande de papier passe toujours verticalement entre la lettre et le piston imprimeur, en glissant sur un deuxième cylindre et en se déroulant de dessus la poulie où elle se trouve en provision. Le mode d'embrayage seul ou du moins le point où se fait l'embrayage du mécanisme d'horlogerie change un peu, par suite de la disposition de l'électro-aimant qui devient commun aux deux mécanismes et qui se trouve, en conséquence, placé latéralement au piston.

L'armature de cet électro-aimant doit se mouvoir de gauche à droite, ce qui lui suppose, par conséquent, une position à peu près verticale au moment où elle est buttée. D'un côté, elle est articulée à une tige munie d'un bec d'acier en biseau qui glisse parallèlement à la tige du piston dans une coulisse placée vis-à-vis le disque d'embrayage du mécanisme imprimeur. Cette tige est destinée à servir de buttoir d'arrêt à ce disque ; elle est, d'ailleurs, munie du levier coudé dont nous avons déjà parlé pour l'autre télégraphe et qui est destiné à servir d'arrêt secondaire.

Du côté opposé à cette tige, sur l'armature de l'électro-aimant, se trouve fixé un petit levier contourné destiné à s'introduire entre les chevilles d'encliquetage de la roue des types qui, dans ce système, sont toutes d'un même côté.

Enfin, à la place même de l'ancre d'encliquetage du

mécanisme télégraphique dans l'appareil précédent, s
trouve un petit électro-aimant dont l'armature, abaissée
son état de repos, vient, par l'intermédiaire d'un buttoi
d'arrêt, enrayer le mouvement de la roue des types, lorsqu
le point de repère de cette roue arrive devant le pistoi
imprimeur.

Bien entendu, les armatures des deux électro-aimants son
aimantées et les fils des électro-aimants eux-mêmes sont e
communication réciproque. Rien d'ailleurs n'est changé à la
disposition du mécanisme destiné à mettre en mouvement la
roue des types.

L'appareil transmetteur est à peu près semblable à celui
que nous avons déjà décrit, sauf que les communications
électriques destinées au renversement de sens du courant
n'existent pas pour chaque touche, et que le mouvement de
chaque bascule a, pour effet mécanique, d'abaisser au point
de repère une cheville d'arrêt qui, par l'effet d'un ressort,
se trouve soulevée en temps ordinaire et arrête l'aiguille du
mouvement d'horlogerie. Dans cet appareil, les communications électriques sont tellement établies que, quand
l'une des bascules, par son abaissement, dégage le mouvement d'horlogerie, un courant électrique dans le sens des
buttoirs au ressort frotteur se trouve établi dans le circuit
de la ligne et disparaît aussitôt que l'aiguille dépasse le
point de repère. Puis, quand cette aiguille se trouve buttée
contre la bascule abaissée, le courant se trouve de nouveau
établi au travers du circuit, mais en sens inverse de la première fois. Il y a donc pour chaque impression de lettre
deux fermetures de courant en sens inverse et une interruption. Voyons maintenant ce qui doit advenir de cette disposition de l'appareil, et, pour cela, admettons que le sens du
courant, établi au moment du dégagement de l'aiguille au
point de repère, soit celui qui convienne à l'action du

deuxième électro-aimant (du point de repère) de l'appareil récepteur.

Sous l'influence du premier courant, la roue des types va se trouver dégagée et va tourner sous l'effort du mouvement d'horlogerie qui la sollicite, jusqu'à ce qu'elle soit de nouveau buttée, soit par l'effet du dernier électro-aimant, soit par l'effet de celui qui se trouve auprès du piston imprimeur. Or, le second courant envoyé est précisément celui qui rend actif ce dernier électro-aimant ; la roue des types se trouve donc arrêtée dans son mouvement, précisément à l'instant où l'aiguille du transmetteur se trouve elle-même arrêtée. Comme les deux mouvements sont synchroniques et que la transmission électrique est instantanée, l'arrêt des deux mouvements doit correspondre au même arc de cercle parcouru, et, par conséquent, à la même lettre. Mais, en même temps que s'est opéré cet arrêt, le mouvement du mécanisme imprimeur a été dégagé et l'impression a lieu. Aussitôt que la bascule de l'appareil transmetteur s'est relevée, les deux mouvements continuent à marcher jusqu'à ce qu'ils se trouvent arrêtés tous les deux par leurs buttoirs d'arrêt respectifs; alors on recommence de la même manière l'impression d'une nouvelle lettre et ainsi de suite, sans que les erreurs puissent s'accumuler, puisqu'à chacune d'elles il y a une correction forcée.

Appendice n° 4 au chapitre VI, sur les applications de la télégraphie électrique.

Dès l'année 1851, M. E. Liais avait présenté un mémoire à l'académie des sciences, pour démontrer combien pourrait

être utile pour la détermination de la trajectoire des bolides,
l'application de la photographie et de l'électricité. Nous
avons décrit les appareils qu'il a proposés dans ce but, page
145. Le R. P. Secchi revient aujourd'hui sur cette question,
et voici le moyen qu'il indique comme devant la résoudre :

« Au moyen du télégraphe électrique, dit-il, une étoile
filante observée en un lieu peut être immédiatement signalée
en un autre; et l'on peut ainsi arriver à constater deux
choses : 1° si l'étoile est apparue au même instant (je crois
qu'on trouvera des temps assez différents), et 2° si elle s'est
montrée au même point du ciel. On doit marquer la place
avec soin lorsque l'on est sûr que la même étoile a été observée dans les deux localités. Avec la connaissance de ces deux
éléments, je crois que l'on pourra résoudre plusieurs doutes
qui restent sur ce sujet. On a admis la *simultanéité* d'apparition d'une même étoile filante dans les différents lieux,
mais on ne l'a pas démontrée *directement;* les observations
faites autrefois entre Rome et Naples me font soupçonner que
cela n'est pas toujours vrai.

Télégraphie électrique des cimetières. — Nous signa-
lons avec bonheur, dit le *Cosmos* du 8 septembre 1854, une
nouvelle application du télégraphe ou plutôt des timbres
électriques. De son bureau, situé à l'entrée du cimetière
Montmartre ou du Nord, lorsque le conservateur voudra
parler à l'un des gardiens, celui-ci fut-il à l'extrémité du
cimetière, il lui suffira de toucher un bouton pour que son
appel soit entendu à l'instant même. Trois timbres placés
sur trois points différents sont mis en communication avec
le bureau à l'aide de fils conducteurs qui, enfouis en terre
et recouverts d'une épaisse couche de gutta-percha, courent
dans toutes les directions, sans que l'œil puisse jamais les
percevoir. Grâce à cette innovation, on n'entendra plus
dorénavant le long et lugubre coup de sifflet qui retentissait

jusqu'ici à l'entrée de chaque convoi amenant un corps à sa dernière demeure.

Autres applications de la télégraphie électrique. — En Amérique, la télégraphie électrique est mise à contribution pour les choses même en apparence les plus futiles. Ainsi, il n'est pas rare de voir une correspondance établie entre deux villes pour une partie d'échecs ou pour des paris. D'autres fois on s'informe du temps qu'il fait en différents points du territoire, pour savoir si un navire peut mettre à la voile en toute sécurité.

Appendice n° 5 au dernier chapitre, sur les conducteurs électriques.

Nous avons déjà eu occasion de parler dans le chapitre IV, page 110, du ralentissement de la transmission électrique dans un fil recouvert de gutta-percha et immergé ; de nouvelles expériences faites par M. Varley prouvent que ce ralentissement pouvant occasionner un certain trouble dans la marche des appareils télégraphiques, il est indispensable d'organiser sur les lignes télégraphiques placées dans ces conditions, un système qui puisse les mettre à l'abri de cette cause de dérangement. Voici, d'après le *Cosmos*, le résumé de ce que ce physicien a dit à ce sujet lors de la dernière réunion de l'association britannique pour l'avancement des sciences :

« Ses expériences, dit le *Cosmos*, prouvent que le courant électrique n'arrive pas instantanément à l'extrémité du fil conducteur, mais que, le fil étant chargé par induction comme le serait une bouteille de Leyde, le courant se propage et augmente graduellement d'intensité. Il n'atteint son pouvoir maximum, à l'extrémité du conducteur de 1,500 milles, qu'après 7 secondes de temps écoulées, et il continue à circuler 7 secondes après que son contact avec la pile a cessé. Dans le système actuel de télégraphie, avec un semblable fil, il faudrait 50 secondes pour produire un signal, et comme il faut plusieurs signaux pour former une lettre, un mot exigerait, pour être transmis, un temps moyen de 3 minutes. M. Varley montre qu'avec des conducteurs sous-marins ou souterrains, entre la Hollande, Londres, Liverpool et autres lieux, les appareils de Bain et de Morse ne pourraient opérer qu'avec une vitesse beaucoup trop petite pour les besoins du commerce, mais qu'avec l'aide d'un appareil imaginé par lui, ces fils depuis six mois suffisent à une transmission plus que suffisante, celle de 25 mots par minute; ce qui suppose 300 inversions du courant par minute. Lorsque les deux premiers télégraphes, ceux de Bain et de Morse, veulent opérer rapidement avec ces fils, les marques se confondent, parce l'impression électrique qui doit produire une de ces marques n'a pas encore cessé quand la seconde impulsion est donnée. Avec l'appareil Varley, au contraire, en déversant la charge et renversant le courant à chaque mouvement de clef, on fait naître très-rapidement dans le fil des courants alternés qui, quoique très-faibles à l'extrémité du fil, sont cependant suffisants pour agir sur le galvanomètre qui fait fonction de relai ; ce relai met en action une pile locale, laquelle à son tour produit les marques télégraphiques. Le petit bras de l'axe du relai, au lieu de frapper contre un arrêt fixe, frotte obliquement contre un ressort en or, déplaçant la légère couche d'air qui, par son interposition, empêcherait la fermeture du circuit local. Dans cette disposition, la pesanteur vient aussi aider l'établissement du contact. Cet appareil est si sensible que 4 éléments d'une pile de Daniell, cuivre et zinc, ont suffi à transmettre des dépêches de Manchester à Londres. Les avantages de ce mode de télégraphie chimique sur le télégraphe à aiguille sont: de n'exiger qu'un seul fil, de donner une copie imprimée de toutes les dépêches, de pouvoir fonctionner avec une force 4 fois plus faible, enfin de ne pas être interrompu par un défaut dans l'isolement des fils. Ces avantages sont obtenus : 1° en déchargeant le fil conducteur à chaque mouvement de la clef ; 2° en faisant que la pesanteur aide l'électricité pour établir le contact, et utilisant ainsi la somme des deux forces au lieu de leur différence ; 3° en faisant glisser le contact du relai, de manière à déplacer la mince couche d'air, ce qui permet de fermer le circuit avec une très-petite portion du pouvoir de la pile. Cet appareil fonctionnerait, lors même qu'il y aurait écoulement d'électricité entre deux fils, et cette propriété fait que le nouveau télégraphe est parfaitement approprié au cas où les conducteurs sont suspendus dans l'air, et où le courant se perd d'un fil à l'autre, dans les temps humides, lorsque les poteaux mouillés n'isolent qu'imparfaitement.

Après avoir discuté les difficultés mécaniques que l'on rencontrera dans l'établissement d'un câble conducteur entre l'Angleterre et l'Amérique, M. Varley énonce comme résultat de ses expériences les propositions suivantes : 1° si un fil pouvait être suspendu au sein d'une atmosphère ou d'une masse non-conductrice indéfinie, sans aucun corps conducteur dans son voisinage, la transmission du courant électrique serait presque instantanée, quelle que fût la longueur du fil conducteur ; 2° un corps conducteur quelconque, en s'approchant de ce fil, produira par induction un effet de diminution sur la vitesse de transmission du courant, comme on l'a vu dans l'expérience faite avec le fil ayant 1,500 milles de longueur ; 3° dans le cas d'un fil recouvert d'une substance non-conductrice, la gutta-percha par exemple, l'induction diminue dans la même proportion que l'épaisseur de la couche augmente ; 4° le pouvoir conducteur d'un fil est proportionnel à sa masse, tandis que l'induction est proportionnelle à sa surface.

M. Varley termine son mémoire en calculant les dimensions d'un câble de 3,000 milles de longueur, pouvant suffire à une transmission de 25 mots par minute. « Un fil de cuivre dit-il, d'un 6ᵐᵉ de pouce de diamètre, revêtu d'une couche de gutta-percha d'à peu près un demi-pouce d'épaisseur, pourrait, avec mon appareil, transmettre 25 mots par minute à la distance de 3,000 milles. Pour mettre en œuvre les télégraphes ordinaires, le fil de cuivre devrait avoir 3/8 de pouce de diamètre et être recouvert d'une couche de gutta-percha de 3/4 de pouce d'épaisseur, ce qui ferait un diamètre total d'environ deux pouces. » Les appareils de M. Varley ont été expérimentés pendant six mois par les compagnies du télégraphe électrique international.

CONSIDÉRATIONS THÉORIQUES

Sur la manière dont on peut ramener à une même origine

LES DIFFÉRENTS MODES DE PRODUCTION DE L'ÉLECTRICITÉ.

Le sujet que je vais traiter dans cet annexe pourra paraître bien en dehors du but que je me suis proposé dans cet ouvrage ; mais croyant que pour bien appliquer l'électricité, il faut être bien pénétré de la liaison de tous les phénomènes électriques entre eux, j'ai pensé que ce chapitre purement théorique pourrait être de quelque utilité et de quelque intérêt, même pour les praticiens, d'autant plus que la théorie qui s'y trouve exposée est toute nouvelle.

Dans un mémoire que j'ai publié, il y a près de trois ans, sur le magnétisme statique et le magnétisme dynamique, j'avais déjà essayé de ramener à une même origine les différents modes de manifestation électrique ; mais de nombreuses expériences que j'ai faites depuis m'ont fait modifier une partie de cette théorie, celle principalement qui se rapporte au mode de transmission par les conducteurs métalliques ; néanmoins, pour différer dans les détails, elle n'en est pas changée, quand au fond, et ce mémoire pourra encore être étudié avec un certain intérêt par les personnes que cet ordre de questions peut intéresser.

Mode du développement électrique dans les réactions chimiques. — Tous les corps, et, par suite, toutes leurs molécules, possèdent les deux électricités à l'état de neutralisation réciproque. C'est un fait reconnu depuis près d'un siècle et qui n'a pas encore été contesté, quelque origine d'ailleurs qu'on suppose à ces fluides, que l'électricité négative se manifeste par suite de l'absence de l'électricité positive ou qu'elle soit réellement un fluide différent de cette dernière. D'après ce principe, il doit s'ensuivre que si deux corps ayant *affinité* l'un pour l'autre sont en présence, leurs molécules, en se combinant successivement deux à deux, doivent avoir leur équilibre électrique rompu au moment de leur transformation. Or, tandis qu'un nouvel équilibre électrique, en rapport avec le nouveau corps formé, s'établit entre deux systèmes électriques différents, obligés de se reconstituer en un seul, il doit se produire une double manifestation électrique que l'on peut regarder, jusqu'à un certain point, comme le résultat du dégagement des deux électricités qui se sont trouvées en excès dans la combinaison et dont la présence peut être accusée sur les corps appelés à se combiner, si toutefois ceux-ci sont conducteurs. Par contre, si un corps se décompose en deux éléments distincts, ceux-ci doivent emprunter aux corps conducteurs qui sont en contact avec eux les électricités qui leur sont nécessaires pour recomposer leur électricité naturelle et qu'ils avaient abandonnées au moment de leur combinaison primitive. Donc, dans une décomposition chimique comme dans une combinaison, il y a dégagement d'électricité ; mais, dans les deux cas, la manifestation électrique se fait en sens inverse.

La nature de l'électricité ainsi dégagée par les corps au moment de leur combinaison, dépend de la nature même de ces corps. Avec l'oxygène et les acides en général, c'est l'électricité positive qui devient libre au moment de leur *combinaison,* et le corps avec lequel ils se combinent dégage de l'électricité *négative.* Au contraire, l'hydrogène et la plupart des oxydes ou bases salifiables laissent en liberté l'électricité négative. Alors les corps avec lesquels ils se combinent dégagent de l'électricité positive. De là les noms de corps *électro-négatifs* donnés aux premiers, et de corps *électro-positifs* donnés aux seconds.

L'affinité, d'après ce que nous venons de dire, en déterminant une réaction chimique, provoque donc un dégagement électrique. Mais il arrive aussi que, par réciproque, un courant électrique peut déterminer une affinité chimique. Quelle est la cause prédominante? C'est une question bien difficile à résoudre ; toujours est-il que si la disposition électrique des corps, par la facilité qu'ils pourraient avoir d'abandonner plus facilement telle ou telle des deux électricités, leur donne une propension à s'unir suivant les lois des attractions électriques, la présence d'un courant obligé de traverser les corps à l'état de combinaison, doit en opérer la séparation, en rendant forcément à chacun l'électricité abandonnée au moment de la combinaison.

D'après ce principe et surtout d'après la loi de Faraday, dont nous parlerons longuement dans le prochain volume, on pourrait croire que les liquides n'ont pas de conductibilité propre et indépendante de l'action électrolytique. Mais ce principe qui avait été admis jusqu'ici a été dernièrement, d'après les expériences de MM. Foucault, Faraday, Matteuci et Despretz, reconnu faux, et on s'est convaincu que les liquides, en outre de leur conductibilité électrolytique ou décomposante, avaient une conductibilité propre, très faible à la vérité, mais qui se révélait surtout pour les courants de faible tension et assez peu énergiques pour opérer une décomposition. Ce principe, qui avait étonné beaucoup de physiciens dans l'origine, n'a d'ailleurs rien qui puisse surprendre, et ce qui serait le plus étonnant, selon moi, c'est qu'il n'existât pas. Du reste, l'expérience de M. Faraday par laquelle des courants d'induction ont pu être créés au sein d'un liquide, en introduisant celui-ci dans un long tuyau de caoutchouc, enroulé autour d'un cylindre de fer doux soumis à l'induction, a levé tous les doutes à cet égard. Ainsi la loi des équivalents électro-chimiques de Faraday, toujours théoriquement vraie quant à la conductibilité électrolytique, des liquides, ne l'est plus par rapport à leur conductibilité propre; mais, dans la pratique, cette loi peut toujours être regardée comme suffisamment rigoureuse, car, comme je l'ai déjà dit, cette conductibiliié propre des liquides n'intervient que très faiblement et pour faciliter la conductibilité électrolytique.

Bien que toutes réactions chimiques provoquent un dégagement électrique, il ne faudrait pas croire que ce dégagement pût être déterminé au même degré par ces différentes réactions; les unes le favorisent, les autres le combattent. D'ailleurs, la disposition des éléments appelés à réagir les uns sur les autres, ne permet pas toujours de recueillir les électricités dégagées. Dans les appareils destinés à produire de l'électricité par voie de réactions chimiques, on a donc dû se préoccuper de cette double question, et c'est ainsi que la *pile* s'est trouvée successivement perfectionnée.

Voyons maintenant ce qui se passe dans les différentes piles dont nous avons précédemment fait la description.

Théorie de la pile — Nous prendrons d'abord la pile la plus simple, celle de Smée ou de Wolaston, composée, comme on le sait, d'un couple zinc et platine ou zinc et cuivre, plongé dans de l'eau acidulée. Qu'arrive-t-il au moment de l'immersion du couple?

Le zinc, se trouvant en présence de l'eau acidulée, se

trouve oxydé et par conséquent l'eau est décomposée. Il devrait donc y avoir un double dégagement d'électricité, puisque deux actions chimiques différentes se sont opérées en même temps. Mais remarquons que dans ce cas l'oxygène sort d'une combinaison pour entrer dans une autre. Son état électrique persiste donc et il n'y a à considérer que les électricités des éléments qui changent de condition, savoir : l'équivalent d'hydrogène qui se dégage et qui doit reprendre au liquide et, par suite, à la lame métallique immergée le fluide négatif qu'il avait perdu au moment de sa combinaison ; enfin, l'équivalent de zinc, qui entre en combinaison et qui doit, comme corps électro-négatif, dégager de l'électricité négative.

Il y a bien encore une réaction chimique qui doit donner lieu à un dégagement électrique, c'est la combinaison de l'oxyde de zinc avec l'acide sulfurique ; mais, elle est perdue, parce que les éléments producteurs se trouvent dissous ensemble.

Dans la pile Bunsen, le dégagement électrique est double, car à l'oxydation du zinc, qui se manifeste comme dans la pile précédente, se joint la désoxydation de l'acide azotique par l'hydrogène devenu libre qui, au lieu de se dégager, se porte sur l'oxygène de l'acide pour former de l'eau. Il en résulte que, comme dans le cas précédent, l'hydrogène sort d'une combinaison pour entrer dans une autre. Son état électrique reste donc le même, mais l'acide azotique auquel il s'est allié et qui joue alors le rôle de corps électro-positif, dégage de l'électricité positive. Remarquons toutefois que les deux réactions chimiques étant simultanées, bien que l'oxydation du zinc soit la cause initiale, l'action électrique doit être infiniment plus vive dans cette dernière pile que dans la première, car l'oxydation du zinc se trouve considérablement facilitée et activée par la combinaison immédiate de l'hydrogène qui, au lieu de présenter une résistance à l'action décomposante, comme dans le cas de son dégagement, lui prête au contraire un secours efficace.

Une réaction analogue se manifeste dans la pile de Daniell : la dissolution de sulfate de cuivre étant, au travers des pores du diaphragme, en présence de l'eau dans laquelle est immergé le zinc, se trouve décomposée. L'acide sulfurique de cette dissolution ayant plus d'affinité pour le zinc que pour le cuivre, abandonne celui-ci et oxyde le zinc qui dégage comme précédemment de l'électricité négative. En même temps le cuivre devenu forcément libre est obligé de prendre au conducteur immergé, en s'y précipitant, l'électricité négative qu'il avait perdue au moment de sa combinaison et, par cela même, ce conducteur se trouve chargé d'électricité positive.

D'après cette théorie, la pile ne serait autre autre chose qu'une machine électrique produisant les deux électricités. Pourtant, si on compare la nature des électricités ainsi développées à celles des machines électriques, on voit que la différence est grande. L'absence d'étincelles à distance dans un cas, la faiblesse de l'action magnétisante dans l'autre, semblent rejeter bien loin l'analogie, et pourtant elle existe. Quel est le terme de la liaison? C'est une question bien délicate et qui est encore peu éclaircie. Bien que nous ne prétendions pas faire mieux que la plupart des physiciens qui ont étudié ce sujet, nous allons essayer de le circonscrire et de bien poser les corrélations réciproques qui peuvent exister.

Différences entre les deux genres de manifestation électrique, par la pile et par les machines.— Bien que par leurs effets, l'électricité développée dans la pile et l'électricité des machines soient tout à fait dissemblables, elles doivent pourtant avoir la même nature, et toute leur différence ne provient vraisemblablement que des circonstances différentes dans lesquelles elles ont pris naissance. Il résulterait, en effet, de mes expériences que l'électricité des machines ne différerait de l'électricité de la pile que par un excès de tension qu'elle devrait à son développement spontané, et auquel excès il faudrait rapporter exclusivement la faiblesse de ses réactions magnétiques.

Les causes de l'absence de tension dans l'électricité de la pile sont : d'abord la conductibilité secondaire qui est offerte aux électricités développées sur les surfaces conductrices immergées par les liquides de la pile, et en second lieu, le développement successif de ces électricités par le fait même de la réaction chimique à la quelle il est dû. Comme preuves à l'appui de cette hypothèse, je puis citer : 1° les expériences de M. Guillemin, qui constatent qu'on peut charger énergiquement un condensateur avec l'électricité dégagée, sur les appendices polaires de la pile, lorsque celle-ci est isolée, et qu'on *interrompt à diverses reprises et précipitamment* la communication métallique qui lie la pile au condensateur ; 2° Les commotions physiologiques qui résultent des interruptions multipliées d'un courant voltaïque ; 3° la création des courants d'induction dans un *circuit parfaitement isolé,* tel que celui de la machine de Rumkorff, où ils acquièrent une tension au moins aussi énergique que celle de l'électricité des machines ; 4° le développement de l'électricité dans les *piles sèches,* qui est de nature tout à fait statique ; 5° la présence d'un courant allant du pôle positif au pôle négatif à travers le liquide de la pile (reconnue dernièrement par M. Foucault), et qui se manifeste aussi bien quand la pile est en activité que quand elle est inactive. Rien d'ailleurs de surprenant dans ces faits puisqu'il est maintenant reconnu que les liquides ont une conductibilité propre.

Quant à la différence des réactions magnétiques opérées par les courants de haute tension et les courants de nature voltaïque, je n'hésite pas à déclarer qu'elle provient uniquement de la différence des tensions. Il résulte en effet, des nombreuses expériences que j'ai entreprise à ce sujet que les courants de haute tension n'exercent que très-faiblement leur *induction latérale*, parce que toute leur force inductive se porte directement sur l'électricité attirée, tandis que les courants voltaïques, ayant les électricités contraires développées par le fait même de la pile, et n'ayant par conséquent pas d'induction directe à exercer, peuvent *réagir latéralement*. Les preuves de ces différences d'action des deux sortes de courants sont nombreuses : Ainsi, en faisant passer à travers le fil inducteur d'une machine de **Rumkorff** le courant induit d'un semblable appareil mis en activité, on n'obtient aucun courant *induit sensible* dans la 1re machine; mais si on diminue la tension du courant employé dans cette expérience comme courant inducteur et cela en le faisant passer à travers le fil fin du premier appareil, on obtient dans le circuit du gros fil un courant d'induction assez sensible. Dans ce cas, le fil fin par la multiplicité de ses spires ne supplée pas à la *quantité* d'électricité qui paraît manquer dans les courants de haute tension ; car en faisant passer à travers ce même fil fin le courant d'une pile de Daniell de 8 éléments, qui a cependant beaucoup de tension et peu de quantité (pour le courant d'une pile), on n'apperçoit dans le gros fil aucun courant induit, tandis qu'en faisant circuler ce même courant dans le gros fil, on obtient un courant induit très-prononcé dans le fil fin. Une autre preuve de ces différences d'induction latérale suivant le degré de tension des courants, se trouve dans les réactions magnétiques des courants induits eux-mêmes. Ainsi, le courant de la machine Rumkorff impressionne à peine le gal-

vanomètre, lorsque le courant d'induction d'une machine
de Clark, dans laquelle le circuit n'est pas isolé statiquement, peut faire marcher des appareils télégraphiques par
l'aimantation qu'ils communiquent eux-mêmes. Enfin, si
l'on examine les réactions réciproques de deux jets de feu
issus de deux machines de Rumkorff, placées parallèlement
l'une à côté de l'autre, on voit qu'elles sont nulles quelque
sens d'ailleurs qu'on donne au courant.

Pour mettre ce fait complétement hors de doute, j'ai employé pour mesurer directement la force de l'induction un
instrument auquel on peut donner le nom d'*Inductomètre*.
Cet instrument consiste dans un fil métallique recouvert de
gutta-percha, long d'environ un mètre, enroulé sur un
support mobile et terminé d'un côté par une pointe, de
l'autre par une boule métallique. Du côté de la pointe, ce fil
est maintenu horizontalement en ligne droite, sur une longueur d'environ 40 centimètres, tandis que du côté de la
boule, il se trouve à portée d'une sphère métallique,
fixée sur le support lui-même, et dont il n'est séparé que par
un intervalle d'un demi millimètre. Le support avec tout
l'appareil qu'il porte est mobile, sur une règle graduée.

Pour faire fonctionner cet appareil, il suffit d'exposer la
pointe du fil à l'induction électrique que l'on veut mesurer;
il se détermine alors entre les deux boules une étincelle qui
ne disparaît que quand on a suffisamment éloigné l'appareil
du conducteur électrisé. Cet éloignement, comme on le comprend aisément, doit être d'autant plus grand que la force
inductive est plus grande, de sorte que l'on peut estimer, par
le rapport des distances indiquées sur la règle graduée, le
rapport des forces inductives. Cet appareil est d'une grande
sensibilité et très-précieux pour l'appréciation des forces
électriques supérieures à celles qui doivent impressionner
l'électromètre; j'ai même remarqué que, dans certaines cir-

constances, il est plus sensible que l'électroscope ordinaire à balles de sureau et même à feuilles d'or.

En appliquant cet appareil à la mesure de l'induction directe et latérale de l'électricité développée par la machine électrique et la machine de Rumkorff, j'ai trouvé que l'influence électrique, qui nécessitait de la part de l'inductomètre un écartement de 60 centimètres de la machine électrique, quand elle agissait directement, ne pouvait impressionner l'inductomètre à un centimètre d'écartement, lorsque la décharge avait lieu, c'est à dire quand l'induction latérale réagissait seule. Le même effet s'est reproduit avec l'électricité fournie par la machine de Rumkorff. Je n'ai pu pousser plus loin l'expérience; car, à une distance moindre qu'un centimètre, la décharge s'effectuait directement avec l'appareil. Je ne sais donc pas si cette distance, comparée à 60 centimètres, représente exactement le rapport des deux inductions; mais on peut toujours considérer ce rapport comme étant au-dessus du rapport réel.

S'il existe une différence d'action physique, entre l'électricité de la pile et l'électricité des machines, il en existe une non moins caractérisée entre les *tensions électriques* et les *quantités* d'électricité des courants. Suivant moi, il y aurait deux sortes de tensions comme il y aurait deux sortes de quantités d'électricité; l'une de ces tensions que j'appellerai tension statique, serait expensive en tous sens, comme celle d'un gaz emprisonné dans une enveloppe et qui viendrait à se dilater. L'autre tension que j'appellerai *tension dynamique*, s'exercerait dans un même sens et suivant une résultante déterminée. Au premier genre de tension appartiendrait l'électricité des machines; au second, l'électricité d'induction et même celle des courants voltaïques disposés en tension. Leur effet par rapport à la conductibilité des conducteurs serait totalement différent. C'est ce dont on peut s'assurer en faisant passer successivement au travers le fil fin de l'appareil de Rumkorff, l'étincelle de la machine ordinaire, puis celle du courant d'une deuxième machine d'induction. Dans le premier cas, c'est tout au plus si l'étincelle électrique peut manifester sa présence, tandis que dans le second, le courant est à peine affaibli ; pourtant l'étincelle de la machine électrique, sans l'intermédiaire du circuit, s'échange de beaucoup plus loin que celle de l'appareil de Rumkorff.

Il en est de la *quantité* d'électricité comme de la tension : ainsi, on ne peut guère admettre que l'électricité qui dans une machine un peu considérable, couvre des conducteurs énormes, ne soit pas en quantité parce qu'elle est de haute tension, tandis que celle fournie par une pile serait par la cause contraire en très-grande quantité. Il y a plutôt, il faut le croire, une électricité de quantité *dilatée*, si l'on peut s'exprimer ainsi, qui peut s'étendre en passant par des conducteurs de petite section sans augmenter de densité, et une électricité de quantité *condensée* ou de *superposition* qui est celle accusée par les rhéomètres.

Du reste, on peut, jusqu'à un certain point, se rendre compte de ces différences, en se reportant à la manière même dont se développent l'électricité des machines et l'électricité de la pile, en admettant dans un cas un développement spontané, dans l'autre un développement successif.

Tension de l'électricité dans les piles. — D'après ce que nous venons de dire des causes qui réagissent dans les piles pour retirer aux électricités produites une partie de leur tension, on peut comprendre que par certaines combinaisons qui auront pour effet d'augmenter la résistance intérieure de la pile, on devra parvenir à augmenter la tension du courant. Quelles sont donc ces combinaisons ?

Si les liquides offrent, comme nous l'avons dit, aux électricités dégagées, une conductibilité secondaire qui favorise leur recomposition, ils sont néanmoins assez mauvais conducteurs. Pour augmenter la tension d'une pile, il ne s'agira donc que de la combiner de manière à rendre cette résistence la plus grande possible, soit en augmentant l'épaisseur de la couche liquide interposée entre les deux éléments polaires, soit en diminuant la section du conducteur liquide ; alors le courant aura sa tension augmentée dans le circuit métallique de la quantité dont on a augmenté la résistance du circuit liquide, que l'on peut considérer comme un circuit *dérivé*.

Pour obtenir l'augmentation de la résistance de la pile par l'épaisseur du conducteur liquide, il suffit, dans les piles de Bunsen, d'agrandir le diamètre des cylindres de zinc et de les mettre *à distance* des vases poreux. C'est une précaution qu'on néglige presque toujours et qui est cependant très importante, comme l'a fait remarquer M. Foucault. Pour l'accroissement de la résistance par la diminution de la section du conducteur liquide, il suffit de réunir les divers éléments qui doivent composer la pile par leurs pôles contraires. Il résulte, en effet, de cette disposition que les courants fournis par chaque élément ont tous leur circuit particulier et se superposent ; ils sont donc tous obligés de passer à la fois et successivement par les liquides des différents éléments. Sans doute, ce passage forcé à travers ces liquides les affaiblit individuellement, mais, si on les considère dans leur masse, c'est-à-dire comme si les différents éléments avaient leurs pôles aux deux extrémités de la pile, ce que l'on peut raisonnablement supposer, puisqu'une continuité conductrice les relie tous à ces points, on ne tarde pas à se convaincre que les électricités dégagées à ces pôles ont pour résistance intérieure (celle que nous comparerons, dans ce cas, à la résistance des liquides dans chaque élément) la somme des résistances offertes par les liquides des différents éléments, multipliée par le nombre de ces éléments, puisque, d'après les lois des courants électriques, les résistances sont inversement proportionnelles aux sections des conducteurs. Si donc, par l'effet de leur passage au travers des liquides des différents éléments, la tension des courants est affaiblie individuellement d'un nombre de fois la résistance liquide égale au nombre des éléments moins un, leur tension totale, par rapport au circuit métallique, est augmentée, dans le rapport du carré du nombre de ces éléments, par l'effet de l'insuffisance de la section des conducteurs liquides. Il y a donc, somme toute, une augmentation considérable dans la tension du courant utile.

Pour fixer les idées, supposons une pile composée de trois éléments; le courant utile de chacun d'eux, par l'effet de son passage au travers des liquides des autres éléments, sera affaibli de deux fois la résistance de ces liquides, soit : $2\,r$. D'après cette considération, le courant résultant aurait, par ce seul fait, sa tension diminuée de $6\,r$; mais, en considérant les trois éléments réunis comme un seul, les électricités dégagées au pôle positif et au pôle négatif auraient pour résistance intérieure $3\,r$ multiplié par le nombre de courants, c'est-à-dire 3, en raison de l'invariabilité de la section liquide. La tension totale dans le circuit métallique sera donc $c = (3\,c - 6\,r) + 9\,r = 3\,c + 3\,r$.

Electricité de quantité dans les piles. — Si la résistance opposée par les liquides à la recomposition des électricités dégagées dans la pile est favorable à la tension électrique, il n'en est pas de même par rapport à la quantité. En effet, la présence de ce courant à l'intérieur de la pile provoque, d'après le principe que nous avons développé au commencement de ce mémoire, la séparation des éléments de l'eau et active, par cela même, le dégagement électrique. C'est probablement la raison pour laquelle certaines piles fournissent naturellement de l'électricité de quantité, tandis que d'autres fournissent de l'électricité de tension. Quoiqu'il en soit, on peut toujours augmenter le pouvoir des piles, sous ce rapport, en augmentant la *surface* des éléments producteurs de l'électricité et la quantité des liquides excitateurs, et cela se comprend aisément, si l'on réfléchit que plus la surface qui motivera la réaction chimique sera grande, plus il y aura de molécules électrisées et plus, par conséquent, il y aura d'électricité dégagée.

Pour l'élément simple, cette augmentation de surface est une question toute matérielle. Mais, quand on agit avec plusieurs éléments, on peut, par un combinaison fort simple, les disposer de manière à ne constituer qu'un seul élément à très grande surface ; il suffit, pour cela, de réunir ensemble tous les pôles semblables. Dans ce cas, la résistance apportée par les liquides de la pile à la circulation intérieure du courant n'existe plus, et les courants partiels, fournis par chacun des éléments, se trouvent, malgré leur réunion, dans les mêmes conditions que s'ils étaient isolés. Le courant résultant représente donc simplement la somme de tous ces courants juxta-posés, et n'a, par conséquent, pas plus de tension que chacun d'eux en particulier.

Conductibité du fluide électrique dans les circuits voltaïques. — La manière dont se propage le fluide électrique à travers un circuit voltaïque est une des questions les plus délicates de la physique et sur laquelle les opinions sont partagées ; pourtant, si on se pénètre de l'analogie qui existe entre le développement de l'électricité dans la pile et dans les machines, on ne tarde pas à se faire une idée plus précise du phénomène.

En effet, pourquoi les conducteurs de la machine électrique se trouvent-ils chargés de l'électricité développée sur le plateau de verre? C'est parceque celle-ci sépare par influence les électricités de ces conducteurs, repousse l'électricité de même nom à leur extrémité la plus éloignée, et attire celle de nom contraire qui, en s'écoulant par les pointes des mâchoires, se trouve neutralisée. Quand on réunit les deux armures d'une bouteille de Leyde pour la décharger, que fait-on? On oppose à une électricité déjà développée un corps conducteur en rapport avec l'électricité contraire également développée; or, l'influence exercée par la première armure sur ce conducteur est d'autant plus activée, que l'électricité attirée est précisément en provision dans la seconde armure et, par suite, dans le conducteur qui, par son contact avec elle, se trouve en faire partie.

Une pile, d'après ce que nous avons dit, ne diffère d'une bouteille de Leyde que par la tension des fluides développés, et cette tension ne lui est refusée que par la conductibilité secondaire offerte par les liquides qui la composent, à la transmission électrique. Mais, pour avoir moins de tension, le phénomène de la conductibilité n'en doit pas être pour cela différent. Il faut donc admettre que le conducteur attaché à un pôle de la pile joue le même rôle que celui qui est en contact avec l'une des armures de la bouteille de Leyde et contribue, aussi bien que la surface conductrice polaire immergée, à la neutralisation provoquée par la réaction chimique. En conséquence, il doit se trouver chargé de la même électricité que celle qui se serait dégagée sur l'appendice polaire correspondant.

Quand le conducteur n'a qu'une longueur très limitée, on conçoit que l'aspiration électrique puisse avoir directement action sur les différentes molécules qui le composent; mais, quand sa longueur devient considérable, cette hypothèse ne peut plus être admise : comment donc s'opère alors l'aspiration électrique provoquée aux pôles de la pile ?

Pour peu qu'on examine attentivement la question, on ne tarde pas à se convaincre que, si on représente par la lettre A la quantité des molécules du conducteur qui ont fourni leur électricité à la première aspiration électrique, cette quantité A devra emprunter aux molécules voisines la quantité d'électricité qui lui a été enlevée. Mais, au lieu de se combiner avec l'électricité restante, cette quantité empruntée se trouvera aussitôt attirée par l'aspiration polaire qui est incessante, de sorte que toute l'électricité du conducteur qui satisfait à la réaction chimique se trouve bientôt absorbée, et le conducteur est, par suite, chargé de l'électricité contraire.

D'après ce mode de transmission qui appartient aussi bien à l'électricité des machines qu'à l'électricité de la pile, il doit s'ensuivre que, plus le conducteur sera long, plus la force électrique diminuera ; car les aspirations électriques successives doivent perdre de plus en plus de leur force et la matière elle-même n'est pas sans fournir de résistance au mouvement des électricités. Mais, si la force électrique diminue ainsi avec la longueur du conducteur sur lequel elle est développée, elle doit s'augmenter avec la grosseur de ces conducteurs, puisque la quantité des molécules impressionnées à la fois est plus considérable. Toutefois, remarquons que l'augmentation de la force électrique, dans ce cas, n'a lieu que sous un seul rapport, celui de la *quantité d'électricité* passant dans le conducteur dans un moment donné; sous le rapport de l'énergie de l'aspiration, c'est-à-dire sous celui qui lui permettrait de réagir sur un conducteur d'une grande longueur, cette force électrique n'a pas changé de valeur, car la tension de la force électrique initiale n'a pas augmenté. C'est pourquoi un conducteur de grosse section ou de faible section n'influe que fort peu, quant à la tension du courant, tandis que sous le rapport de la quantité, la différence d'action est grande. C'est pourquoi encore une pile à large surface produira un courant de quantité mais ne lui donnera pas une plus grande tension que si elle était beaucoup plus petite. C'est, du reste, ce que nous avons fait observer précédemment.

Jusqu'à présent nous avons supposé, par l'analogie que nous avons admise entre la pile et la bouteille de Leyde, que les électricités sont toujours développées sur les appendices polaires, lors même que la pile n'est pas en activité; mais il est loin d'en être ainsi, car, bien que le développement électrique s'effectue d'une manière incessante, les électricités une fois dégagées se recomposent en plus grande partie à travers les liquides de la pile et ce n'est que quand elles trouvent un meilleur conducteur pour les réunir qu'elles révèlent leur présence. Or, comme cette conductibilité ne leur est offerte qu'au moment même de la fermeture du circuit; il en résulte que c'est seulement alors que le conducteur se trouve impressionné à la fois dans toute la longueur par les deux aspirations électriques opposées, dont l'effet est une charge d'électricité qui se manifeste en sens contraire, à partir des deux extrémités du conducteur, et qui se propage jusqu'à sa neutralisation vers le milieu du circuit. La conséquence de ce mode de propagation est que la présence du courant doit être accusée d'abord aux deux extrémités du circuit ; car c'est en définitive sur les surfaces conductrices immergées de la pile que se font les premières recompositions des fluides, qui donnent lieu au développement électrique dans le conducteur. En admettant, ce qui a été du reste reconnu vrai par l'expérience, que les deux sortes d'électricités se propagent avec la même vitesse, ce n'est que plus tard que celles-ci en se rencontrant vers le milieu du circuit se recomposent et déchargent ainsi le conducteur. C'est, en effet ce que MM. Wheatstone, Fizeau et Gounelle ont constaté dans leurs expériences sur la vitesse de l'électricité, en opérant sur un circuit d'une longueur considérable.

On pourrait croire au premier abord qu'en pratiquant sur le circuit des interruptions on devrait changer la répartition des deux fluides sur le conducteur; mais cette déduction, qui serait vraie, si la production des électricités sur les appendices polaires était permanente, ne l'est plus par l'absence de cette production. Or, puisque ce n'est qu'au moment même de la fermeture du circuit que les appendices polaires et par suite le conducteur se trouvent chargés, la fermeture du circuit à l'interruption a pour effet, non de provoquer une recompention immédiate, mais de déterminer seulement le développement électrique.

Une question maintenant reste à examiner, c'est celle de la décharge permanente qui constitue le courant électrique; car cette décharge ne peut se faire par saccades comme celle d'une bouteille de Leyde qu'on chargerait à des reprises différentes. Comment donc s'opèrent dans ce cas les neutralisations des fluides?

Nous avons dit que le dégagement de l'électricité était successif et continu. Admettons que chaque quantité d'électricité dégagée dans un moment donné soit représentée par A, qui ne sera qu'une fraction de la quantité d'électricité que pourra produire le conducteur. Il y aura avant la recomposition dans le circuit une quantité $\dfrac{A}{e}$ d'électricités différentes sur les deux moitiés du conducteur; mais au moment de la recomposition, c'est à dire de la disparition de la quantité $\dfrac{A}{e}$, il y aura une nouvelle quantité $\dfrac{A}{e}$ de formée qui se substituera à celle qui se trouve neutralisée. Donc les conducteurs ne subiront aucunes variations dans leur charge, que celles qui résulteraient de l'inégalité de l'action chimique opérée dans la pile. C'est pourquoi les piles dans lesquelles le développement électrique s'opère d'une manière double, sont plus constantes que celles dans lesquelles ce développement s'opère d'une manière simple.

Réactions extérieures des courants. — D'après ce que nous venons de dire de la transmission électrique dans le circuit d'une pile, on serait en droit de conclure que les courants n'ont pas de direction déterminée dans leur mouvement, puisque les deux électricités marchent à la rencontre l'une de l'autre ; mais si l'on considère que le galvanomètre qui accuse la présence de ces courants doit se trouver impressionné d'une manière toute opposée, suivant que c'est le courant d'électricité positive ou le courant d'électricité négative qui agit sur lui, on s'assurera que l'effet produit par l'électricité positive se trouve maintenu par l'électricité négative, précisément en raison de la marche contraire des deux courants et de l'effet diamétralement opposé qui se trouve exercé dans les deux cas. Il s'ensuit donc que, par rapport au galvanomètre, le courant a un sens déterminé qui fait dévier à gauche ou à droite sur toute l'étendue du circuit l'aiguille aimantée, suivant la manière dont les pôles de la pile se trouvent mis en rapport avec les extrémités du circuit qui doit agir sur cette aiguille. On est convenu de dire que le courant voltaïque marche du pôle positif de la pile au pôle négatif, mais c'est tout à fait une question de convention.

Depuis Œrsted qui a découvert le premier les réactions extérieures des courants électriques sur les corps magnétiques, et Faradey qui a découvert celles qui sont exercées sur les corps non magnétiques, on s'est beaucoup occupé de ce genre de phénomènes, auxquels on a donné le nom de phénomènes d'induction et qui constituent actuellement une des parties les plus curieuses de la physique; mais selon moi, on n'a encore envisagé la question que sous un seul aspect et on n'a pas cherché à séparer celles de ces réactions que l'on peut appeler *réactions statiques*, parce qu'elles s'exercent d'après les lois des phénomènes électriques statiques, des réactions *purement dynamiques* qui sont le propre de l'électricité en mouvement. J'ai envoyé plusieurs mémoires à l'Institut sur cette question, et les dernières expériences de M. Faraday ont complétement justifié mes prévisions.

De même que l'électricité développée à l'état de repos a ses lois, de même l'électricité développée à l'état de mouvement a les siennes. Pour le premier genre de manifestation électrique la loi fondamentale est que les électricités de nom contraire s'attirent, tandis que les électricités de même nom se repoussent ; pour le second, la loi fondamentale est que les courants marchant dans le même sens s'attirent quand ils sont parrallèles, et cherchent à se placer parrallèlement pour marcher dans le même sens quand ils sont croisés, tandis qu'il se repoussent quand l'inverse à lieu. Vouloir rapporter à la même loi ces deux sortes de lois fondamentales appartenant à un genre de manifestation électrique différent et chercher à les expliquer l'une par l'autre, ce serait vouloir allier deux éléments complétement hétérogènes. Ainsi, au premier abord, il peut paraître extraordinaire que deux courants qui ont les mêmes électricités opposées l'une à l'autre sur leurs conducteurs, s'attirent au lieu de se repousser, ce qui devrait avoir lieu d'après les lois de l'électricité statique; mais c'est qu'alors l'induction n'est pas statique mais bien dynamique, et de plus ces courants exercent leur action *indépendamment* l'un de l'autre. On peut avoir une preuve bien frappante de la dissemblance de ces deux sortes de réactions, quand on cherche à provoquer un courant en unissant le pôle positif d'un élément de pile avec le pôle négatif d'un second élément isolé complétement du premier, on n'obtient aucun courant et pourtant les deux électricités contraires sont produites sur les appendices polaires qui sont unis ; mais comme les deux électricités ne proviennent pas de la même source, leur neutralisation ne peut s'effectuer.

Dans le cas des réactions réciproques de deux courants existant séparément et indépendamment l'un de l'autre, les lois des réactions statiques n'existent donc plus et font place aux lois de l'électricité dynamique qui sont tout aussi nettement déterminées.

Il ne faudrait pourtant pas croire que des courants, par cela même qu'ils sont courants, n'exercent plus de réactions statiques, bien au contraire, et les courants d'induction en font foi.

Admettons, en effet, que deux conducteurs que l'on choisira d'une très-grande longueur et que l'on enroulera en hélice pour que l'effet d'induction soit plus caractérisé, se trouvent superposés l'un sur l'autre et supposons qu'un courant circule dans l'un d'eux ; celui-ci, d'après ce que nous avons dit, sera chargé d'électricité négative dans une moitié de son circuit et d'électricité positive dans l'autre moitié ; de plus l'induction latérale sera considérable, puisque nous supposons le courant de faible tension. Par le fait de cette induction les électricités du conducteur induit vont se trouver décomposées : l'électricité attirée va se porter sur les surfaces de ce conducteur, qui font face au courant, tandis que l'électricité repoussée se trouvera refoulée sur les surfaces opposées ; mais de cette création *successive* des deux électricités résulte un courant, et comme ces électricités sont précisément en sens contraire de celles du courant voltaïque, le courant sera inverse. Remarquons néanmoins que la présence de ce courant ne peut être qu'éphémère et que les électricités repoussées ne peuvent alors manifester leur présence par un courant, comme les premières. En effet, ces électricités repoussées étant la conséquence de l'attraction des premières, elles ne sont produites que postérieurement, et, comme les électricités attirées sont toujours maintenues développées par la réaction du courant voltaïque qui se trouve toujours chargé, la présence des électricités repoussées aussi bien que celle des électricités attirées, après leur manifestation première, se trouve voilée l'une par l'autre. Au moment de l'interruption du courant voltaïque les effets changent, les électricités attirées se neutralisent l'une par l'autre, parce qu'elles sont les premières abandonnées par l'induction voltaïque et que les autres se trouvent secondairement retenues par leur réaction propre, sur les plis du conducteur qui leur sont superposés. Dès lors ces électricités repoussées deviennent libres de se combiner ensemble et d'opérer leur neutralisation, d'où il résulte un courant en sens inverse du premier.

On voit donc que par le fait de l'induction statique du courant voltaïque, deux courants éphémères en sens inverse l'un de l'autre doivent être créés; mais seulement à l'instant où l'on ferme et où l'on interrompt le courant inducteur. De plus, si on se rappelle que l'un des courants se manifeste sans donner lieu à une recomposition des fluides, tandis que le second se révèle par une véritable décharge électrique, on comprendra facilement que ce dernier, c'est-à-dire celui qui correspond à une interruption du courant voltaïque et qui est dirigé dans le même sens que celui-ci, doit être plus énergique que le premier. C'est en effet ce qui a lieu.

Au premier abord, la distribution tranchée des deux électricités sur quatre parties différentes du conducteur peut surprendre, mais si l'on se rappelle les dernières expériences de M. Faraday sur l'induction exercée par les courants

traversant un long conducteur de gutta-percha immergé, on se
rendra davantage compte de ce phénomène. En effet, il est
maintenant bien démontré par ces expériences, que les courants bien isolés exercent sur les corps conducteurs qui les
entourent une induction latérale qui se traduit par une réaction statique ou une condensation d'une partie des fluides
développés des deux côtés de l'enveloppe isolante. Cette réaction, comme il est facile de le comprendre, a pour effet le
ralentissement de la transmission électrique. Mais s'il y a
une électricité développée ou condensée sur la surface isolante séparant les deux conducteurs qui doivent réagir l'un
sur l'autre, que deviendra l'autre électricité? Se porterait-
elle à l'un des bouts du conducteur, tandis que l'autre
électricité se trouverait reléguée au bout opposé? Mais pourquoi choisirait-elle cette voie de séparation, lorsque sur la
surface du conducteur opposée à celle où elles se développent, elles pourraient se trouver attirées et même condensées
par des électricités contraires issues de la même induction
dans les spires enveloppantes? On est donc en droit d'admettre que les électricités repoussées, dans le fait de l'induction,
se distribuent sur la surface du conducteur induit opposée
à l'action inductive. Ce fait, d'ailleurs, n'a rien d'extraordinaire, puisque parcille séparation s'opère sous l'influence de
l'électricité statique. Quant à la recomposition opérée entre
deux électricités non issues d'une même décomposition, il ne
faut pas perdre de vue que ces électricités sont produites
sous l'influence d'une même cause. Leur recomposition peut
donc tout aussi bien se faire que si elles provenaient de la
même source. On peut en avoir la preuve en surexcitant
l'étincelle d'induction de la part du courant inducteur de la
machine de Rumkorff; les électricités du circuit induit, se
combinent alors avec celles de l'extra-courant (qui est un
courant induit du deuxième ordre), comme si ce courant

faisait partie du circuit induit lui-même. Un autre effet doit
résulter du ralentissement apporté à la transmission électrique par le fait de la condensation des fluides. C'est le ralentissement de la manifestation des courants d'induction eux-
mêmes au moment de l'interruption du courant. Mais ce
ralentissement ne doit exister qu'autant que les conducteurs
sont parfaitement isolés l'un de l'autre. C'est, en effet, ce
qui arrive dans la machine de Rumkorff, dont les effets sont
beaucoup plus énergiques quand les interruptions sont
lentes que quand elles sont multipliées. Dans les autres
machines d'induction dont le fil est à peine isolé, le contraire
a lieu ; car la condensation existe à un degré beaucoup plus
faible.

Induction-magnétique. — La question de l'induction
magnétique est plus délicate, du moins en ce qui concerne
l'aimantation produite par les courants ; car des effets opposés peuvent être produits suivant la nature des corps magnétiques et même suivant le milieu dans lesquels ils sont
plongés? Quoi qu'il en soit, je vais essayer d'en donner une
légère idée.

D'après la théorie d'Ampère, les corps magnétiques, tout
en ayant leurs molécules susceptibles d'être électrisées directement comme les autres métaux, jouiraient de la propriété
de contenir à l'état de neutralisation ou de mélange des éléments de courants, qui pour constituer un courant définitif
demanderaient à être séparés et régularisés. Le rôle du courant électrique, en vertu de la propriété qu'ont les courants
parallèles de s'attirer où de tendre à se diriger dans le même
sens, serait donc de redresser tous ces éléments de courants
et d'en faire un courant unique, qui suiverait la marche du
courant voltaïque ; la force coërcitive servirait d'isoloir et,
suivant que cette force serait plus ou moins développée,
l'effet de la réaction d'induction serait maintenu d'une

manière permanente ou momentanée. Il est certain que cette explication ne laisse rien de bien net dans l'esprit, car on se figure difficilement ce que peut-être un élément de courant. Ne faudrait-il pas plutôt admettre que tous les corps de la nature et particulièrement ceux qui sont magnétiques posséderaient, en outre de leurs fluides électriques susceptibles de se déplacer, une certaine quantité de ces fluides qui ne pourrait se mouvoir que de proche en proche, c'est-à-dire, d'une molécule à l'autre et par voie de décompositions et recompositions successives? Que ces derniers fluides ne pourraient être impressionnés que dynamiquement, c'est-à-dire, par l'influence de courants électriques et, par conséquent, dans leur manifestation suiveraient les lois des attractions dynamiques? Qu'enfin, une certaine force, désignée sous le nom de *coërcitive*, maintiendrait plus ou moins les actions électriques exercées et servirait en quelque sorte de corps isolant entre toutes les molécules matérielles ?

Il résulterait de cette hypothèse une conséquence bien remarquable, c'est que pour des corps suffisamment doués de la force coërcitive, une première impression électro-dynamique exercée sur eux, pourrait être continuée indéfiniment après la cessation même de la cause inductive. En effet, la série de décompositions et recompositions successives qui se seraient accomplies depuis la première molécule influencée jusqu'à la dernière, aurait eu pour résultat de décomposer les électricités *que j'appellerai dynamiques* de cette dernière ; mais alors celle-ci, en réagissant sur la molécule voisine qui aurait été d'abord influencée et qui serait retombée à l'état neutre, opérerait une nouvelle série de décompositions et recompositions qui se terminerait pour en motiver une autre, et ainsi de suite, d'une manière permanente ; c'est en effet ce qui arriverait pour les corps magnétiques doués d'une grande force coercitive, comme l'acier trempé, qui, dès lors, constitueraient de véritables aimants. Bien plus, même sans rien changer à l'hypothèse précédente, on pourrait expliquer l'aimantation durable produite dans une aiguille d'acier trempé par l'influence du simple passage du courant dans une direction normale à son axe. En effet, la série de décompositions et recompositions commencée sous l'influence du courant, peut se continuer de molécule à molécule par l'effet de cette première surexcitation jusqu'à ce qu'un premier cercle magnétique soit créé; celui-ci peut réagir ensuite latéralement par influence sur les molécules à droite et à gauche du plan de ce cercle et donner lieu à deux nouveaux cercles magnétiques. Ceux-ci, à leur tour, peuvent réagir de la même manière jusqu'à l'entière aimantation de l'aiguille.

Puisque les électricités dynamiques, ainsi surexcitées par un courant inducteur, suivent les lois des attractions dynamiques, il doit s'ensuivre que le courant magnétique développé, doit marcher dans le même sens que le courant inducteur. C'est, en effet, ce qui a lieu pour les corps réellement magnétiques. Pourtant, il est une certaine catégorie de corps auxquels on a donné le nom de *dia-magnétiques,* qui, d'après la nature de leurs pôles, paraîtraient posséder un courant en sens inverse du courant inducteur. Bien plus encore, ce courant pourrait varier, si toutefois il fallait attribuer au courant magnétique cette différence d'action polaire, ce que je ne crois pas, suivant la nature des milieux dans lesquels ils seraient plongés. Ces phénomènes sont tellement complexes, qu'il serait bien difficile de les rapporter à une cause commune. On a déjà émis bien des hypothèses pour les expliquer, mais aucune ne satisfait complètement l'esprit.

Quoi qu'il en soit de l'action dia-magnétique, qui ne se révèle d'ailleurs que d'une manière tout-à-fait insignifiante, il n'en est pas moins certain que les aimants sont traversés par un courant qui a une bien grande analogie avec les courants voltaïques, puisqu'ils peuvent provoquer les mêmes phénomènes d'induction. D'après notre hypothèse, cette différence consisterait uniquement dans le mode de propagation du courant. Il resterait alors à savoir comment se trouveraient disposées les tranches suivant lesquelles s'opèrent les décompositions et recompositions moléculaires, pour présenter à l'induction statique des électricités convenablement disposées.

Si l'on considère les réactions réciproques de toutes les électricités séparées moléculairement, on arrive à conclure que les tranches, suivant lesquelles s'opèrent les décompositions et recompositions successives, doivent toutes se trouver inclinées de telle façon que les électricités de nom contraire se trouvent toujours le plus possible en opposition l'une en face de l'autre. Or, pour que cet équilibre électrique s'établisse dans un cylindre d'acier aimanté, je suppose, il faut que les tranches en question soient inclinées vers les pôles et dans le même sens, par rapport à l'axe, d'environ 45°; de cette manière, il ne se révèle extérieurement à chaque pôle qu'une seule électricité, qui est de nom contraire pour chacun d'eux. Pour les molécules superficielles, le phénomène n'a rien que de très simple ; mais pour les molécules intérieures les réactions sont plus complexes; car, dans le sens diamétral, les électricités en opposition étant de même nom, les tranches de décompositions et recompositions moléculaires doivent se trouver de plus en plus inclinées dans les deux sens, de manière à constituer des éléments d'hélice. Il en résulte, d'une part, que les manifestations électriques deviennent de moins en moins énergiques, à mesure qu'on s'approche du centre des pôles, par ce que les électricités contraires s'y trouvent mêlées de plus en plus, et, d'autre part, que l'inclinaison des tranches moléculaires au-dessous de celles de la surface des pôles, se trouve successivement modifiée jusqu'à la moitié de la longueur du cylindre où le phénomène manifesté suivant l'axe de l'aimant se reproduit dans le sens de l'équateur Il résulte de cette double réaction que les électricités contraires se trouvent réparties moléculairement sur les deux moitiés du cylindre et se trouvent, par conséquent, distribuées comme sur une hélice voltaïque simple. De là, la formation des courants d'induction produite par les aimants. De là encore, l'affaiblissement de l'action magnétique aux centres polaires des aimants, reconnue par moi, il y a longtemps, et présentée dernièrement par M. Thyndall comme une nouveauté.

En raisonnant, toujours d'après l'hypothèse que j'ai proposée, on peut également se rendre compte en quelque sorte des effets de l'induction par rotation.

Si les corps possèdent, en effet, des fluides qui ne peuvent se déplacer que moléculairement et qui ne sont impressionnés que d'après les lois des attractions dynamiques, il doit s'ensuivre que la présence de ces fluides ne peut être accusée qu'autant que les corps possèdent une force coercitive susceptible d'empêcher les effets électriques de se confondre, ou sont animés d'un mouvement assez accéléré pour qu'on puisse surprendre les réactions au moment où elles se manifestent. Si donc, on fait tourner au-dessous du pôle d'un aimant puissant une plaque métallique, elle doit être sillonnée par plusieurs courants correspondants aux diverses parties du courant circulaire magnétique qui a agi sur elle. C'est, en effet, ce que l'on observe, et ce qui prouve que l'action, dans ce cas, est bien dynamique, c'est que les courants sont bien dirigés dans le même sens que les parties du courant inducteur qui leur ont donné naissance. Comme ces courants peuvent réagir à leur tour, les réactions dans le sens normal auxquelles ils donnent lieu, peuvent fournir une résultante dirigée dans le même sens. C'est ce qui explique pourquoi une aiguille aimantée suspendue au-dessus d'un disque mis en mouvement de rotation acquiert elle-même un mouvement de rotation très prononcé. Il existe, du reste, dans ce phénomène des réactions très complexes qu'on pourrait peut-être expliquer d'après mon hypothèse, mais sur lesquelles je n'insisterai pas, ne voulant pas faire ici un mémoire purement théorique.

Induction des solenoïdes à plusieurs couches superposées de spires. — Dans la théorie que nous avons donnée de la formation des courants d'induction, nous avons supposé que le circuit inducteur enroulé en hélice, n'avait qu'un seul rang de spires, et par conséquent, que la moitié de l'hélice possédait une électricité, l'autre moitié, l'électricité contraire ; mais, quand plusieurs couches de spires se trouvent superposées, les conditions de l'induction ne sont plus les mêmes, car l'une des électricités, par sa distribution dans le circuit, se trouve occuper entièrement les couches supérieures, tandis que l'autre électricité occupe les couches intérieures. La réaction d'induction s'effectue donc d'une manière double et contraire sur tous les plis de l'hélice induite. Comment des courants induits peuvent-ils dès lors prendre naissance?... Telle est la question qui nous reste à examiner.

Si les deux réactions des électricités réparties sur les deux moitiés du circuit inducteur étaient parfaitement égales, il est probable qu'aucun courant ne serait créé dans le fil induit; mais il est loin d'en être ainsi, car l'induction voltaïque qui ne s'exerce qu'à très-faible distance, doit être infiniment plus énergique pour celle des deux électricités qui occupe les spires extérieures de l'hélice inductrice, que pour celle qui occupe les spires intérieures. Il se manifeste donc une réaction différentielle, qui s'exerce comme s'il n'y avait qu'une seule électricité de mise en jeu. Cette électricité en influençant le circuit induit attire à elle, c'est-à-dire sur les spires de l'hélice induite, qui sont les plus voisines du circuit inducteur, l'électricité de nom contraire qu'elle soutire au circuit en entier, et repousse au plus loin l'électricité de même nom. Mais remarquons, qu'eu égard à la disposition de l'hélice induite, le bout du fil qui correspond aux spires les plus voisines du circuit inducteur et qui joue en quelque sorte le rôle de pôle du circuit induit, se trouve influencé, pour ainsi dire directement, par le courant inducteur, il doit donc réagir extérieurement au moment de la fermeture du courant inducteur, en soutirant de l'électricité contraire à celle qui réagit sur le circuit induit. Le même effet s'exerce à l'intérieur de l'hélice induite, mais comme l'extrémité extérieure de cette hélice représente le point du circuit le plus éloigné de l'induction, elle se trouve chargée de l'électricité repoussée.

Si on réunit par un conducteur les deux bouts du circuit induit, la contre partie de la réaction précédente s'opère par cette nouvelle voie ouverte à l'induction ; le bout qui est le plus près du courant inducteur soutire l'électricité contraire au nouveau conducteur et refoule l'électricité repoussée, jusqu'à ce que celle-ci occupe la moitié du circuit opposé à l'induction. Il arrive alors que le conducteur qu'on a interposé entre les deux extrémités de l'hélice induite se trouve, dans le premier moment de la fermeture du courant inducteur, sillonné par un courant de sens contraire à ce courant inducteur, mais qui n'a qu'une faible énergie puisqu'il résulte de la séparation seule des électricités du circuit; aussi ne produit-il, ni commotions, ni étincelles, avec l'appareil de Rumkorff.

Quand le courant inducteur est formé, les électricités séparées sont condensées, elles ne manifestent, par consé-

quent pas leur présence, mais au moment de l'ouverture
du courant, elles se recomposent et donnent lieu à un courant de sens contraire au premier, car l'extrémité du fil
induit qui correspond aux spires les plus voisine du courant inducteur, au lieu de réagir en soutirant de l'électricité
de nom contraire à celle du courant inducteur, se trouve
alors chargée de cette électricité, et celle-ci attire pour se
neutraliser l'électricité repoussée qui charge l'autre extrémité du fil. En même temps que cette neutralisation s'opère
au travers du circuit interposé entre les deux bouts du fil de
la bobine, une pareille décharge s'effectue à l'intérieur de
la bobine, dont le fil offre aux électricités séparées une
seconde voie de recomposition. Dans la machine de Rumkorff, cette recomposition intérieure donne lieu à un bruit
sec, que l'on distingue parfaitement quand on interrompt
à la main le courant inducteur, cela donnerait à supposer
que la décharge pourrait se faire alors en partie à travers
l'enveloppe isolante du fil, car un pareil bruit serait impossible sans l'interposition d'un corps isolant entre les
fluides appelés à se combiner.

D'un autre côté, si l'on examine que plusieurs rangées
du fil induit se trouvent impressionnées en même temps
par le courant inducteur, on arrive à conclure qu'il se manifeste entre l'électricité attirée et l'électricité repoussée, une
certaine condensation sur la périphérie du fil opposée à
l'induction, qui affaiblit au moment de la décharge, c'est-à-
dire de l'interruption du courant, l'énergie du fluide dégagé à l'extrémité du fil induit la plus voisine des spires
influencées. Aussi, dans la machine de Rumkorff, ne peut-
on pas provoquer d'étincelle à distance de la part de ce
pôle, quand on lui présente un conducteur isolé du circuit,
tandis qu'on peut le faire avec l'autre pôle qui ne se trouve
pas dans le même cas.

Réactions dynamiques des courants. — Les réactions dynamiques que les courants exercent les uns sur les autres, où sur les corps magnétiques aimantés, se rapportent toutes au principe suivant, qui est, pour ce genre de réactions des courants, ce qu'est la loi des attractions électriques pour leurs réactions statiques :

Les courants électriques qui marchent dans le même sens, s'attirent, tandis qu'ils se repoussent quand ils marchent en sens opposé.

Il résulte en effet de ce principe :

1° Que les courants, de quelque manière d'ailleurs qu'ils soient placés les uns par rapport aux autres, tendent toujours à se placer parallèlement les uns à côté des autres, en marchant dans le même sens. Car ils se trouvent attirés où repoussés jusqu'à ce qu'ils aient pris cette position, qui est celle de leur équilibre ;

2° Qu'un courant doit agir d'une manière différente d'un côté et de l'autre de son plan, et se comporter, conséquemment, comme un véritable aimant dont les pôles seraient annulaires et distribués sur la périphérie du conducteur à gauche ou à droite du plan du circuit, car le sens du courant dans le circuit, est différent, par rapport à un courant fixe, suivant qu'il se présente d'un côté ou de l'autre de son plan ;

3° Que la périphérie externe ou interne d'un circuit fermé doit agir différemment aux extrémités opposées des différents diamètres quand les courants sont placés dans le même plan ; et on le conçoit aisément, si l'on réfléchit qu'à l'égard d'un objet dont la position reste la même, le courant marche dans un sens différent aux deux extrémités opposées de chaque diamètre du circuit ;

4° Qu'une hélice métallique, étant composée d'autant d'aimants qu'il y a de spires, puisque chaque spire constitue un circuit à part, exerçant une action dynamique différente d'un côté et de l'autre de son plan, constitue un seul et même aimant, ayant ses deux pôles et sa ligne neutre, ou plutôt sa région neutre, car les pôles opposés de toutes les spires comprises entre les spires extrêmes, étant en présence, se neutralisent;

5° Que, par réciproque, un aimant peut être considéré comme une hélice traversée par un courant qui est né, dans l'origine, sous l'induction d'un courant électrique, ou du courant magnétique d'un autre aimant, comme nous l'avons vu précédemment;

6° Que le courant magnétique dans les aimants marche de l'est à l'ouest, dans le sens ascendant;

7° Que pour satisfaire à la loi formulée n° 1, l'aiguille aimantée doit se mettre en croix sur le courant, en tournant son pôle austral à droite ou à gauche du circuit, suivant le sens de ce courant;

8° Que dans cette réaction, la direction de l'aiguille vers l'ouest, ou vers l'est dépend, quand le courant est horizontal et parallèle à l'axe de l'aiguille, de sa position au-dessus ou au-dessous du courant; quand le courant est horizontal et oblique, par rapport à l'axe de l'aiguille, du sens de son inclinaison par rapport au courant; quand le courant est vertical, de la position de celui-ci d'un côté et de l'autre du plan de sa ligne neutre;

9° Que les mêmes réactions, pouvant s'exercer par rapport à l'inclinaison de l'aiguille, on peut conclure pareillement que la déviation de celle-ci dans ce sens dépend : 1° quand le courant est horizontal, de la position perpendiculaire où oblique de celui-ci, par rapport à l'axe de l'aiguille, où de sa position dans le plan même de l'aiguille, à la condition d'être parallèle à son axe; 2° quand le courant est vertical, de l'inclinaison de celui-ci par rapport à la section de la ligne neutre;

10° Que toutes les réactions magnétiques qui viennent d'être passées en revue, dans l'hypothèse d'un courant rectiligne, se reproduisent de la même manière à l'égard d'un circuit fermé contourné en hélice; car l'action des spires de cette hélice sur l'aiguille étant la même d'un côté comme de l'autre, se trouve neutralisée; de telle sorte, qu'il n'y a que l'action du courant dans le sens direct qui soit effective. Néanmoins, l'action est plus marquée dans celles des positions de l'aiguille, où le courant magnétique et le courant électrique exercent un effet concordant.

A l'aide de ces différentes lois qui dérivent toutes les unes des autres, tous les phénomènes électro-dynamiques, même les plus complexes, peuvent s'expliquer, tels sont: la rotation des aimants sous l'influence des courants, et réciproquement; la rotation des courants sous l'influence d'autres courants, ou des aimants, ou même du globe terrestre qui doit être considéré comme un aimant; la disposition des courants verticaux dans le sens du méridien magnétique; enfin l'attraction exercée par les aimants sur les courants mobiles (1).

Réactions réciproques des réactions statiques et dynamiques des courants. — Nous avons vu que les courants électriques pouvaient réagir statiquement, c'est-à-dire d'après les lois des attractions électriques, et dynamiquement, c'est-à-dire d'après les lois des attractions propres des électricités en mouvement. Pareils phénomènes se reproduisent pour les courants magnétiques, comme nous l'avons prouvé dans un mémoire inséré à la fin de notre premier volume, page 253. Mais quelle que soit la nature des courants, ces réactions qui s'exercent toujours simultanément et qui peuvent prédominer l'une aux dépens de l'autre, donnent

(1) Voir mon mémoire sur le magnétisme statique et dynamique, page 16.

lieu à des phénomènes assez curieux que j'ai été le premier à étudier, et que la plupart des physiciens ignorent encore aujourd'hui, malgré les nombreux mémoires que j'ai envoyés à l'académie sur ce sujet, et les expériences qu'a faites dernièrement M. Faraday qui confirment pleinement la théorie que j'avais développée.

Les réactions statiques, ayant pour effet une condensation des fluides, doivent nécessairement, si elles s'exercent sur des courants, *paralyser en partie* leur mouvement. En effet, les électricités développées dans le conducteur, se trouvent alors soumises à deux forces, l'une qui les attire à la surface du conducteur pour s'y condenser l'autre qui les attire perpendiculairement à cette direction pour leur recomposition mutuelle. Ne pouvant céder, dans ce cas, à l'influence d'une résultante, les électricités développées continuent leur mouvement, mais d'une manière beaucoup moins prompte et d'autant plus faible que la réaction statique est plus énergique ; mais il faut, pour cela, que *cette réaction statique soit la conséquence de l'action dynamique.* Dans un conducteur recouvert de gutta-percha et immergé, cette double réaction doit nécessairement se manifester, puisque ce fil, ainsi isolé, et l'eau forment en quelque sorte les deux armures d'un condensateur. Aussi, a-t-on reconnu que le courant traversant un pareil conducteur, se trouvait paralysé dans sa marche. Quand un aimant est muni de son armature, le courant magnétique doit, par la même raison, être paralysé dans sa marche, car la réaction statique échangée entre lui et l'armature dont les fluides se trouvent alors décomposés rejaillit sur le courant magnétique et tend à le condenser. Dans ce cas, il est vrai, il n'y a pas d'enveloppe isolante, mais la force coercitive en tient lieu. C'est en vertu de cette réaction que des courants d'induction sont créés dans des fils recouvrant les branches d'un aimant,

lorsqu'on fait tourner devant ses pôles une armature de fer
doux.

Par la même raison, un morceau de fer que l'on enfonce à
l'intérieur d'un solénoïde dont le conducteur est en fer
doux, n'est pas attiré comme quand le conducteur est en
cuivre, car une réaction statique s'est échangée entre le
morceau de fer qui est devenu aimant et le fer à l'état naturel du conducteur, et cette réaction a paralysé la réaction
dynamique, c'est-à-dire la réaction du courant magnétique
sur le courant électrique.

Si un aimant qui est présenté à un autre aimant plus
puissant est attiré, bien que des pôles semblables soient en
présence, cela tient à ce que la réaction statique l'a emporté
sur la réaction dynamique. La permutation de pôles que
l'on observe sur un barreau d'acier qui a été soumis à l'induction d'un électro-aimant très puissant, permutation qui
se manifeste aussitôt que le barreau a été enlevé de dessus
l'aimant inducteur, est encore une preuve de la différence
des deux réactions. Enfin, l'anéantissement d'action d'un
aimant cylindrique creux, à l'intérieur duquel on a introduit
un cylindre de fer doux, prouve surabondamment l'importance du rôle que jouent dans les phénomènes électriques
les réactions statiques et dynamiques des courants. Du reste,
il est à remarquer que ces sortes de réactions sont beaucoup
plus sensibles dans les réactions magnétiques que dans les
réactions électriques, parce que l'induction latérale est plus
puissante.

Un fait assez curieux est à signaler dans ce genre de
réactions, c'est qu'on peut, à volonté, faire prédominer l'une
ou l'autre des deux réactions, soit en augmentant ou en
diminuant la tension de la pile pour les courants électriques,
soit en rapprochant ou en éloignant des aimants leurs armatures ou les pièces qui en tiennent lieu pour les courants

magnétiques. Ainsi, un solénoïde de fer doux n'attirera pas un cylindre de fer qu'on fera entrer dans son intérieur, avec un seul élément de Bunsen; avec trois l'effet aura lieu; un courant d'induction très énergique sera créé dans l'appareil de Breton quand l'armature sera presqu'au contact des pôles de l'aimant, tandis qu'il sera à peine sensible avec 2 ou 3 millimètres de séparation entre les deux pièces.

Réactions réciproques des électricités développées par deux sources différentes sur le même conducteur. — Puisqu'une pile, dont on augmente successivement les éléments, trouve toujours moyen de soutirer au conducteur, jusqu'à sa complète fusion, les électricités qui lui sont nécessaires pour opérer les recompositions provoquées par elle, on peut en conclure que pour une source d'électricité qui est faible, la quantité d'électricité séparée dans chaque molécule est loin de représenter celle que cette molécule pourrait fournir dans un instant donné, et que la neutralisation incessante des fluides qui a lieu dans la pile emprunte à toutes les molécules du conducteur et non à une partie d'entre elles, la somme d'électricité nécessaire pour qu'elle ait lieu. D'un autre côté, il est démontré, par l'expérience de la non production de courant, quand on unit les pôles différents de deux piles séparées, que les neutralisations nécessaires pour la manifestation d'un courant ne peuvent se faire que quand les deux électricités opposées proviennent de la même source. On est donc en droit d'admettre qu'un même conducteur peut être impressionné à la fois par deux manifestations électriques différentes et conduire, par conséquent, deux courants électriques différents dirigés dans le même sens ou en sens inverse; seulement, dans le premier cas, la réaction extérieure sera doublée, tandis que, dans le second, cette réaction n'existera plus si les deux courants sont de même force, ou sera différentielle s'ils sont d'inégale force. Par la même raison, un conducteur dans lequel circulera un courant pourra être influencé par la machine électrique et donner lieu à des décharges comme s'il était à son état naturel.

Il y a longtemps que ces phénomènes ont été mentionnés par moi à l'académie des sciences, et un dernier mémoire, contenant des expériences nombreuses faites à ce sujet, a été même imprimée dans les comptes-rendus du mois d'octobre 1852; eh bien! le croirait-on? une discussion, dans les journaux scientifiques, s'est engagée au sujet d'une expérience faite par MM. de la Prevotaye et Dessains, dans laquelle ce principe avait été admis, et mon nom n'a figuré en aucune façon dans la discussion !

Dans mes recherches expérimentales à ce sujet, je m'étais moins appliqué à démontrer le phénomène en lui-même, qu'à le vérifier au point de vue de la confirmation des idées théoriques que je m'en étais faites. Mais, de la discussion dont je viens de parler, il est résulté que l'expérience directe ne prouve pas le fait d'une manière rigoureuse, car on peut toujours objecter, qu'au lieu de passer par le même conducteur, les deux courants contraires préfèrent passer par les deux piles qui leur offrent des dérivations assurées et à travers lesquelles ils peuvent circuler dans le même sens; mais M. Masson a mis ce fait hors de doute au moyen des courants d'induction de la machine de Rumkorff où ces dérivations sont impossibles. Effectivement, en faisant passer au travers de l'œuf philosophique dans lequel on a fait le vide deux courants contraires issus de deux machines d'induction, on retrouve sur les deux boules la lumière bleue qui ne se voit qu'à l'une d'elles quand un seul courant les traverse. Donc, pour que cette manifestation ait lieu, il faut bien que les courants passent ensemble dans le même conducteur. Les réactions physiologiques des mêmes cou-

rants prouvent aussi l'existence simultanée des deux courants inverses. Car, en se mettant en rapport avec deux
courants d'induction dirigés en sens inverse et provenant de
deux appareils identiques, on en ressent les commotions et,
pour cela, il faut bien qu'ils passent à travers le même conducteur. Il est vrai qu'ici on pourrait attribuer la commotion
au courant différentiel qui existe toujours, puisque deux
courants ne peuvent jamais être mathématiquement égaux;
cependant la commotion est assez forte pour empêcher le
doute ; mais dans la première expérience il ne peut en être
ainsi, puisque les deux boules présentent la même lumière
bleue ce qui n'aurait pas lieu sous l'influence d'un courant
différentiel.

Ainsi, M. Masson a démontré rigoureusement ce que
j'avais avancé, et mes expériences sur les circuits greffés sont
parfaitement exactes, quoique ne prouvant pas mon principe
d'une manière rigoureuse.

Réactions réciproques de la chaleur et de l'électricité.
— L'électricité en mouvement est toujours accompagnée
d'un dégagement de chaleur qui se traduit par un effet
lumineux, quand le corps à travers lequel elle passe est
aériforme et isolant, ou par la fusion du conducteur, quand
celui-ci est d'une insuffisante conductibilité, ou, enfin, par
une simple élévation de température de ce conducteur,
quand il est d'une grosseur convenable eu égard à sa
conductibilité et à la quantité d'électricité dégagée. Ces
faits, que l'expérience démontre tous les jours, prouvent
donc que la chaleur, dans ce cas, peut être considérée
comme l'expression de l'électricité en mouvement. Mais,
pour qu'il y ait mouvement de l'électricité, il faut qu'il y ait
eu séparation des deux fluides et qu'il y ait ensuite recomposition de ces fluides. A laquelle des deux actions est dû
le dégagement de chaleur? Il serait difficile de l'affirmer

d'une manière absolue , mais il est probable que ce dégagement est la conséquence de l'une et l'autre action. En effet, la séparation seule des électricités ne comporte pas une élévation de température ; la preuve, c'est qu'en exposant la boule d'un thermomètre très sensible à l'action continue d'une machine électrique aucune élévation de température n'est accusée, pourtant les deux électricités du mercure sont bien, dans ce cas, séparées par influence ; leur recomposition après la séparation n'a pas une action calorifique plus énergique.

Quoiqu'il en soit, on peut considérer le degré d'élévation de température d'un conducteur traversé par un courant électrique, comme l'expression de son pouvoir conducteur. Jusqu'où peut être élevé ce degré de température, pour correspondre à la limite après laquelle la séparation des électricités ne peut plus s'effectuer? Il serait bien difficile de le dire, car un métal, en admettant qu'il fut fondu par suite de l'action électrique, pourrait encore être conducteur sous cette nouvelle forme. Il n'y aurait donc qu'à l'état de volatilisation que ce pouvoir n'existerait plus, et encore, d'après les expériences de **M. Ed. Bequerel**, nous savons que les gaz ont eux-mêmes un pouvoir conducteur. On pourrait donc peut-être dire, sans trop s'avancer, que les corps peuvent fournir de l'électricité jusqu'à leur complète anihilation.

Si je me laissais entraîner par l'imagination, je pourrais bâtir toute une théorie sur cette simple considération. Ainsi, je pourrais dire que les électricités moléculaires des corps, au lieu d'être neutralisées l'une par l'autre à l'état naturel, dans chaque molécule, ne le seraient que par leur combinaison avec les électricités contraires des molécules voisines, et en leur point de contact; que de cette attraction des électricités contraires résulterait la cohésion qui réunirait les

unes aux autres les molécules des corps; que toute action
extérieure qui aurait pour effet, soit de détruire la cohésion
par la séparation mécanique, physique ou chimique des
molécules matérielles, soit même de la troubler par une
vibration ou par l'intervention d'une réaction réciproque
exercée par les corps entre eux, laquelle provoquerait un
nouveau système d'équilibre électrique entre leurs molécules,
cette action extérieure, dirai-je, devrait avoir pour conséquence un dégagement électrique, puisque l'équilibre des
fluides se trouverait détruit où altéré. A la séparation mécanique, physique où chimique des molécules, on pourrait
rapporter le dégagement électrique, du aux réactions chimiques, au clivage, à la chaleur (pour les corps non magnétiques), à la torsion, au limage, au forage, au taraudage,
à la percussion (pour les corps magnétiques). A la réaction
réciproque des corps entre eux, devrait être attribué le développement électrique, du au rapprochement et à l'éloigne-
des corps, reconnu dernièrement par M. Palagi; celui qui
résulte de l'endosmose et de la capillarité ; enfin, celui qui a
pour cause le frottement et qui est plus puissant que les
autres, en raison de la vibration moléculaire qui se trouve
produite en même temps et qui surexcite la rupture de
l'équilibre électrique.

En étendant plus loin ce principe, l'imagination pourrait nous faire considérer l'attraction universelle, comme
le résultat d'une réaction électrique échangée entre les corps
célestes, car la gravitation ne parait être que l'amplification
de la cohésion, et, d'après ce que nous venons de dire, la
cohésion serait le résultat d'attractions électriques.

Mais cette question de haute philosophie naturelle est en
dehors du sujet que nous traitons, et d'ailleurs dans l'état
actuel de la science, nous ne serions pas en mesure de la
discuter d'une manière sérieuse. Revenons donc aux réactions calorifiques de l'électricité.

Puisque l'électricité en mouvement a pour effet un dégagement de chaleur, on pourrait supposer que par réciproque la chaleur introduite forcément dans un corps devrait provoquer un dégagement électrique. C'est, en effet, ce qui arrive ; mais la présence de ce dégagement ne peut-être constatée que dans certaines conditions, qui dépandent soit de la nature même des corps, soit de leur disposition. Ainsi, la tourmaline chauffée présente, aux deux extrémités de son plus grand diamètre, les deux électricités développées à l'état de tension et séparées l'une de l'autre, comme les fluides magnétiques dans un aimant.

Dans une lame métallique chauffée par l'une de ses extrémités, le développement électrique ne peut-être accusé par ce que les recompositions suivent de tellement près les décompositions qu'on ne peut saisir l'instant ou les électricités deviennent libres ; mais il n'en est plus de même, quand on chauffe le point de contact de deux métaux différents. L'un deux en effet s'échauffe plus vite que l'autre, et l'une des deux électricités développées le plus tardivement, en réagissant sur celle de nom contraire du métal échauffé le plus vite, laquelle est sur le point de se recomposer, ou s'est peut-être même déjà recomposée en partie, provoque une recomposition immédiate ; car ici les deux dégagements électriques, bien que distincts, proviennent de la même cause. Les deux lames se trouvent donc chargées des deux électricités repoussées par celles qui se sont neutralisées au point de contact, et ces électricités, réunies par un circuit métallique, donnent lieu à un courant qui a peu de tension, puisque la résistance de l'élément producteur est à peu près nulle, mais qui peut avoir une certaine intensité si le conducteur du circuit est d'une section suffisamment grosse pour que le courant puisse se dériver avec facilité. Telle est vraisemblablement l'origine des courants thermo-électriques qui se

manifestent, comme on le sait, non seulement par la juxta-
position de métaux hétérogènes, mais encore par une simple
différence de texture ou de disposition moléculaire dans
l'une ou l'autre des parties d'un même métal, comme l'a
prouvé M. Adie.

Je n'insisterai pas d'avantage sur ces considérations théoriques, me réservant de traiter plus sérieusement cet ordre
de questions dans un ouvrage spécial sur l'électricité théorique, que je publierai prochainement.

Tables des Matières.

FIN.

AVIS.

Pour compléter son ouvrage. M. Th. du Moncel va publier prochainement les plans et dessins des principaux appareils qui s'y trouvent décrits. Ces dessins constitueront un Atlas de 15 planches avec légendes, qui sera vendu séparément au prix de 10 francs.

Les personnes qui désireront se le procurer pourront souscrire chez l'éditeur.